集成电路与等离子体装备

Integrated Circuit and Plasma Based Apparatus

赵晋荣　等　编著

科 学 出 版 社

北　京

内 容 简 介

全书主要介绍了集成电路中与等离子体设备相关的内容，具体包括集成电路简史、分类和发展方向以及面临的挑战，气体放电的基本原理和典型应用、等离子体刻蚀工艺与设备、等离子体表面处理技术与设备、物理气相沉积设备与工艺、等离子体增强化学气相沉积工艺与设备、高密度等离子体化学气相沉积工艺与设备、炉管设备与工艺等。

本书适合集成电路专业高年级本科生、研究生阅读参考，也可作为集成电路相关领域的科研人员和工程技术人员的参考用书。

图书在版编目（CIP）数据

集成电路与等离子体装备/赵晋荣等编著. — 北京：科学出版社，2024.4

ISBN 978-7-03-077546-7

Ⅰ. ①集… Ⅱ. ①赵… Ⅲ. ①集成电路②等离子刻蚀—设备 Ⅳ. ①TN4 ②TN305.7

中国国家版本馆CIP数据核字（2024）第009201号

责任编辑：任 静 / 责任校对：胡小洁

责任印制：赵 博 / 封面设计：蓝正设计

科学出版社 出版

北京东黄城根北街 16 号

邮政编码：100717

http://www.sciencep.com

北京中科印刷有限公司印刷

科学出版社发行 各地新华书店经销

*

2024年4月第 一 版 开本：720 × 1000 1/16

2024年6月第二次印刷 印张：18 1/2

字数：284 000

定价：168.00元

（如有印装质量问题，我社负责调换）

编写委员会

主　　编： 赵晋荣

副 主 编： 孙　岩　纪安宽

编委会成员： 林源为　蒋中伟　王厚工　崔　羿

韦　刚　董子晗　任　攀

编委会秘书： 刘美荣　刘　培　尤　哲

前　言

当下中国乃至世界正处于“百年未有之大变局”，对集成电路产业来说也是如此。在中国集成电路产业高速发展的关键时期，我们撰写本书，既是对集成电路装备技术经历了多年积累后的应用总结，也为未来的技术创新与产业升级拨开了迷雾、厘清了脉络。

（一）创新，IC 产业永远向顶端发力

从信息通信、工业交通等传统领域，到大数据、AI、自动驾驶、5G 等前沿热点，芯片无处不在。

集成电路是新一代信息产业的基石，从发明到现在，六十多年来，集成电路工艺技术在所谓的“摩尔定律”推动下，器件的线宽不断缩小，基本上是按照每两年缩小 30% 的比例前进。

作为芯片生产制造的基石，半导体制造设备的重要性更是不言而喻，并且由于其处于产业链上游，技术研发要快于产品 1~2 代。在“后摩尔时代”，功耗和应用成为新的创新动力，芯片技术的每一小步前进，都对作为底层支撑的制造装备提出了更高的要求。本书既包括对产业界集成电路装备已有成果的梳理，又包括北方华创工艺研发人员根据自身多年研究和大量实验数据汇总的一些结论和经验，这些内容对等离子体装备工艺研究和工艺优化，以及解决集成电路量产过程中的实际问题都有重要的指导意义。

（二）梦想，智能制造为中国芯助力

从无到有，从低到高，我国集成电路产业虽起步较晚，但经过近年来的飞速发展，已经在全球集成电路市场占据举足轻重的地位。近几年，受物联网、智能汽车和新能源汽车、智能终端制造、新一代移动通信等下游市场需求驱动，集成电路市场需求持续快速增加，中国已经成为全球最具影响力的市场之一。

集成电路本质上属于制造业，也是一个基于制造业发展的庞大产业链。这其中装备、零部件、材料和软件工具仍然是核心基础，是当前的“痛点”，也是长期的“焦点”，五年、十年、十五年，只要集成电路在发展，都会是焦点。

（三）书写，灌溉更多科技之花绽放

北方华创此次牵头完成了《集成电路与等离子体装备》一书，全书共用了八个章节的篇幅，介绍了集成电路领域等离子体工艺与设备，展示了国内科研团队在等离子体高端装备研发方面深厚的知识功底。

集成电路产业规模大、风险高、回报周期长，不管是站在企业还是科研的层面，都必须要有长期坚守的思想准备，要坐数年的冷板凳。

2021 年，集成电路专业通过国务院学位委员会和教育部的批准建立了一级学科，许多大专院校也建立了示范性微电子学院，集成电路专业教育蓬勃发展，恰逢此时面世的本书可以用作各大专院校集成电路专业的教材。另外，北方华创成立已二十二年，在集成电路领域深耕的这二十多年里取得了一系列的科技创新成果，获得过国家科学技术进步奖二等奖和北京市科学技术进步奖一等奖等奖励，本书也将其中部分自主研发的经验和成果囊括其中，一定程度上代表了半导体装备领域的前沿研发水准，可供各大专院校、科研院所、高新技术企业等单位参考使用。

经过六十年的发展，中国集成电路产业已经迎来了一个新的历史阶段。从 2021 年“十四五”开局到 2035 年，中国集成电路产业技术的创新一定会对全球集成电路产业发展进入新阶段做出引领性的巨大贡献。最后，相信本书的出版能进一步促进集成电路产业在中国的发展，也祝愿北方华创永葆这份“创造精良·成就梦想”的赤子之心！

赵晋荣

2023 年 9 月于北方华创

目录 TABLE OF CONTENTS

第 1 章

集成电路简介 / 1

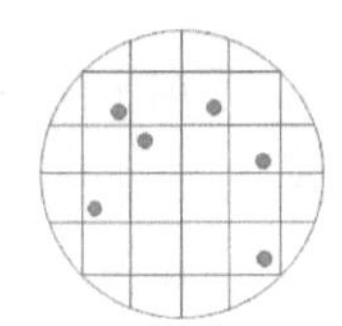

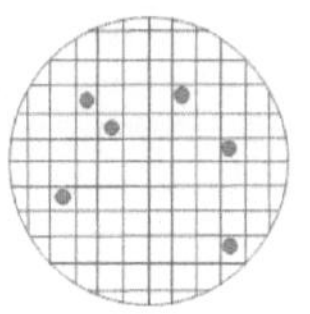

第 2 章

等离子体基础 / 49

第 3 章

集成电路中的等离子体刻蚀工艺与装备 / 74

第 4 章

第 5 章

第6章

等离子体增强化学气相沉积工艺与装备 /187

第 8 章

集成电路中的炉管工艺与装备 /248

第1章

集成电路简介

1.1 集成电路的诞生简史

人类和这个星球上的其他生物一样，在千万年的历史中一直在试图挑战和战胜自然。所不同的是，在这个过程中，人类发明和使用了各种各样的工具：从石器时代的工具解放了人类的双手，到近现代的汽车解放了人类的双脚，飞机让人类插上了翅膀，再到后来的电子计算机解放了人类的大脑。对于电子计算机，众所周知集成电路（integrated circuit，IC）是其最重要的组成部分。顾名思义，集成电路是一种微型电子器件或部件，即采用一定的半导体工艺技术将电路设计中需要实现的一定数量的常用电子元件，如晶体管、电阻、电感和电容等通过金属导线互连后集成在一块或者少数几块半导体晶片上，并经过封装后形成具有设计所需不同电路功能的微型结构。通过上述加工方式，器件电路的体积大大减小，引出线和焊点的数量也大幅减少，从而给电子元件带来体积更加微小、功耗更低、响应时间更短、可靠性更高、成本更加低廉、更便于大规模生产等优势，进一步奠定电子信息、通信、消费电子等行业快速发展的基础。

集成电路是信息产业的基础，涉及电子计算机、数码产品、家用电器、电气自动化、通信、交通、医疗、航空航天等众多领域，在几乎所有的电子设备中都有使用。因此，集成电路一直以来占据全球半导体产品超过80% 的销售额，也被称作“工业粮食”。对于未来社会的发展方向，包括目前十分热门的 5G 通信、人工智能（AI）、物联网（IoT）和自动驾驶等，集成电路更是其发展所必不可少的基础，只有在集成电路的支持下，这些应用才可能得以实现[1]。所以，集成电路产业是国民经济中基础性、关键性和战略性的产业，集成电路产业的强弱是国家综合实力强大与否的重要标志[2]。本书开篇先介绍一下集成电路诞生的历史。

1.1.1 电子计算机

提到集成电路不得不先联想到电子计算机。计算设备的发展历史最早可以追溯到远古时期的结绳计数和古代中国人发明的算盘，但将电子器件用于计算的世界上第一台电子计算机则公认是阿塔纳索夫 - 贝瑞计算机（Atanasoff-Berry Computer，也称 ABC 计算机），如图 1.1 所示。它于 1937 年被约翰·文森特·阿塔纳索夫（John Vincent Atanasoff）和克利福德·贝瑞（Clifford Berry）设计用于求解线性方程组，并于 1942 年成功进行了测试。其不可编程，但它采用可重复的内存和逻辑运算处理器并使用二进制进行

图 1.1 世界上首台电子计算机——阿塔纳索夫 - 贝瑞计算机

运算，奠定了后来计算机发展的坚实基础。这些设计思想后来也逐步由美籍匈牙利数学家约翰·冯·诺伊曼（John von Neumann）进一步总结提炼和发展，提出：①电子计算机的硬件设备由运算器、控制器、存储器、输出设备和输入设备等五个部分组成；②存储程序思想，计算过程变成按一定顺序组成的程序命令，程序和数据一起输入电子计算机处理后，再由电子计算机输出结果。时至今日，电子计算机仍然属于冯·诺伊曼架构。

而世界上第一台现代意义上的通用电子计算机则于1945年诞生在美国（1946年在宾夕法尼亚大学正式发布），它是由科学家约翰·冯·诺伊曼和工程师小约翰·普雷斯波·埃克特（John Presper Eckert Jr.）等人开发设计的，其能够通过编程来解决各种计算问题，当时耗资487 000美元，相当于2020年的5 900 000美元。该设备实物照片如图1.2所示，它是一个占地150平方米、重达30吨的庞然大物，里面的电路使用了174 68只真空电子管、7200只晶体二极管、70 000只电阻、10 000只电容、1500只继电器、6000多只开关、50万条线，每小时耗电量约150千瓦，每秒可以执行5000次加法或者400次乘法运算，是人工计算的20万倍。显而易见，占地面积大和无法移动是它最直观和突出的问题。

图1.2　世界上首台现代意义上的通用电子计算机——ENIAC

1.1.2 晶体管

晶体管的出现标志着人类进入了半导体时代，这个时间点是 1947 年 12 月，来自美国贝尔实验室（Bell Labs）的两位科学家——约翰·巴丁（John Bardeen）和沃尔特·布拉顿 (Walter Brattain)，发现在一块锗晶体上施加一个点接触的电学信号可以将输出功率放大至 100 倍。这个点接触电路如图 1.3 所示，它就是世界上第一个晶体管（transistor）。晶体管的英文单词其实就是由 transfer（转换）和 resistor（电阻）组成，恰如其分地概括了晶体管的功能。

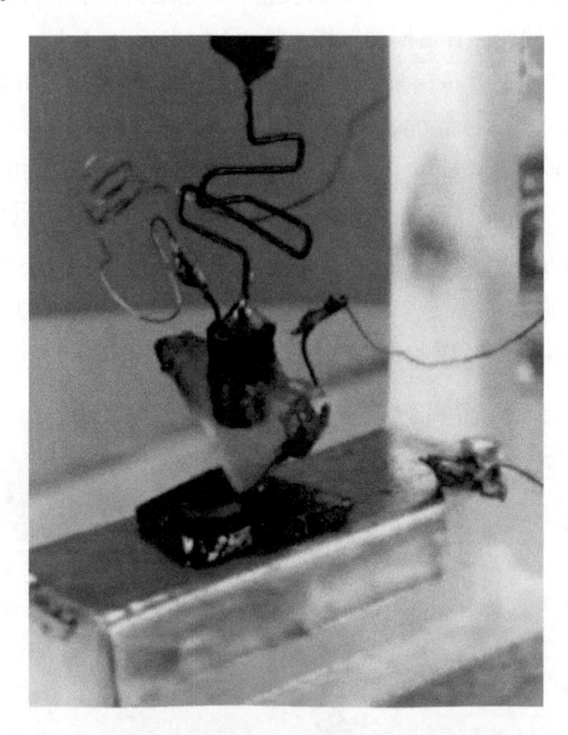

图 1.3　世界上第一个晶体管示意图 [3]

在此基础之上，约翰·巴丁和沃尔特·布拉顿两人的导师威廉·肖克利 (William Shockley) 提出了双极晶体管的工作机理，并预测了另一种晶体管——结型双极晶体管，一种更容易实现工业化量产的晶体管。由于发明了晶体管，上述三位发明人分享了 1956 年度的诺贝尔物理学奖，三人的肖像如图 1.4 所示。值得一提的是，约翰·巴丁还由于对低温超导理论的贡献于 1972 年再度获得了诺贝尔物理学奖，是迄今为止唯一一位两次获得诺贝尔物理学奖的科学家，足见其在科学探索道路上的进取之心，也反过来凸显出晶体管这一发明的重要性。

图 1.4　威廉·肖克利（前排）、约翰·巴丁（后排左）和沃尔特·布拉顿（后排右）[3]

由于晶体管具有更小的器件体积、更低的功耗、更低的工作温度和更迅捷的响应等特点，其迅速取代了真空电子管，并推动半导体工业在 20 世纪 50 年代后获得飞速的发展。例如，1950 年出现了基于锗单晶的晶体管，紧接着，1952 年出现了基于单晶硅的晶体管。但值得注意的是，这一时期的晶体管均属于分立器件，即一块器件上只包含一个器件，如电容、电阻、二极管、晶体管（三极管）等。时至今日，分立器件同样广泛应用于日常生活（例如在电力电子领域，安装在高铁列车上控制列车开行的功率器件就是一种分立器件，在微波通信领域，安装在 5G 信号塔上的功率器件也是一种分立器件），不能说集成电路比分立器件更加重要，但在当时能否将各种不同功能的器件集成到同一块电路上还是一个结果不得而知的猜想。其中最著名的是，英国雷达研究所的杰弗里·威廉·阿诺德·达默（Geoffrey William Arnold Dummer）在1952年召开的美国元器件会议上大胆预言，可以把电子线路中的晶体管器件集中制作在一块半导体晶片上形成一个完整电路，即一个没有外部连接线的整体器件。但遗憾的是，他自己花了十年时间才制作出一个符合这种概念的固态电路——集成放大器，与集成电路的发明失之交臂，这其中可能的原因是台面工艺具有一定的难度，这将在1.2.2节中具体介绍。

1.1.3 集成电路

在晶体管发明后，人们很快就开始构建基于半导体的集成电路的设想，包括上节提到的达默的一些贡献，但直到1957年即晶体管发明10周年后，这一想法仍然没有得到实现。1958年，一个叫杰克·圣克莱尔·基尔比（Jack St. Clair Kilby）的年轻人怀揣着这一想法加入了德州仪器（TI）公司。有意思的是，德州仪器公司对新员工没有暑假的福利，而对于老员工放暑假则是强制性的。因此，当大部分员工都放暑假的时候，基尔比仍然在实验室尝试将不同的器件集成到同一块半导体衬底上。而由于当时实验室没有硅衬底，他只能尝试他所能找到的材料，即一块已经制作好一个晶体管在上面的锗衬底。基尔比成功地在这块锗基底上又制作了一个电容和三个电阻，连同原先就存在的一个晶体管共同构成了世界上第一块集成电路，如图1.5所示。

但是，从图1.5也可以看出，基尔比所制作的集成电路存在一个问题，那就是他采用细的金属线来连接不同的器件，这并不是一个具有实用性的生产方法，也无法解决如何辨认“线头”的问题。从图1.6中基尔比在笔记本上记录的原始设计图来看，他也确实没有考虑如何解决金属线头的问题。

与基尔比几乎同一时期，飞兆半导体（Fairchild Semiconductor，俗称“仙童半导体”）公司的罗伯特·诺顿·诺伊斯（Robert Norton Noyce）也有相似的想法，即利用更少的晶圆材料制备更多的器件，并且与基尔比采用金属细线来连接器件所不同，诺伊斯使用在晶圆表面蒸镀金属铝后再图案化刻蚀的方式来连接器件。由于加工更加便捷，诺伊斯所发明的“金属蒸镀连

图 1.5　基尔比发明的世界上第一块集成电路

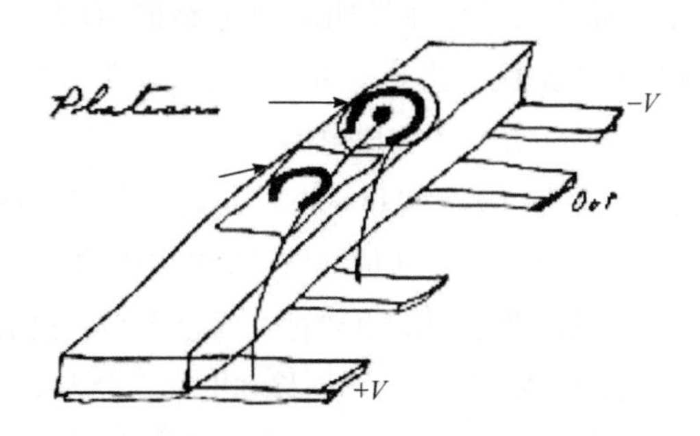

图 1.6　杰克·圣克莱尔·基尔比的第一块集成电路的设计草图 [4]

线”方法很快取代了基尔比的“细的金连线”方法。更进一步地，诺伊斯采用了硅衬底取代锗衬底来制作集成电路。如图 1.7 所示，这是诺伊斯在 1960 年设计制作的一块 0.4 英寸（1 英寸 =2.54 厘米）硅晶圆上的集成电路，这块集成电路所采用的基本加工工艺基本上涵盖了现代集成电路制造中使用的工艺。1961 年，飞兆半导体推出了第一块商用化的集成电路，包含 4 个晶体管，每个晶体管售价 150 美元。虽然最初集成电路售价高昂，但是对于像航空航天领域宁可花费更多的成本也要降低飞行器的重量的情况而言，集成电路在当时还是有市场的。

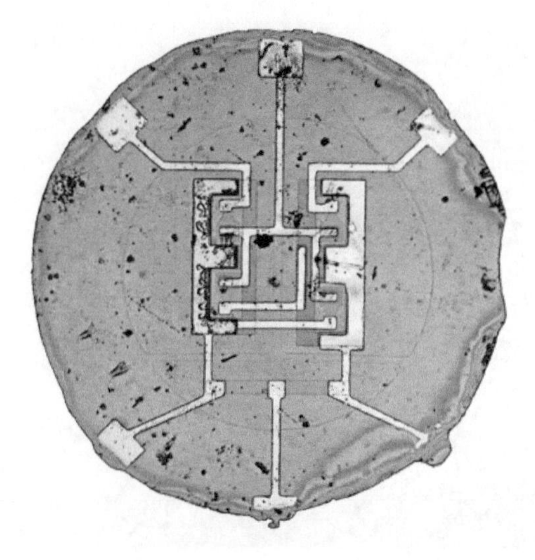

图 1.7　罗伯特·诺顿·诺伊斯设计制作的世界上第一块基于硅衬底的集成电路[5]

由于德州仪器和飞兆半导体发明集成电路的时间都位于 1958 年至 1960 年前后，他们对于集成电路的发明权进行了争夺，直到几年以后才达成和解，基尔比和诺伊斯分享了集成电路发明者的殊荣。由于对集成电路的发明做出突出贡献，基尔比于 2000 年，也就是集成电路发明四十二年之后，获得了诺贝尔物理学奖。这是一份迟到的诺贝尔奖，但经历的时间越久，越能凸显出集成电路发明的重要性。时至今日，集成电路在日常生活中得到了广泛的应用，如图 1.8 所示，移动电话、个人电脑、掌上电脑、录音笔、耳机、遥控器、网络交换机、微传感陀螺仪等都是基于集成电路的电子产品。可以说，没有集成电路就没有现今的数字生活。面对这些成就，基尔比自己却表现得很谦逊，他在获得诺贝尔奖的获奖感言中说："我的工作可能引入了看待电路部件的一种新的角度，并开创了一个新领域，自此以后的多数成果和我的工作并无直接联系。"基尔比一生拥有六十多项发明专利，这样的获奖感言无疑是十分谦虚的。

图 1.8 集成电路在日常生活器件中的应用情况（图中人物为基尔比）

遗憾的是，当基尔比获得 2000 年度的诺贝尔物理学奖时，诺伊斯则早已不在人世，从而与诺贝尔物理学奖失之交臂。而讽刺的是，诺伊斯还曾经对于具有负微分电阻的二极管感兴趣，但是可惜没有得到所在实验室的支持。后来，江崎玲於奈（Leo Esaki）在 1958 年基于负阻二极管的概念发明了隧道二极管，并于 1973 年获得了诺贝尔物理学奖，这种二极管也被称作江崎二极管。因此，诺伊斯两次错失诺贝尔奖，留下了许多遗憾。但诺伊斯在商业上是成功的，他 1968 年离开了飞兆半导体，并和安迪·格鲁夫（Andrew Grove）、戈登·摩尔（Gordon Moore）一起创立了大名鼎鼎的英特尔（Intel）公司，后来又当过半导体制造技术战略联盟（SEMATECH）的首席执行官（CEO）。诺伊斯的肖像如图 1.9 所示。

图 1.9　罗伯特·诺顿·诺伊斯（Robert Norton Noyce）[4]

1.2　集成电路的发展与挑战

集成电路在 20 世纪 60 年代前后被发明出来以后，几十年来得到了长足的发展，从最初的在一块电路板上集成数个晶体管到现今可以集成上亿个晶体管，如表 1.1 所示。

表 1.1　集成电路按集成的晶体管数量分类

集成电路集成度	一块电路板上集成的晶体管数量 / 个
小规模集成电路	2~50
中等规模集成电路	50~5000
大规模集成电路	5000~100 000
甚大规模集成电路	100 000~10 000 000
超大规模集成电路	>10 000 000

除了集成度，集成电路的器件结构和加工工艺也在不断发展，以下介绍一下集成电路在诞生后的几十年中的一些发展状况和遇到的挑战。

1.2.1 集成电路制造中的尺寸概念

在介绍集成电路的发展之前，需要先引入集成电路中的几个尺寸概念。

1. 特征尺寸

特征尺寸是指构成集成电路的晶体管中的最小尺寸，一般情况下这个尺寸由晶体管的栅极宽度决定。在大约 2000 年之前，集成电路的特征尺寸还停留在微米（10^{-6} 米）级，2000 年之后则进入纳米（10^{-9} 米）级。为便于读者理解这些尺寸，我们列举一些生活中的尺寸：一根头发丝的直径大约在几十微米的数量级，而一个新冠病毒的直径大约在几百个纳米的数量级。当特征尺寸减小时，一个更小的芯片可以被制造出来，或者同等大小的芯片可以集成更多的晶体管。目前，最小的晶体管特征尺寸已达到数个纳米，如图 1.10 所示，栅极宽度大约只有 3 纳米。根据现有的物理知识我们知道，一个原子的直径大约在埃（10^{-10} 米）数量级，由于一个硅原子是难以构成器件的，而单晶硅中的常见晶面间距是 5.43 埃，即两个相邻硅原子之间的最短距离，因此，晶体管的特征尺寸极限值应大约在 1 纳米这个数量级范围。

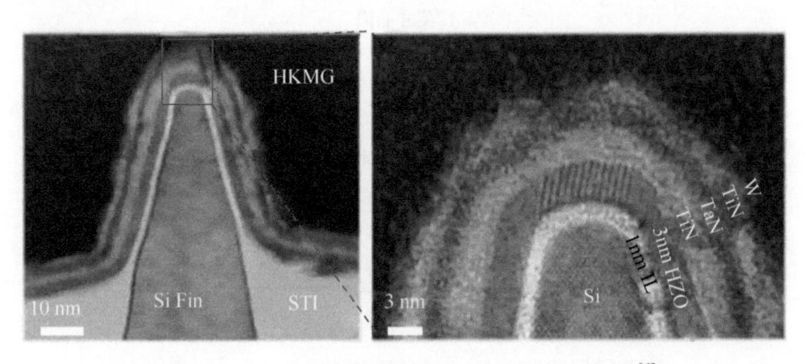

图 1.10 一个栅极宽度仅有 3 纳米的晶体管 [6]

2. 晶圆尺寸

另一方面，当用于制造集成电路的晶圆的尺寸增大时，一块晶圆所能制作出来的芯片数量也随之增加。这种增加使得晶圆上的芯片数量（当芯片集成度保持不变的情况下）与晶圆尺寸成平方正比关系，例如当晶圆尺寸由 8 英寸增大至 12 英寸时，晶圆面积增加（12/8）^{2} = 2.25，即晶圆上的芯片数量翻了一番。由于同一块晶圆中的芯片是同时加工的，每块晶圆所包含的芯片数量越多则平均到每块芯片的加工成本也就越低。因此，集成电路领域的晶圆尺寸向着越来越大的方向发展，目前业界最大的晶圆尺寸是 12 英寸（约等于 300 毫米），并在研究采用 18 英寸晶圆制造集成电路的可能性。由于晶圆的形状是圆形的，而目前主流的芯片都是方形的，因此，在晶圆边缘会有很多材料被浪费，而具有方形的面板级（panel level）衬底也被研究用于集成电路制造的可能性，其尺寸可以采用诸如 24 英寸 ×18 英寸等，远大于采用晶圆的衬底尺寸，如图 1.11 所示。由于集成电路制造需要保证同一片衬底上制造出来的器件的性能是相似或者相同的，也就是对于工艺均匀性有较高的要求，而晶圆尺寸越大其均匀性越难以控制，因此，晶圆尺寸的发展取决于半导体工艺设备的性能提升，目前还没有人能说清未来最大可能的晶圆尺寸是多少。

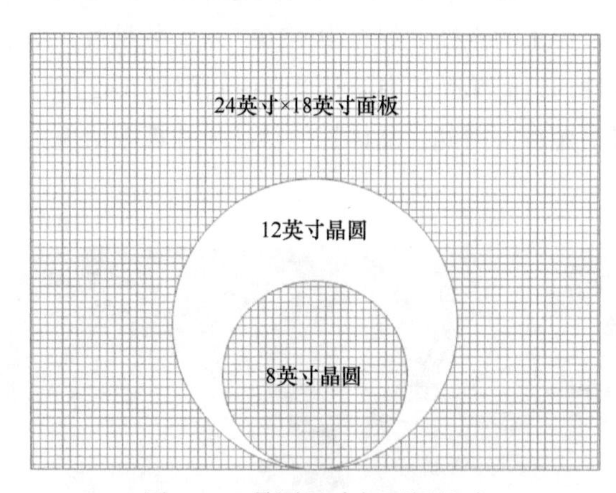

图 1.11　晶圆尺寸与面板尺寸

3. 工艺技术节点

人们常听说的 28 纳米、14 纳米甚至 5 纳米工艺指的是工艺技术节点，但工艺技术节点的定义却与 1.2.1.1 小节中介绍的特征尺寸有所不同。由于在集成电路的制造中，晶体管都是周期性排布并同时在同一个晶圆上被制作出来的，所以工艺技术节点的定义与器件中的最小周期有关，而不是仅与单个器件的最小尺寸相关。如图 1.12 所示，如果将工艺技术节点定义成器件的特征尺寸，则很容易通过光刻胶的精修来轻松地实现器件尺寸的微缩，但这样做却不能减小器件排列的周期，也就是说一块晶圆上所能排布的晶体管数量不会发生变化。而要想将器件的周期也减小，则必须对器件图案化的技术进行改进，即同时优化光刻和刻蚀才能达到。因此，我们可以看出，在产业界，将工艺技术节点的定义与器件的周期挂钩是更加合理的。

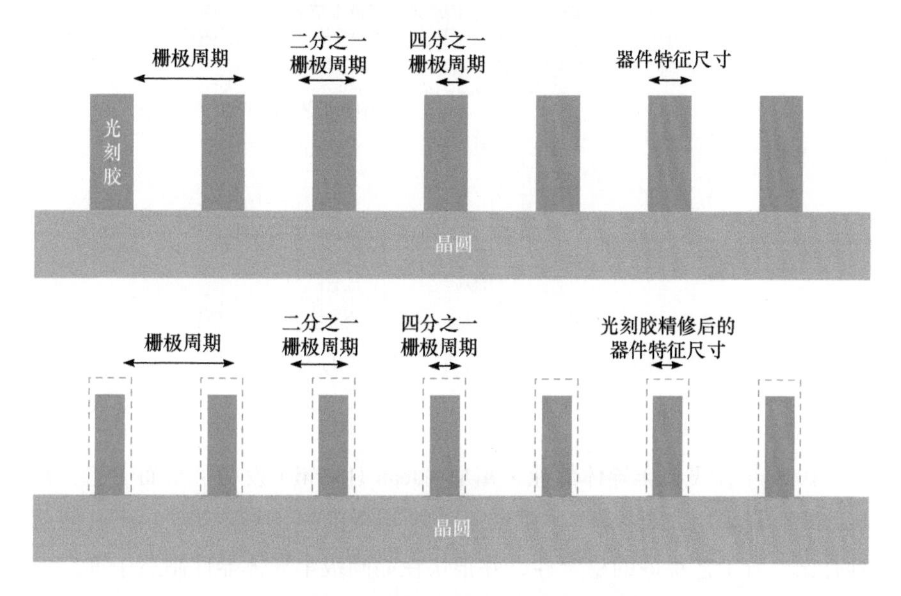

图 1.12 工艺技术节点定义的示意图

对于逻辑处理器而言，其栅极之间有相互的连接，因此，通常将其工艺技术节点定义成栅极之间的周期的四分之一，例如 5 纳米工艺技术节点对应于大约 20 纳米的栅极周期。而对于存储器而言，其栅极之间没有相互的连接，通常将其工艺技术节点定义成栅极之间的周期的二分之一，例如 10 纳米工艺技术节点对应于大约 20 纳米的栅极周期。与晶圆尺寸增大的情况相类似，了解了工艺技术节点的定义后，我们就可以利用平方反比关系算出，当工艺技术节点往前推进时芯片的面积可以缩小的程度，例如当工艺技术节点由 7 纳米升至 5 纳米时，芯片面积缩小至原先的

$(5/7)^2 \approx 0.51$，如果芯片面积保持不变则能集成的晶体管的数量可以翻倍，如图 1.13 所示。因此，集成电路的发展将向着更小特征尺寸、更大的晶圆尺寸和更先进的工艺技术节点的方向前进。

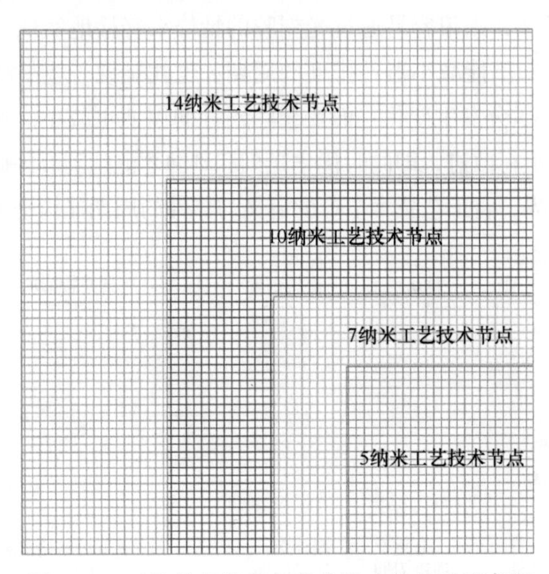

图 1.13　工艺技术节点与芯片尺寸的关系示意图

1.2.2　平面工艺

1959 年，飞兆半导体的让·霍尼（Jean Hoerni）发明了平面工艺，其核心要点是采用二氧化硅表面层来保护所形成的 P-N 结（图 1.14），使其具有比台阶工艺更高的稳定性，并很快在晶圆级半导体器件制造中推广。而这一想法最初的构思形成于 1957 年，甚至早于集成电路问世的时间。平面工艺的另一个好处是，可以利用硅片表面的氧化层来制备器件，二氧化硅可以在器件中用于隔离器件有源区和充当扩散的掩膜，而高温氧化制

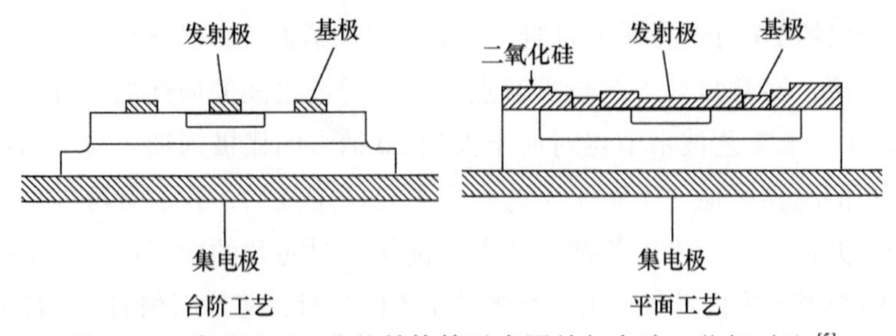

图 1.14　采用平面工艺的晶体管示意图并与台阶工艺相对比 [5]

备硅片表面的高稳定性氧化层是非常容易的。因此，当平面工艺出现以后，只要光刻工艺的分辨率不断提高，所能集成的器件密度也就相应提高，使得器件集成度的提高具有极大的发展潜力，足见平面工艺在集成电路的发展中具有举足轻重的作用[5]。

飞兆半导体所推出的大批量生产的商用化平面工艺技术晶体管型号是2N1613，如图1.15所示，褐色区域是基极（base），中心的蓝色环是发射极（emitter），周围的蓝色是集电极（collector），白色区域是铝质电极，器件直径仅0.06英寸。整个器件封装在直径和高度均约0.5厘米的金属圆筒内，由三个金属引脚引出，这是当时最先进的半导体制造技术的代表。

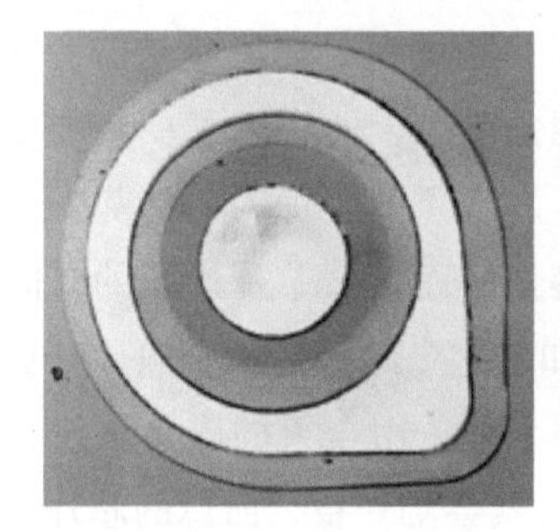

图1.15　商业化的采用平面工艺的晶体管正面光学显微镜表征图和实物图

在平面工艺用于单个晶体管的基础上，诺伊斯同样采用平面工艺用于集成电路的加工并获得了成功，这在前文中我们也有所提及。图1.16是诺伊斯在他申请的集成电路专利中利用平面工艺的氧化硅来保护硅衬底中的PN结的例子。

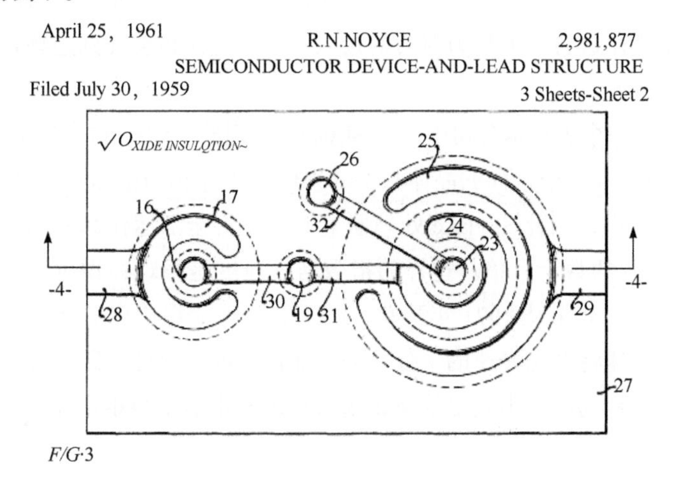

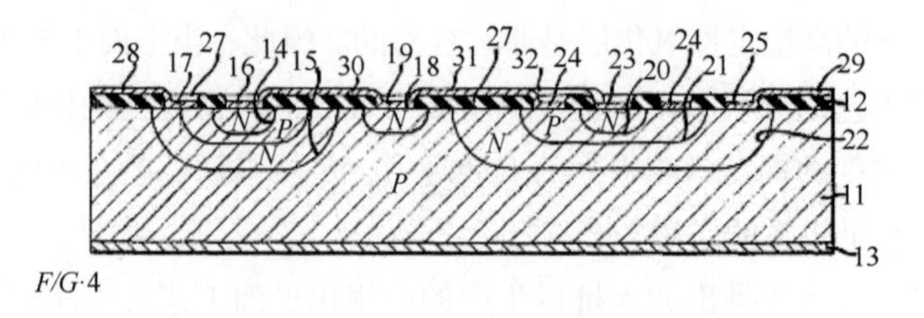

图 1.16　诺伊斯在他申请的集成电路专利中利用了平面工艺的示意图 [7]

注：如果读者对专利的详细内容感兴趣，可以检索图片右上角给出的专利号进行查询

1.2.3　摩尔定律

1965 年，时任飞兆半导体公司研究开发实验室负责人的戈登·摩尔应邀在《电子学》杂志 35 周年专刊上撰写了一篇关于计算机存储器发展趋势的观察评论报告。在撰写这篇报告的准备阶段，他整理了一些前期的观察资料，并在他开始绘制相关数据时，发现了一个惊人的趋势：每个新的芯片大致包含其前一代产品两倍的容量，而每个芯片产生的时间都是在前一个芯片产生后的 12 个月左右，如果这个趋势持续有效，计算机的计算能力相对于时间周期将呈指数式的上升。用今天的语言来讲，集成电路中所集成的晶体管数量每隔 12 个月就会翻一番，而总的芯片价格却保持不变或者说单个晶体管的价格减少一半。这就是所谓的摩尔定律，如图 1.17 所示，它所阐述的趋势一直延续至今，且在过去的几十年当中仍不同寻常地准确，只是在 1975 年摩尔将 12 个月改成了 18 个月，而现在又变成了 24 个月而已。但必须指出，摩尔定律只是一个经验规律而不是物理定律，其背后的机理是经济规律，如果投资人感觉有利可图，就会按照这个规律进行人力物力财力的投入，摩尔定律将会在到达物理极限之前得以保持。

如今，一个英特尔公司生产的 Skylake 处理器上约有 17.5 亿个晶体管，而大概需要 50 万个这样的晶体管加起来的大小才相当于 4004 芯片上一个晶体管的大小，因此 Skylake 处理器上的晶体管全部运作起来的计算速度是 4004 芯片的数十万倍。这样的指数增长速度是很难在物质世界中观察到的，例如：如果从 1971 年开始，汽车和摩天大楼也以此速度发展，现今最快的车速将会是光速的十分之一，而最高的大楼楼顶距离月球仅有地球距离月球距离的一半。尽管指数增长在现实生活中很难实际观察到，但摩尔定理的发展我们却能切身感受到。如今全球有超过 30 亿人可以随身携带智能手机，而每个智能手机的处理能力都比 20 世纪 80 年代占地面积和一栋房屋差不多大小的超级计算机还要强。

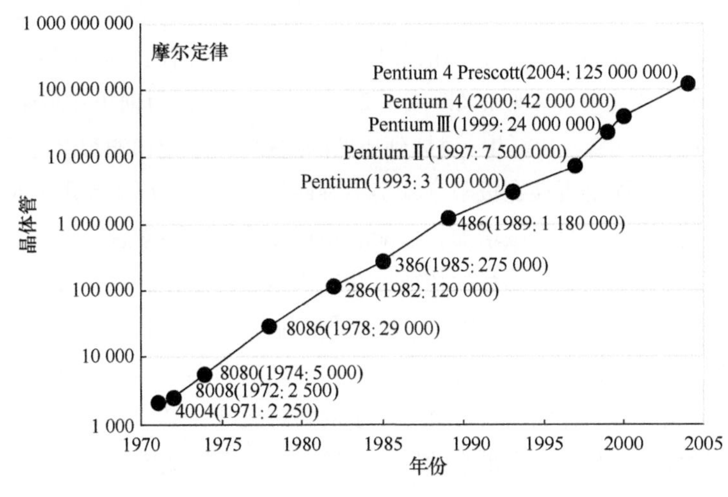

图 1.17　摩尔定律示意图

半导体芯片的集成化趋势正如摩尔所预测的那样，在数十年的时间里推动了整个信息技术产业的发展，进而带给了千家万户生活的巨大变化：在摩尔定律作用下的这 60 年里，计算机从神秘而不可接近的庞然大物变成绝大多数人都不可或缺的工具，信息技术由实验室走进了成千上万个普通家庭，因特网将全世界联系起来变成地球村，多媒体视听设备则丰富着每个人的娱乐生活；充足的计算能力甚至放缓了核弹测试，这是由于利用计算机对核弹进行模拟爆炸测试要比真实测试方便得多。因此，人们的生活已经被摩尔定律所带来的数字化彻底颠覆了，它归纳出了信息技术进步的速度，对整个世界的影响意义深远，摩尔定律的存在也使得人们希望科技每年都能更进一步。在回顾半导体芯片业的进展并展望其未来时，信息技术专家们预测，在今后“摩尔定律”可能还会继续适用，但随着晶体管电路的性能逐渐接近物理极限，这一定律很有可能终将走到尽头[8]。

1.2.4　摩尔定律的延续

“摩尔定律”是过去几十年间集成电路行业所遵循的金科玉律，在其指引下集成电路以惊人的速度在微小化，从电子管计算机发展到现在智能手机每平方厘米硅片上可以集成超过 50 亿个晶体管，微电子器件的加工面积逐步微缩。但近年来，诸多的统计数据显示半导体行业的更新迭代速度已逐步放缓[9]，随着工艺技术节点的演进，摩尔定律显然难以持续。如前文所述，集成电路上可容纳的晶体管数目增加一倍的时间由最初的 12 个月变成了 18 个月，而现在又改成了 24 个月。集成电路目前正在高速发展，但任何新技术都会经历诞生、发展到成熟的过程。摩尔定律能否永远适用？特征尺寸的微缩是否存在极限？其实不难回答，芯片不可能无限缩小，集成电路晶体管也不会无限增加，性能、功耗和成本等要素总有一个会逼近极限。随着集成电路晶体管的特征尺寸进入纳米范围，进一步微缩其特征尺寸会遇到更大的困难和挑战，这些困难和挑战主要来自三个方面[8]。

第一个方面是物理极限的挑战。数据的处理和存储需要一定的时间和能量，完成处理和存储的器件具有一定的物理尺寸，量子隧穿效应的存在限制了器件需要具有一个最小的绝缘层厚度和耗尽层宽度，统计物理学和热力学等领域的物理规律也对最小器件尺寸提出了限制。尽管在过去的几十年间，人们突破了一个个所谓的“物理尺寸极限”，如在 20 世纪 70 年代有人提出 1 微米是极限，80 年代又提出 0.1 微米是尺寸缩小的极限，90 年代提出 0.05 微米是最终的极限，这些极限都被人们一一突破，但有一个不争的事实是，两个硅原子之间的间距是 5.43 埃，器件的缩小很难突破这个物理尺度。

第二个方面是工艺技术面临的挑战。即使在理论上物理尺寸可以支持摩尔定律的延续，也需要考虑是否有相应的工艺技术来实现这个尺寸的微缩，也就是对集成电路领域的装备提出了要求。例如，要单次实现 100 纳米以下的特征尺寸必须发展新的光刻技术，离子束、电子束和 X 光都是今后光刻的候选技术；发展原子层沉积（Atomic layer deposition, ALD）和原子层刻蚀（Atomic layer etching, ALE）来实现对原子层精度级别的控制；芯片面积不断扩大，要求拉出的硅晶圆的面积也不断增大等。这些挑战都将使工艺技术、加工方式和工艺设备发生新的变化[10]。

最后一个方面是经济因素的制约。前文已述及，摩尔定律本质上是一个经济规律而不是物理规律，即使器件的物理尺寸还有缩小空间，工艺设备也都可以满足的情况下，如果投资人不能从摩尔定律所指向的发展趋势中获利的话，摩尔定律仍然没有被进一步推动的可能。从数据来看，尽管缩小尺寸或者提高集成度可以使集成电路的单位成本按逐年减少 25% 的规律下降，但是研发成本大约每工艺技术节点会增大 1.5 倍，设备更新费用也会按每年 10%~15% 的速度增长，使得建立集成电路生产线的投资门槛越来越高 [11]。

尽管摩尔定律在可预见的将来不可能长期奏效，但通过人们的努力，还是有希望使摩尔定律持续的时间尽可能延长。这些努力既包括器件方面的创新，也包含材料方面的创新。

1. 鳍式场效应晶体管（FinFET）

我们先来介绍器件结构方面的创新。随着集成电路工艺制程的不断演进，集成电路的集成度越来越高，器件特征尺寸不断缩小。当器件工艺技术节点缩小到 28 纳米及更小时，器件面临短沟道效应（short chanel effect，SCE）、漏致势垒降低（drain induced barrier Lowering, DIBL）效应和热载流子注入（hot carrier inject, HCI）效应等问题。针对这些问题，集成电路产业界不断开发出一系列先进工艺技术，例如：提高沟道的掺杂浓度、降低结深、采用能够减少栅泄电流和栅极电阻的高介电常数栅介质和金属栅电极等措施以克服短沟道效应，提高器件速度。而当器件工艺技术节点持续地按比例不断减小至 14 纳米及以下工艺技术节点时，器件的栅泄电流持续增大，已经不能很好地改善短沟道效应，这时就需要使用更好的图形设计及相应的工艺优化来应对这样的挑战。

前文我们述及了平面工艺，而栅极在一个平面内对沟道的调控效果毕竟是有限的，加州大学伯克利分校的胡正明联合日立（Hitachi）公司中心研究院的久本大（Digh Hisamoto）于 1998 年在国际电子器件大会上首次提出（正式论文发表于 2000 年）[12]，可以采用立体的类似鱼鳍的叉状三维栅极结构来控制导电沟道的接通与断开，从而大幅度缩短晶体管栅极长度和减少栅泄漏电流，抑制短沟道效应，并获得更加陡峭的亚阈值特性。这种具有垂直方向沟道的新颖三维晶体管被称作鳍式场效应晶体管（fin field-effect transistor, FinFET），如图 1.18 所示。

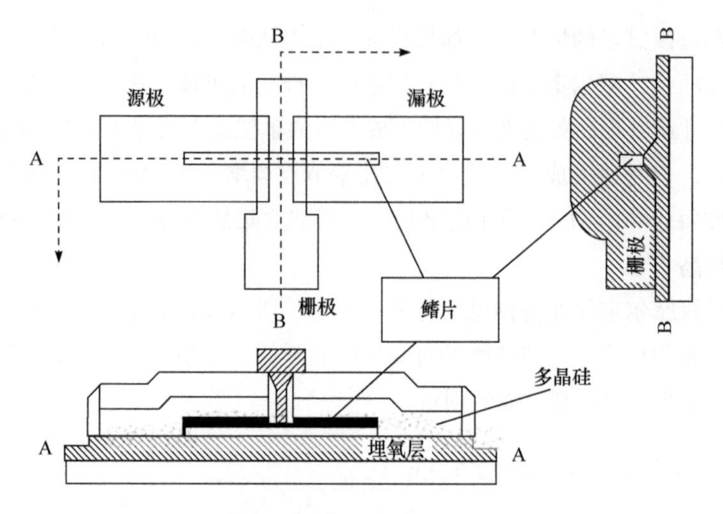

图 1.18　鳍式场效应晶体管结构示意图 [12]

从此以后，在世界范围内掀起了对鳍式场效应晶体管研究的热潮，特别是在 2011 年当英特尔公司推出的采用 22 纳米工艺技术节点的 Ivy Bridge 处理器产品时，鳍式场效应晶体管器件正式替代了传统平面晶体管的地位，而现今的先进工艺技术节点几乎全部采用鳍式场效应晶体管结构，例如图 1.10 所示的器件。

2. 环栅式晶体管

在鳍式场效应晶体管的启发下，人们猜想如果可以将晶体管的导电沟道由栅极完全包围，则可以具有更好的沟道控制能力。而事实上，早在 1990 年 （早于鳍式场效应晶体管出现），这一想法就已经被比利时 IMEC 的研究人员所尝试，并获得了亚阈值摆幅低至 60 mV/dec 的晶体管 [13]。目前，这种环栅式（gate all around, GAA）晶体管被产业界寄予厚望，集成电路行业的制造龙头企业都先后公布了相关技术的研发规划（图 1.19）。在环栅式晶体管中，器件制造工艺需要原子尺寸级别的分辨率以进行大小的控制和精确的定位排布，如采用原子层刻蚀技术等技术路径来实现原子尺度工艺控制，但环栅式晶体管的制备仍然面临良率低和工艺时间长等挑战，很遗憾目前仍然处于研发阶段而未能实现真正的量产（三星公司于 2022 年第二季度宣布解决了环栅式晶体管的良率问题并即将量产，值得业界关注）。

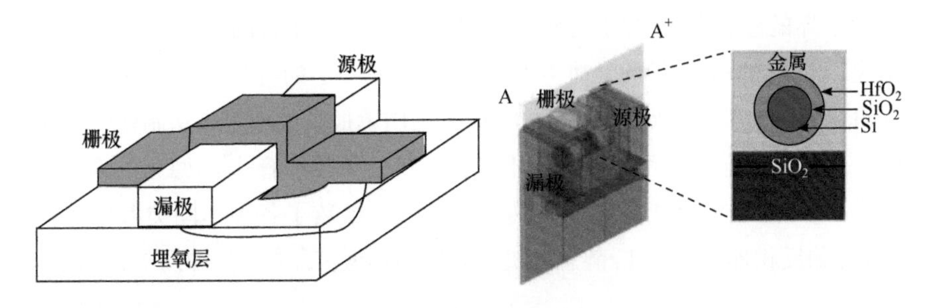

图 1.19 环栅式晶体管结构示意图 [13, 14]

3. 纳米碳材料

除了器件方面的创新，材料方面的创新对于延续摩尔定律也很重要。事实上，半导体材料也经历了几代的发展：从最初的第一代半导体锗和硅发展到具有高电子迁移率的第二代半导体砷化镓，再到具有高的带隙宽度的第三代半导体氮化镓和碳化硅。高的电子迁移率有利于提高发射频率，可以用于制备微波功率器件；高的带隙宽度有利于提高器件的耐压，可以用于制备电力电子器件。这些新的材料赋予了器件新的功能，而真正被看作可以延续摩尔定律的新材料当属具有远超过晶体硅载流子迁移率且尺度天然在纳米级别的纳米碳材料。纳米碳材料根据其具体形态，可以分成零维的富勒烯、一维的碳纳米管和二维的石墨烯，如图 1.20 所示。

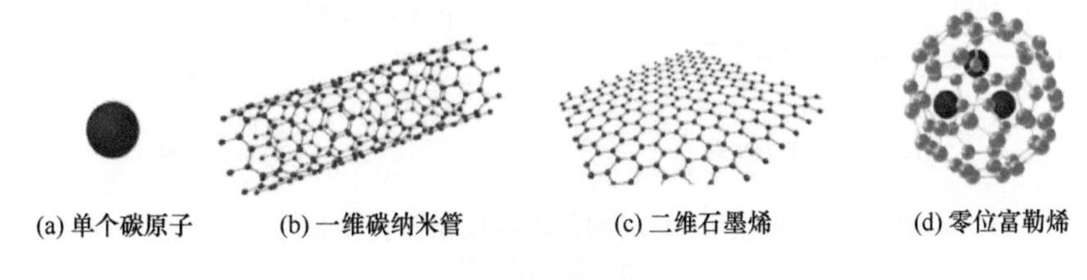

图 1.20 不同维度的碳纳米材料示意图 [15]

碳纳米管是一种由呈六边形排列的碳原子组成的圆管状纳米材料 [15]，其具有良好的导热性和高的结构强度，载流子迁移率高达 $10^5cm^2/(V\cdot s)$，远超晶体硅的 $10^3cm^2/(V\cdot s)$。尽管早在 20 世纪 70 年代就有碳纳米管相关的报道，但学术界还是公认 NEC 公司的饭岛澄男（Sumio Iijima）是碳纳米管的发现者，原因是直到他的研究在 1991 年被报道后才最终引起了学术界的注意[16]。对于将碳纳米管用作制备晶体管的导电沟道材料做出突出贡献的科学家当属荷兰代尔夫特理工大学的赛斯·德克尔（Cees Dekker），他领导的研究小组在 1998 年利用单根碳纳米管成功制备了晶体管，这是世界上首例可以在室温下工作的单分子晶体管[17]。德克尔研究小组进一步地又在 2001 年利用碳纳米管晶体管组装了各种不同类型的逻辑电路，如反相器、或非门、静态随机存储器和环振荡器等[18]，如图 1.21 所示。

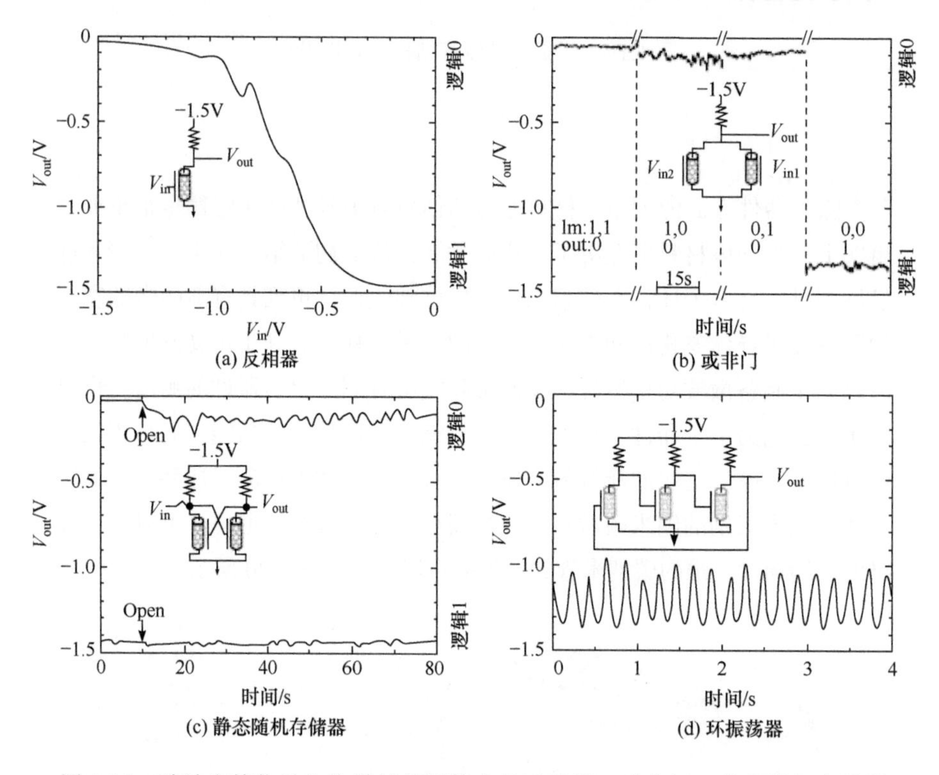

图 1.21　碳纳米管作导电沟道材料制作出的反相器、或非门、静态随机存储器和环振荡器[18]

利用碳纳米管作晶体管的导电沟道材料，北京大学彭练矛领导的研究小组将其栅极长度微缩到了 5 纳米[19]，如图 1.22 所示。与硅材料晶体管植被的集成电路不同，碳纳米管晶体管不用隔离 N 型晶体管和 P 型晶体管，因此 N 型晶体管和 P 型晶体管可以共用同一个漏极。进一步地，他们制备出的反相器的周期仅有 240 纳米，对应于硅材料晶体管的 22 纳米工艺技术节点。

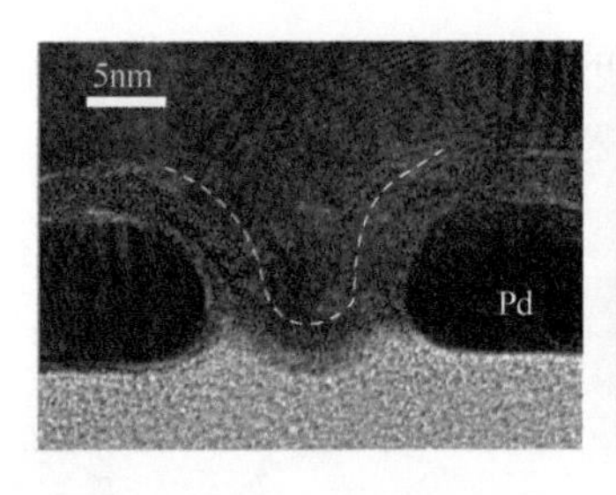

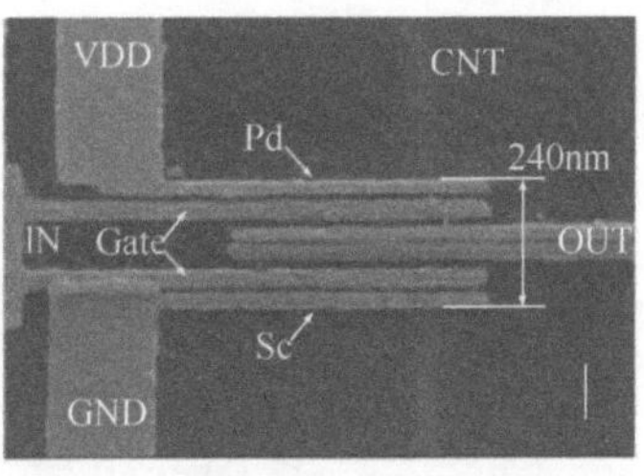

图 1.22 基于碳纳米管作导电沟道材料的微缩化晶体管和反相器 [19]

上述研究都证明了碳纳米管可以用作晶体管的导电沟道材料，且具有器件微小化的能力，有望延续摩尔定律。但由于碳纳米管内六边形排列的碳原子的排列方向不同会导致碳纳米管具有不同的手性，基于碳纳米管的集成电路要想实现工业化生产需要突破的一个问题是如何获得单一手性结构的碳纳米管。针对这一问题，北京大学李彦领导的一个研究小组采用一种钴钨多酸盐作催化剂在化学气相沉积设备中生长出了具有（12，6）单一手性的碳纳米管 [20]，如图 1.23 所示，有助于实现碳纳米管晶体管的工业化生产，这一研究也得到了碳纳米管发明人饭岛澄男的推荐和肯定。

与一维的碳纳米管一样，二维的石墨烯也是一种纳米碳材料。石墨烯可以看作一根碳纳米管沿径向切开而成的片状材料，当然反过来碳纳米管也可以被看作由石墨烯卷曲成的一个管。石墨烯这种二维纳米碳材料最早被安德烈·海姆（Andre Geim）和康斯坦丁·诺沃肖洛夫（Konstantin Novoselov）发现 [21]，他们二人也因此分享了 2010 年的诺贝尔物理学奖。石墨烯具有高硬度、高导热性、高载流子迁移率、零质量狄拉克 - 费米子、室温量子霍尔效应等优良特性 [22]，其带隙在 K 和 K′ 点附近的能量 - 动量色散关系是近似线性的，K 和 K′ 点附近的电子费米速度接近光速，需要采用狄拉克方程而不是薛定谔方程进行描述，因此，K 和 K′ 点也被称作狄拉克点。由于狄拉克点的存在，石墨烯中电子的平均自由程可以长达亚微米级，而载流子迁移率更是高达 $10^6cm^2/(V\cdot s)$，甚至比碳纳米管的载流子迁移率还要高，有望在制备高速器件的材料上取代硅材料。但也正是由于狄拉克点的存在，尽管石墨烯材料做成晶体管后可以表现出双极晶体管的性质 [23, 24]，但由于没有带隙宽度，几乎没有开关比，很难应用到电子计算机中用以区分二进制信号 0 和 1。而对于打开石墨烯的带隙科学家们也做了很多的尝试，但都必然破坏其高的载流子迁移率而换来仅有的一点点带隙[22]，从而限制了石墨烯在晶体管器件或者集成电路上的应用。

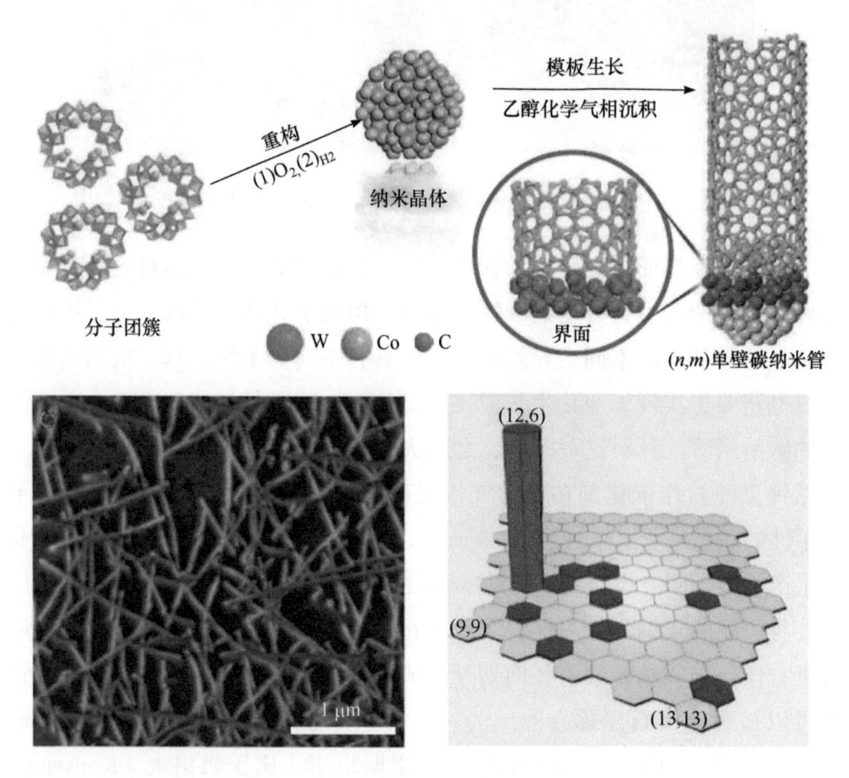

图 1.23　利用钴钨多酸盐作催化剂在化学气相沉积设备中生长具有单一手性的碳纳米管[20]

4. 新型二维材料

二维材料的载流子迁移和热量扩散都被限制在一个特定的二维平面内，这一特点使得二维材料可以展现出许多奇特的性质。自从二维材料被其典型代表——石墨烯带起的研究热潮以来，又陆续有一些新型的二维材料被广泛研究报道，如六方氮化硼(BN)、二硫化钼(MoS_2)、二硫化钨(WS_2)、二维过渡金属碳化物/氮化物（MXene）等材料，继续引领着凝聚态物理领域的研究热潮。这些新型二维材料具有可比拟石墨烯的厚度，且具有石墨烯所没有的带隙，即新型二维材料基本上都属于半导体（石墨烯则属于半金属）。例如，在二维层状二硫化钼材料中，晶格中的两层硫原子把一层钼原子像“三明治”一样夹在中间，虽然其载流子迁移率低于晶体硅，但它具有比硅材料更大的带隙而且是直接带隙（可以拥有更丰富的光电性能），并且二硫化钼的本征 N 掺杂特性、更低的介电常数和更大的电子有效质量有利于缓解栅极尺寸微缩后所带来的短沟道效应，近年来被学术界持续关注[25, 26]。最早将二维层状二硫化钼引入到晶体管的沟道材料中的科学家当属瑞士联邦理工学院的安德拉斯·基斯（Andras Kis），他领导的研究小组在 2011 年用仅有 0.65 纳米厚的二硫化钼单层薄片制作出了世界上首例二维层状二硫化钼作导电沟道材料的晶体管[27]。2016 年，美国劳伦斯－伯克利国家实验室将单壁碳纳米管 (single-walled carbon nanotube, SWCNT) 作栅极金属材料、二维层状二硫化钼作导电沟道材料制备了晶体管，从而将晶体管的栅极尺寸微缩到 1 纳米，并在晶体管处于关闭或者开启的状态（开关比高达 10^6，亚阈值摆幅低至 65mV/dec，即通俗地讲，仅需 65 毫伏的电压即可引起沟道电流发生 10 倍的变化，功耗较低）下，其有效沟道长度分别仅有 3.9 纳米或者 1 纳米，这在当时是世界上最短栅极尺寸的晶体管[28]，其结构如图 1.24 所示。

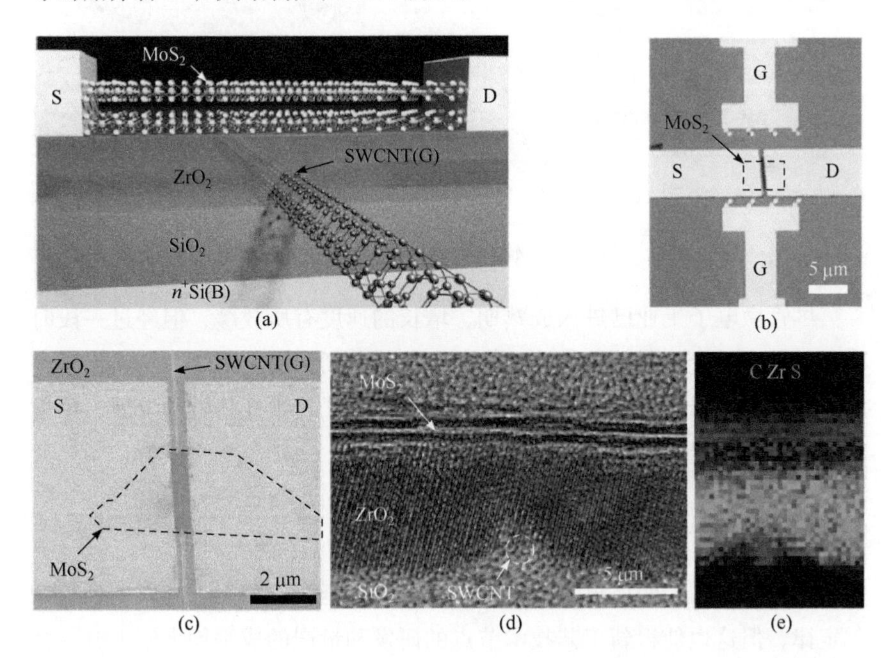

图 1.24　单壁碳纳米管作栅极金属材料的二维层状二硫化钼晶体管示意图[28]

2022 年，清华大学任天令和田禾领导的研究小组将单层石墨烯（single layer graphene, SLG）的边缘作栅极金属材料、二维层状二硫化钼作导电沟道材料制备了晶体管，从而将晶体管的栅极尺寸进一步微缩到了 0.34 纳米（3.4 埃），并且在晶体管处于关闭或者开启的状态（开关比高达 10^5，亚阈值摆幅低至 117mV/dec，即通俗地讲，仅需 117 毫伏的电压即可引起沟道电流发生 10 倍的变化，用较小的电压驱动较大的电流变化是晶体管的基本功能之一）下，其有效沟道长度分别仅有 4.54 纳米或者 0.34 纳米，这是目前世界上最短栅极尺寸的晶体管[29]。图 1.25 也展示出二维层状二硫化钼晶体管的发展变化，从最开始的底栅底接触发展到顶栅顶接触，再到使用碳纳米管或者石墨烯作栅极金属材料。

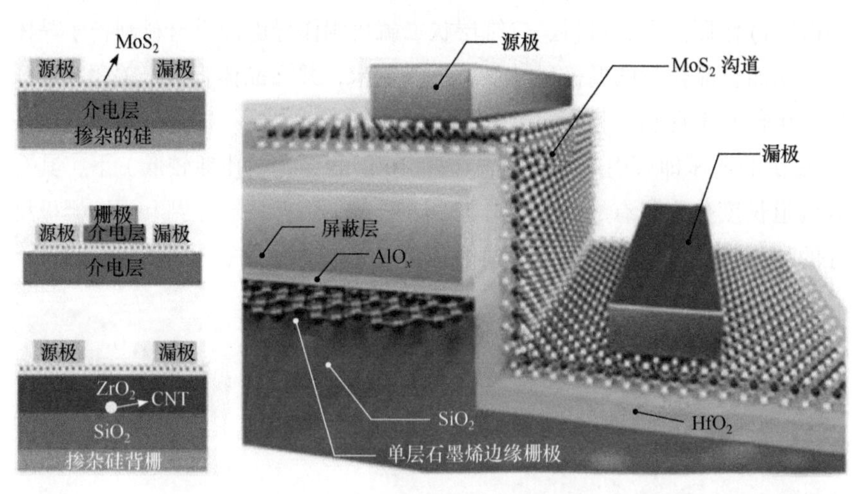

图 1.25　二维层状二硫化钼晶体管的结构演进示意图[29]

尽管微电子工业已进入成熟期，增长的速度有所放缓，但经过一段时间的发展，无论是器件结构还是材料方面的创新，微电子工业仍将保持一定的增长率。毋庸置疑，集成电路领域的微电子技术还将继续发展，用创新的解决方案迎接对摩尔定律的各种挑战[30]。

1.2.5　超越摩尔定律

由此可见，人们提出了新器件、新材料甚至新的加工工艺以期延续摩尔定律，但这也使得新工艺技术节点的研发和量产的成本均大幅上升。在世界范围内，也只有屈指可数的几家公司还能够在最先进的工艺技术节点上坚持独立研发和量产。因此，继续按照摩尔定律，即通过缩小晶体管的特征尺寸来提升集成电路的性能已变得越来越不现实。人们开始思考，是不是可以不再单纯地依赖缩小晶体管尺寸，即找到一种超越摩尔定律（More than Moore）的方法来推动集成电路领域的发展呢？

超越摩尔定律的途径主要有高价值、多类型、多功能化等方向，例如：基于堆叠互连集成的三维封装是超越摩尔定律的一个至关重要的研究应用方向。集成电路技术由二维（2D）向三维（3D）方向发展，最早是由1965年诺贝尔物理学奖获得者理查德・费曼（Richard Feynman）在1985年所做的一次学术报告中提出的。三维封装可以将多个芯片或系统在垂直方向上进行堆叠，如图像传感器、MEMS、RF、储存器等，以形成功能更加多元化、更智能的系统，并可以提高器件运行速度，在这本书的后续章节会对三维封装进行更加详细的介绍。因此，集成电路产业目前已经进入“后摩尔时代”，对于超越摩尔定律所提供的新的赛道，我们需要坚持产业导向，合作共赢，以利用趋缓的摩尔定律给追赶者所带来的机会[31]。

1.3 集成电路分类

集成电路产品根据其设计、功能及应用领域，主要可以分成逻辑处理器、存储器、微元件集成电路和模拟集成电路等类型，这些不同类型还可再继续进行细分，如图1.26所示。其中，存储器和处理器在将来的发展中有可能走向融合，以突破目前冯・诺依曼计算原理的限制，从而提高计算机运行的速度[32]。

若从各类型的市场份额来看，如图1.27所示，逻辑处理器占比约34%，存储器占比约26%，微元件集成电路占比约23%，模拟集成电路占比约17%。

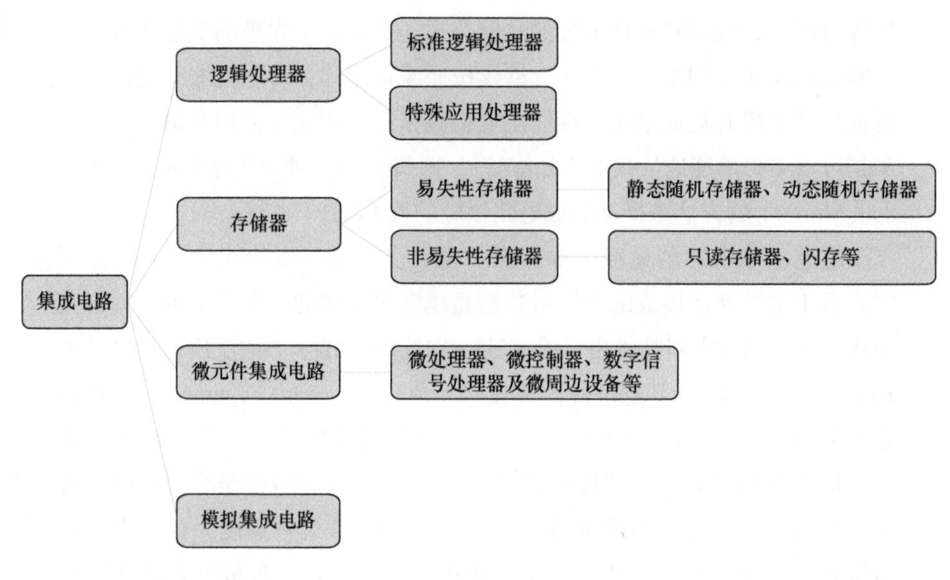

图 1.26　集成电路的分类

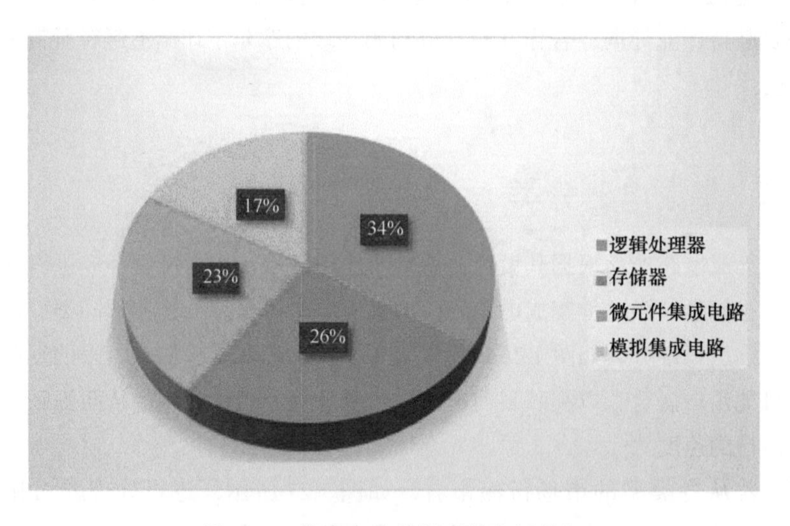

图 1.27　集成电路分类型的市场份额

1.3.1　逻辑处理器

人们常说的芯片一般指的就是逻辑处理器，它还有另外一个名字是“可编程逻辑器件（programmable logic device, PLD）”，这是一种电子零件或者电子组件。可编程逻辑器件芯片属于数字芯片，而非模拟或混合信号（同时具有数字电路与模拟电路）芯片。可编程逻辑器件芯片与一般的数字类型芯片所不同的是：可编程逻辑器件内部的数字电路可以在器件出厂后再进行规划决定，某些种类的可编程逻辑器件也允许在规划决定后再次进行变更修改，而一般的数字类型芯片在器件出厂前其内部电路就已经完全决定，无法在出厂后再次更改。事实上，一般的数字芯片与一般的模拟芯片或者混合信号芯片一样，在器件出厂后就无法再对其内部电路进行调整和修改，这是可编程逻辑器件芯片与微元件集成电路、模拟集成电路之间的主要区别。

1.3.2 存储器

存储器是指利用电能方式存储信息的半导体介质设备，其存储与读取过程伴随着电荷的捕获或释放，广泛应用于内存、优盘、消费电子、智能终端、固态存储硬盘等领域。存储芯片根据其在断电后所存储的数据是否会丢失来划分，可以分成易失性存储器（volatile memory）和非易失性存储器（non-volatile memory）。

易失性存储器的主要代表是随机存储器（random access memory），也被称作主存储器，它是与中央处理器直接交换数据的内部存储器。随机存储器在工作时可以随时（刷新时除外）从任何一个指定的地址进行信息的写入（存入）或读出（取出），而且速度很快，通常可作操作系统或其他正在运行中的程序的临时数据存储介质，例如在计算机和数字系统中用来暂时存储程序、数据和中间结果。随机存储器还可以进一步细分，主要包括动态随机存储器（DRAM）和静态随机存储器（SRAM）。动态随机存储器是 1967 年由 IBM 公司的电气工程师罗伯特·希思·登纳德（Robert Heath Dennard）发明的，它由一个电容器和一个晶体管组成，其中晶体管的漏极接线叫作位线（bit line），晶体管的栅极接线叫作字线（word line），如图 1.28 所示。

图 1.28　罗伯特·希思·登纳德肖像及其发明的动态随机存储器电路图

动态随机存储器利用电容存储电荷的原理保存信息，其电路简单，集成度高。由于任何电容都存在漏电的现象，因此，当动态随机存储器中的电容存储电荷时，过一段时间由于电容漏电导致的电荷流失会使得动态随机存储器所保存的信息发生丢失。动态随机存储器解决这一问题的办法是每隔一定时间（一般 2 毫秒）对动态随机存储器进行一次读出和再写入，使原处于逻辑电平“1”的电容上所泄漏的电荷得到补充，而原处于电平“0”的电容仍保持“0”的状态，这个刷新过程使其得名动态随机存储器。动态随机存储器的缺点是需要刷新逻辑电路，而在执行刷新操作时不能进行正常的读写操作，且需要外部电路来提供刷新功能。与动态随机存储器不同，静态随机存储器则是在静态触发器的基础上附加门控管而构成的，即通过触发器的自保功能而存储数据，可以在不停电的情况下长时间保留数据，存取速度快，无须像动态随机存储器那样频繁刷新电路，从而可以省去用于刷新的电路设计。但由于静态随机存储器的基本电路中所含晶体管较多，其集成度比较低，并且功耗也比较大，价格也比动态随机存储器更高，因此，动态随机存储器在主存储器特别是大容量存储器中被普遍采用。

而非易失性存储器的典型代表是只读存储器（read-only memory，ROM），它以非破坏性的读出方式工作，即使遇到停电也不会丢失存储的信息，但缺点是使用过程中只能读出而无法写入信息，信息一旦在初始时写入后就固定下来无法改变，所以又称作固定存储器。由于随机存储器可以快速方便地改写存储内容，针对这一问题，进一步发展出可编程只读存储器（PROM）、可擦可编程序只读存储器（EPROM）和带电可擦可编程只读存储器（EEPROM）等不同的种类。1967 年，施敏与韩裔美国人姜大元（Dawon Kahng）发表了世界上第一篇关于非挥发性存储技术的论文。1970 年，以色列工程师多夫·弗罗曼（Dov Frohman）发明了第一款浮栅型器件——可擦除可编程只读存储器，但它只能用强紫外线来进行擦除。随后，带电可擦除可编程只读存储器的出现解决了强紫外线来进行擦除的问题。1988 年英特尔（Intel）公司推出了商业化的或非快闪存储技术（NOR Flash），1989 年东芝公司的桀冈富士雄（Fujio Masuoka）发明了与非快闪存储器（NAND Flash），而这两种快闪存储技术目前已是最主流的非挥发性存储技术。在此基础之上，目前又发展出利用三维空间构筑器件的 3D NAND Flash 存储器。

由此可见，动态随机存储器和三维与非快闪存储器分别是易失性存储器和非易失性存储器的典型代表，如图 1.29 所示。尽管存储芯片种类众多，但从产值构成来看，动态随机存储器与三维与非快闪存储器也是存储芯片产业的主要构成部分。

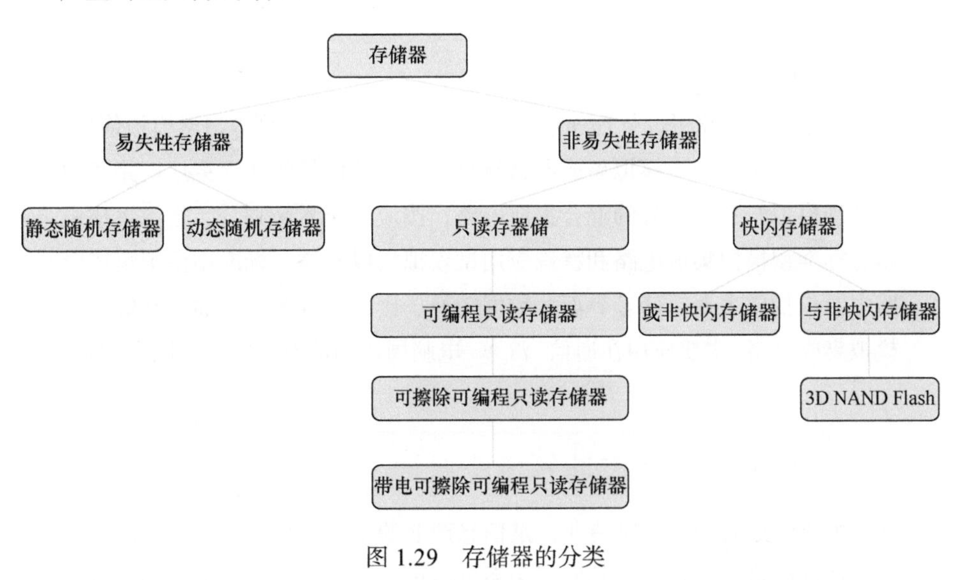

图 1.29　存储器的分类

1.3.3 微元件集成电路

微元件集成电路，包括微处理器（MPU）、微控制器（MCU）、数字信号处理器（DSP）以及微周边设备（MPR）。微处理器是微元件集成电路中最重要的产品，主要用于个人电脑、工作站和服务器。中央处理器（CPU）是微处理器中的一种，目前的产业龙头代表是英特尔公司。微控制器又称单片微型计算机或者单片机，是把CPU的频率与规格适当缩减，并将内存、计数器、通用串行总线（USB）、模数转换器、通用异步收发传输器（UART）、可编程逻辑控制器（PLC）、直接存储器访问（DMA）等周边接口，甚至液晶显示器（LCD）驱动电路都整合在单一芯片上形成芯片级的计算机，在不同的应用场合中可以做不同的组合控制。例如，在手机、个人电脑、遥控器，甚至汽车电子、工业上的步进马达、机器手臂的控制等应用场合，都可见到微控制器的身影。数字信号处理器芯片指能够实现数字信号处理技术的芯片。近年来，数字信号处理器芯片已经被广泛应用于自动控制、图像处理、通信技术、网络设备、仪器仪表和家电等领域，数字信号处理器芯片给数字信号处理提供了高效而可靠的硬件基础。微周边设备则是支持微处理器和微控制器的周边逻辑电路元件。

1.3.4 模拟集成电路

模拟集成电路可以处理连续性的光、声音、速度、温度等自然模拟信号。按技术类型来划分，模拟集成电路有只处理模拟信号的线性集成电路和同时处理模拟与数字信号的混合集成电路；按应用场景来划分，模拟集成电路有标准型模拟集成电路和特殊应用型模拟集成电路。标准型模拟集成电路主要包括放大器、信号界面、数据转换、比较器等产品，而特殊应用型模拟集成电路，主要应用在通信、汽车、电脑周边和消费类电子等四个领域。

1.4 集成电路的产业化

集成电路属于高端制造业，是信息产业的基础和核心，具有基础性、先导性和战略性等特点，其发展关系到国民经济和社会发展的全局，也就是说芯片的发展直接或间接地推动了人类社会的发展。而一个产业的发展离不开全链条的支持，在本节中，我们将从产业界的角度对集成电路制造进行简介。

1.4.1　集成电路的产业化分工

最初，集成电路由一家企业（如英特尔和三星等）完成设计、制造、封测等所有环节，但随着全球集成电路工业的产业转移，出现一些企业（如台积电和格罗方德等晶圆代工厂）专攻集成电路领域的某一环的情况，因此，集成电路产业链里的每个环节分工分类明确。集成电路通常由芯片设计、晶圆生产制造、芯片封装和芯片测试等环节组成，并且随着产业链的发展其产业分工可能还会进一步不断细化。

1. 芯片设计

芯片设计是集成电路研发过程中的第一步，具体来说，是通过系统设计和电路设计，将设定的芯片规格形成集成电路设计版图的过程。设计版图是一款集成电路产品的最初形态，决定了芯片的功能、性能和成本，因此，设计版图在集成电路产业中处于至关重要的地位，是芯片设计企业技术水平的体现。设计版图完成后就可以进入晶圆生产制造环节，但由于不同芯片的设计版图不同，需要重新进行光罩制作，形成光刻的掩膜版，并进行小规模的流片验证，一般的量产化晶圆代工厂不愿意做这样的投入，因此，找到适合的晶圆代工厂进行验证以及设计的芯片能尽量采用现有的光罩进行制造加工等也是芯片设计环节需要考虑的问题。

2. 晶圆生产制造

晶圆生产制造即将芯片设计通过生产制造而得以实现，由于晶圆生产制造由一道一道的半导体工序（如清洗、扩散、光刻、刻蚀、镀膜、减薄等）构成，晶圆完成一道工序后被运送到下一站进行另一道工序，因此晶圆生产制造也俗称流片。简单而言，晶圆的生产制造过程是将光罩上的电路图形信息复制到晶圆裸片上，大批量重复在晶圆裸片上形成电路的过程就是晶圆的量产。按照生产制造的顺序来划分，芯片的生产制造主要包括前端线 (front-end-of-line, FEOL) 和后端线 (back-end-of-line, BEOL)，其中，前端线主要完成晶体管相关结构的制造；后端线主要用以完成互连层的工艺，也就是将前端线制作的晶体管通过多层导电孔和金属线路层连接起来以实现各种功能的电路，如图 1.30 所示。晶圆生产过程是集成电路产业链中成本最昂贵的一环，而且这个过程很长，复杂程度也最大，因此，在晶圆的生产制造环节往往会在晶圆的实际芯片图形之间嵌入一些测试结构，在流片过程中不断对测试结构进行测试，若在某些工序过程中测试到大部分的测试结构并不按设计的情况正常工作，则可以推断该片晶圆上制造出的实际芯片也不能达到设计需求，此时该片乃至该批次的晶圆的流片过程应被立即叫停，以降低生产成本。

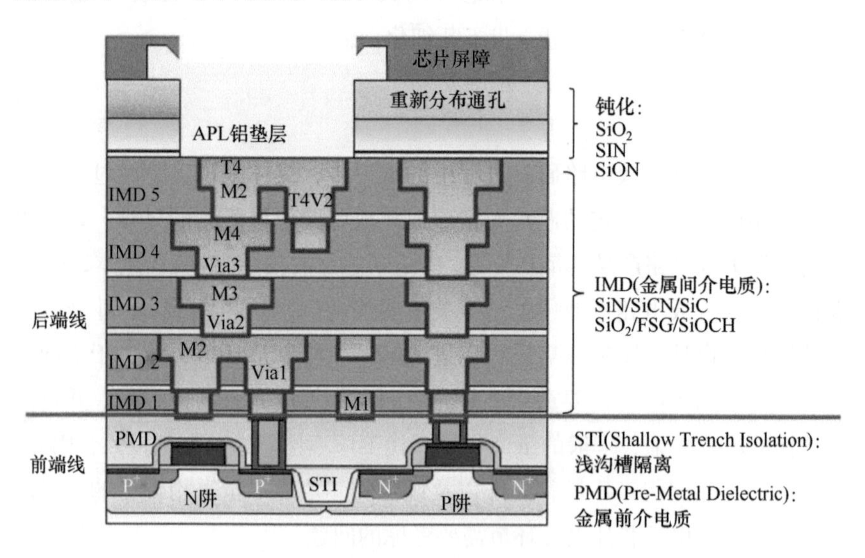

图 1.30　集成电路生产制造中的微处理器结构

3. 芯片封装

芯片封装是集成电路产业链必不可少的环节，虽然其位于整个产业链的下游环节，但其重要程度并不亚于晶圆生产制造环节。由于在芯片封装时，晶圆已经完成了在晶圆生产制造环节的所有工序，如果在封装环节出现问题，意味着生产制造环节的所有工序也随之付诸东流。我们在晶圆的生产制造环节部分中介绍到，在晶圆的生产制造过程中会随时监测测试结构是否正常工作，一旦出现问题会随时叫停晶圆的流片，若到了芯片封装过程才出问题，那可以想象将浪费多少人力物力和财力，所以也有观点指出，芯片封装应该和晶圆生产制造过程合并，统称芯片的制造。具体到芯片封装这个环节，其含义是将生产出来的合格晶圆进行切割、焊线、塑封，使芯片电路与外部器件实现电气连接，并给芯片提供物理散热和机械保护的工艺过程。通俗来说，芯片封装就是给芯片穿上一件“衣服”，这件通过封装过程而穿上的外衣将保护芯片免受物理、化学等环境因素造成的损伤、增强芯片的散热性能、标准规格化以及便于将芯片的I/O端口连接到部件级（系统级）的印制电路板（PCB）等，以实现芯片电路与外部电路之间的电气连接，确保电路正常工作。由于芯片封装是一个“穿衣服”的过程，因此，衡量一个芯片封装技术的重要指标是封装后芯片面积与封装前的芯片面积之比要越接近于1越好。

4. 芯片测试

芯片测试环节是指利用集成电路设计企业提供的测试工具和方法，对完成封装环节后的芯片进行功能和性能测试。测试合格后的芯片即可以供整机产品使用。

上述设计、制造、封装和测试的过程是集成电路产业链的一般流程，不同的芯片设计企业，或者针对不同的集成电路产品，在生产流程上可能略有差异：例如，有的芯片需要在封装后先写入软件程序，然后再对整颗芯片进行测试；而如果在晶圆生产制造的良率有充分保障的情况下，集成电路设计企业出于降低成本的考虑，也可能会选择在晶圆生产环节后不进行晶圆测试。

1.4.2 集成电路产业化要求

前文中已提及，集成电路产业的发展沿着摩尔定律指明的道路而前进，但摩尔定律其实并不是一个物理规律，而是一个经济规律，因此，集成电路产业化的一个基本要求是能够给投资者带来利润的回报。而要带来丰厚的利润，势必需要对产品的良率进行把控。在集成电路领域中，产品的良率定义如下：

$$Y_{\mathrm{T}} = \frac{G_{\mathrm{W}}}{T_{\mathrm{W}}} \times \frac{G_{\mathrm{D}}}{T_{\mathrm{D}}} \times \frac{G_{\mathrm{C}}}{T_{\mathrm{C}}} \times 100\% \tag{1.1}$$

其中，Y_{T} 代表产品总的良率，G_{W} 代表良好的晶圆数量，T_{W} 代表总的晶圆数量，G_{D} 代表平均每片晶圆上良好的芯片数量，T_{D} 代表平均每片晶圆上总的芯片数量，G_{C} 代表平均每片晶圆上经过封装之后良好的芯片数量，T_{C} 代表平均每片晶圆上经过封装之后总的芯片数量。

但从良率的定义来看，还无法得知是什么因素影响产品的良率或者直接指导我们如何在实际产业化过程中提升良率。而我们知道，产品中的缺陷是导致器件失效的原因，因此，产品良率和缺陷密度之间有一个经验公式：

$$Y_{\mathrm{T}} \propto \frac{1}{(1+DA)^{n}} \tag{1.2}$$

其中，D 代表能引起器件失效的缺陷的密度，A 代表芯片的面积，n 代表工艺步骤的数量。从该公式可以看出，缺陷密度越小则产品的良率越高。由于净化车间中的尘埃经常是导致晶圆生产加工出现缺陷的重要原因之一，因此，需要净化间的环境级别尽可能高来保证缺陷密度尽可能小。其实最开始的时候，无论是晶体管还是集成电路，其制造都不是在净化环境下进行的，我们也可以从图 1.7 和图 1.15 中看到当时的产品上有很多颗粒或者缺陷。

目前，对于净化间的净化级别的分类主要有英制标准和公制标准：英制标准下，1 级净化间是指每立方英尺（1 英尺 ≈ 0.3 米）中直径大于 0.5 微米的颗粒小于 1 颗，10 级净化间是指每立方英尺中直径大于 0.5 微米的颗粒小于 10 颗，100 级净化间是指每立方英尺中直径大于 0.5 微米的颗粒小于 100 颗，以此类推；公制标准（ISO 14644-1）下，1 级净化间是指每立方米中直径大于 0.1 微米且小于 0.5 微米的颗粒小于 1 颗，10 级净化间是指每立方米中直径大于 0.1 微米且小于 0.5 微米的颗粒小于 10 颗，100 级净化间是指每立方米中直径大于 0.1 微米且小于 0.5 微米的颗粒小于 100 颗，以此类推。

对于尺寸小于 0.1 微米的超微颗粒或者大于 0.5 微米的大颗粒分别在净化级别前加上 U 或者 M 来标识。方便读者理解净化间级别的定义，我们列举生活中的例子，人们常说的 PM2.5 是指环境空气中空气动力学当量直径小于等于2.5微米的颗粒物，一间看似洁净的房间中每立方英尺中直径大于0.5微米的颗粒可以到达数十万颗的量级。由此可见，要维护一个洁净环境是不容易的，需要较高的成本。作业人员在净化间中要穿着净化服，戴手套，禁止奔跑、跳跃、倚靠墙面，吸烟后的一段时间内或者化妆以后禁止进入净化间，尽量不要坐在椅子上（坐到椅子上或者从椅子上起立的时候会带出椅子表面的尘埃），另外，非净化的纸张禁止带入净化间（纸张会产生纤维，需要使用特制的净化纸张，而对于1级净化间甚至特制的净化纸张都不允许带入，此时只能记录电子版的数据）。

我们回到式（1.2），当工艺步骤越长时，则越需要每一步的良率都保持较高的水平才能确保最终的良率不受大的影响，例如即使每步工艺的良率都达到99%，但经过100道工序下来，总的良率将下降至$(99\%)^{100}=36.6\%$，这样的良率不能被工业生产所接受，而如果单步良率再下降1个百分点，总的良率将下降至$(98\%)^{100}=13.3\%$，所以控制单步良率在集成电路制造领域十分重要。而另一方面，从式（1.2）还可以看出，在缺陷密度一定的情况下，如果芯片尺寸越小，则良率受到的影响也越小，如图1.31所示。

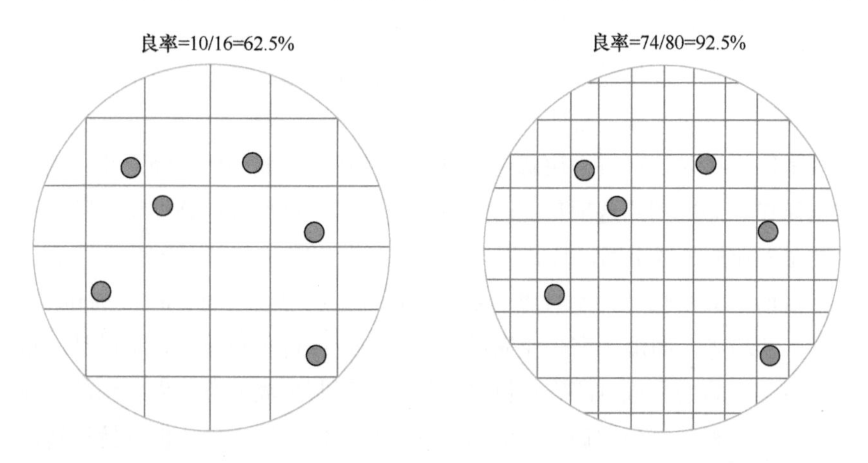

图1.31 在缺陷密度一定的情况下芯片尺寸与芯片良率之间的关系示意图

1.4.3 集成电路产业化趋势

前文已述及，集成电路产业化的发展总体上是沿着摩尔定律前进的，但由于集成电路产业链结构相对复杂，在这一小节中我们结合集成电路的分工协作这个方面再介绍一下集成电路在整个发展过程中所经历的产业分工的三次变革：

第一次变革——元件标准化。集成电路产业化早期，即1960年至1970年间，芯片企业包办了所有的设计和制造。但随着计算机的功能要求越来越多，整个设计过程耗时比较长，使得部分企业的产品在推出时便已落后，因此，将其使用的元件标准化被许多厂商采纳。从1970年左右开始，微处理器、存储器和其他小型集成电路元件逐渐标准化，系统设计公司与专业集成电路制造公司开始有所区分。

第二次变革——专用集成电路（ASIC）技术的诞生。虽然在第一次变革中有部分集成电路元件标准化，但在整个计算机系统中仍有不少独立的集成电路，而过多的集成电路将使得计算机的运行效率不如预期。因此，专用集成电路技术应运而生，使得系统工程师可以直接利用逻辑门元件资料库设计集成电路，而不必了解晶体管线路设计的细节部分。这一设计观念上的改变使得专职的芯片设计公司（Fabless）出现，专业晶圆代工厂（Foundry）的出现填补了设计公司需要的产能。

第三次变革——集成电路设计知识产权模块（IP）的兴起。由于半导体制程的工艺技术节点持续收缩，使得单一芯片上的晶体管集成度不断提高，这样一来，仅仅通过第二次变革中的特殊应用集成电路技术，企业很难适时推出新的产品。此时，集成电路设计知识产权模块的概念随之兴起，集成电路设计知识产权模块就是将具有某种特定功能的电路固定化，当集成电路设计需要用到这项功能时，可以直接使用这部分电路模块，随之而来的是专业的集成电路设计知识产权模块与设计服务公司的出现。

目前，又出现一种垂直整合制造（integrated design and manufacture，IDM）的趋势，即由一家企业完成设计、制造、封测和销售自家产品，重新将分工明确的集成电路产业链进行统一，回归集成电路诞生之初的产业化模式，有利于充分发掘技术潜力，获得更大的利润空间，但维持运转的难度相对较高，集成电路产业界中仅少数企业采用垂直整合制造模式。

1.5　集成电路领域中的等离子体设备简介

集成电路是一个很复杂的系统，主要包括设计、制造、封装和测试等四大环节，涵盖材料、设计、净化间技术、工艺设备、表征测试等细分专业技术。目前，集成电路的设计主要依赖于相关的设计软件，集成电路的测试则主要依赖于集成电路测试仪，均不需要等离子体相关的设备，而集成电路的制造与封装则会大量使用等离子体设备。其中，有部分等离子体设备既可用于集成电路的制造，也可以用于集成电路的封装，如等离子体刻蚀机、等离子体增强化学气相沉积、等离子体原子层沉积、物理气相沉积和去胶机等；部分等离子体设备只会在集成电路的制造环节进行应用，如高密度等离子体化学气相沉积等；而部分等离子体设备则只会在集成电路的封装环节进行应用，如等离子体切割机和等离子体清洁机等。

由于集成电路领域的设备都很昂贵，除非在定期维护或者设备宕机的时候以外，集成电路的设备都会全天候不间断运行。另外，净化环境的维护成本很高，净化间的空间寸土寸金，因而集成电路领域的设备都希望能减少占地面积，这一般是通过两种方式来实现：其一，将各种不同功能的设备整合到一起，从而减少晶圆传递路程和等待时间，提升产能和良率；另一种方式是利用三维空间，将不同的设备或者同种设备的不同部分垂直叠放，如将等离子体设备的气柜放到真空传输平台的上方、将等离子体设备的工控机安装到大气传输腔的顶部等，从而减少占用净化间的面积，降低工业生产成本。

1.5.1 集成电路制造中的等离子体设备简介

在集成电路制造中需要用到多种等离子体设备，其大致可以分成两类：一类归属于减材制造，典型的代表是等离子体刻蚀机，主要用于将光罩中的图形转移到晶圆上，以及等离子体去胶机，用于干法去除光刻胶；另一类归属于增材制造，例如物理气相沉积用于淀积金属，等离子体增强化学气相沉积用于淀积介电质，高密度等离子体化学气相沉积用于在孔隙结构中淀积介电质等。

要想更好地理解等离子体设备在集成电路制造中的应用，不妨先简要介绍一下集成电路制造的工艺流程，我们以相对比较简单的 0.13 微米以上工艺技术节点采用铝制程的集成电路制造举例：

Step1. 选用 100 晶向的 P 型重掺杂的硅晶圆（约 700 微米厚），在其表面制备一层大约 2 微米厚的 P 型轻掺杂的硅外延层；

Step2. 通过热氧化工艺在外延层表面再形成一层大约 20 纳米厚的氧化层；

Step3. 在氧化层的表面通过化学气相沉积（chemical vapor deposition, CVD）制备一层大约 200 纳米的氮化硅，用于后续化学机械抛光工艺时的停止层；

Step4. 光刻定义浅沟槽隔离所需要的图案；

Step5. 利用等离子体刻蚀掉图案中的氮化硅层和氧化硅层，并进一步刻蚀硅外延层；

Step6. 去除光刻胶，并采用高密度等离子体化学气相沉积（high density plasma chemical vapor deposition, HDPCVD）在刻蚀出的沟槽结构中淀积氧化硅，厚度约几千埃；

Step7. 化学机械抛光（chemical mechanical polishing, CMP），将上一步沉积的氧化硅进行减薄，直至暴露出氮化硅停止层；

Step8. 湿法刻蚀去除氮化硅停止层；

Step9. 光刻定义出掺杂的图案，进行磷掺杂（N 型），去除光刻胶，再重复光刻工艺，将之前磷掺杂的区域遮盖住，暴露出之前未掺杂的区域，进行硼掺杂（P 型），去除光刻胶；

Step10. 高温退火，使得掺杂的离子进行扩散推进；

Step11. 生长一层厚度约 25 纳米的氧化硅牺牲层，然后湿法刻蚀去除这层牺牲层，用以修复离子注入产生的损伤；

Step12. 生长一层厚度 10 纳米以下的栅极氧化硅；

Step13. 化学气相沉积一层厚度 200 纳米左右的栅极多晶硅；

Step14. 光刻定义栅极图案；

Step15. 等离子体刻蚀多晶硅；

Step16. 去除光刻胶，在多晶硅上生长一层氧化硅，用以隔离多晶硅和后续步骤中形成的氮化硅；

Step17. 光刻定义图案，暴露出之前 P 型掺杂的区域，进行砷离子掺杂（N 型），用于削弱栅极的热载流子效应，去除光刻胶，再在之前磷掺杂的 N 型掺杂区域进行硼掺杂（P 型），去除光刻胶；

Step18. 化学气相沉积一层厚度 150 纳米左右的氮化硅；

Step19. 等离子体刻蚀氮化硅，留下栅极侧墙上的氮化硅；

Step20. 重复三步之前的 P 型掺杂的区域进行砷离子掺杂（N 型）和磷掺杂的 N 型掺杂区域进行硼掺杂（P 型）；

Step21. 去除光刻胶，快速退火，以实现注入离子的扩散和推进；

Step22. 湿法刻蚀去除硅片表面的氧化物；

Step23. 物理气相沉积一层厚度 30 纳米左右的钛；

Step24. 快速退火以形成硅化钛；

Step25. 湿法刻蚀去除未形成硅化钛的钛金属残留；

Step26. 前端线工艺结束。

其整个过程的流程示意图如图 1.32 所示，其中需要使用到等离子体相关的设备的步骤由红色虚线框给出。

接下来的工艺步骤属于后端线工艺：

Step1. 高密度等离子体化学气相沉积在栅极结构之间淀积氧化硅，以隔离 MOS 管区域与第一层金属；

Step2. 化学机械抛光减薄使上一步中的氧化硅层平坦化；

Step3. 光刻定义接触孔图案；

Step4. 等离子体刻蚀所暴露出的氧化硅层；

Step5. 去除光刻胶后，依次在接触孔中淀积氮化钛和钨；

Step6. 化学机械抛光使钨平坦化；

Step7. 依次溅射钛、氮化钛、铝和氮化钛；

Step8. 光刻定义第一层金属图案，等离子体刻蚀第一层金属层；

Step9. 去除光刻胶后，高密度等离子体化学气相沉积氧化硅；

Step10. 化学机械抛光使氧化硅平坦化；

Step11. 光刻定义第二层接触孔的图案；

Step12. 等离子体刻蚀所暴露出的氧化硅层；

Step13. 去除光刻胶后，依次在接触孔中淀积氮化钛和钨；

Step14. 化学机械抛光使钨平坦化；

Step15. 依次溅射钛、氮化钛、铝和氮化钛；

Step16. 光刻定义第二层金属图案，等离子体刻蚀第二层金属层；

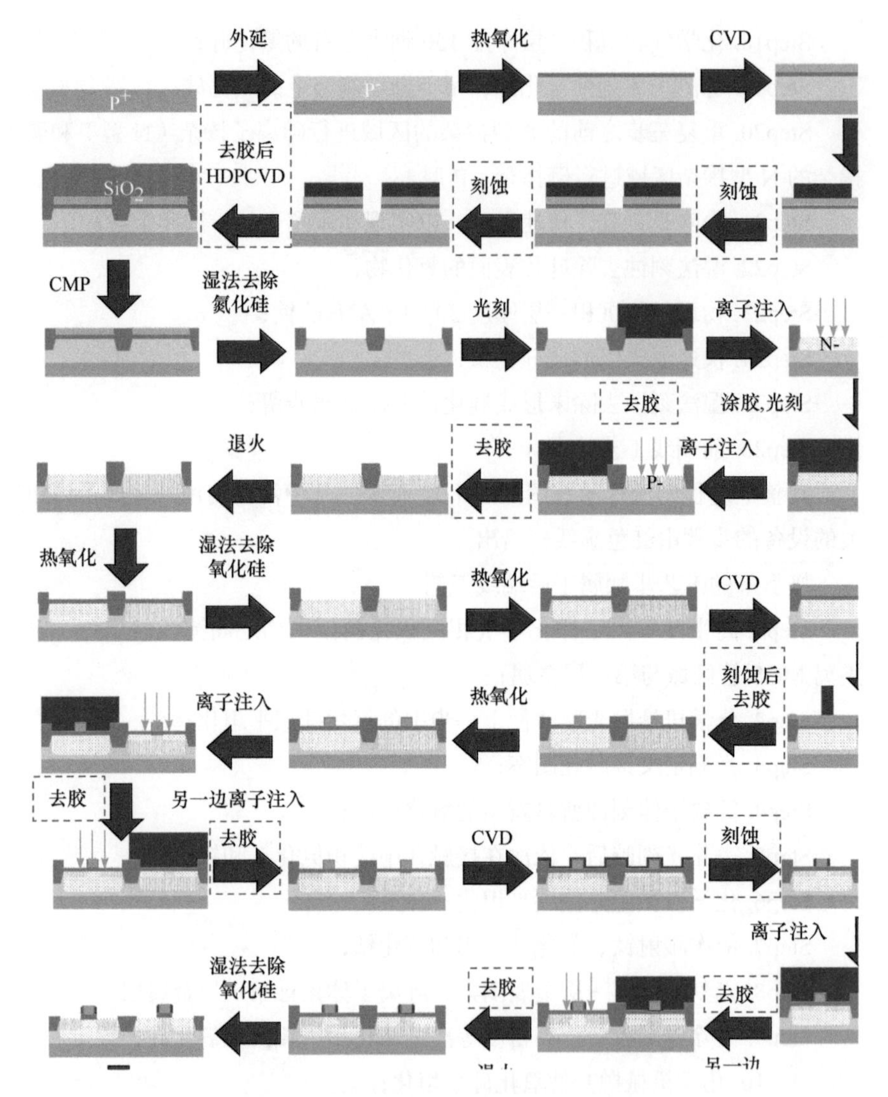

图 1.32 集成电路制造前端线工艺过程及其使用的设备

Step17. 去除光刻胶，根据电路的复杂程度，还可以继续重复上述步骤制作更多层的金属互连；

Step18. 高密度等离子体化学气相沉积钝化层；

Step19. 将压焊点上的钝化层刻蚀掉。

整个过程的流程示意图如图 1.33 所示，其中需要使用到等离子体相关的设备的步骤由红色虚线框给出。因此，我们可以看出，在集成电路的制造领域，需要应用等离子体刻蚀机、等离子体去胶机、物理气相沉积（磁控溅射），等离子体增强化学气相沉积、高密度等离子体化学气相沉积等等离子体相关的设备，且等离子体设备在整个流片过程中占据了很大的比例，这些设备以及对应的工艺也将在本书的后续章节进行详细介绍。

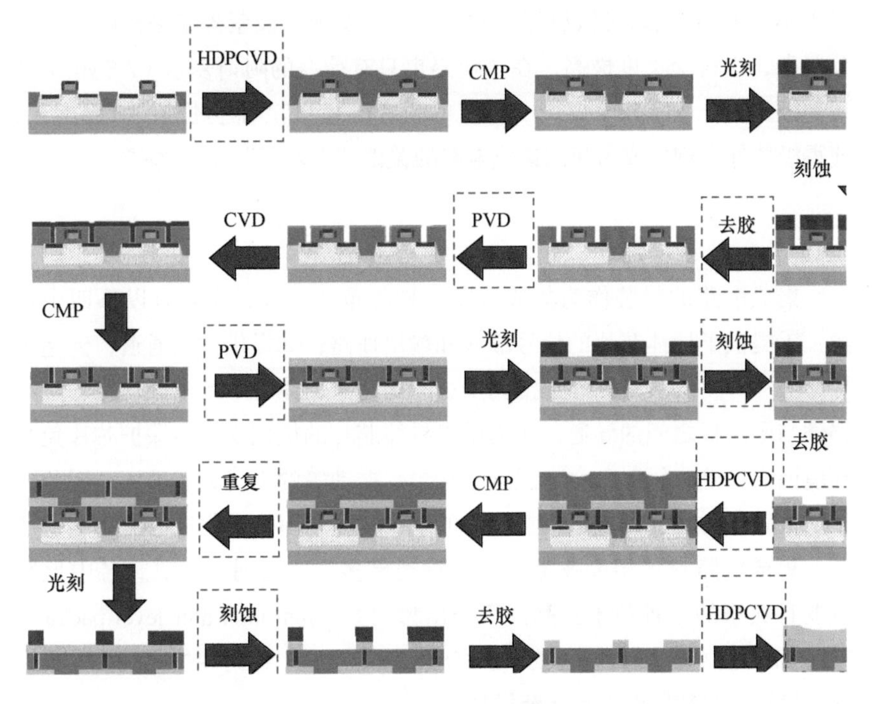

图 1.33　集成电路制造后端线工艺过程及其使用的设备

此外，随着集成电路制造技术的发展，除了传统的等离子体设备，越来越多的新型等离子体相关设备也会被使用在集成电路制造领域，一个典型的例子是光刻机。光刻机原本就是集成电路制造领域中最常用的设备，其用于在晶圆上定义图案化。常规的光刻机与等离子体无关，但随着芯片特征尺寸越来越小，在光的衍射作用下，常规光刻机的分辨率接近其适用于更先进集成电路制造工艺技术节点的极限，业界迫切需要波长更短的光刻机来提升分辨率。虽然在理论上，经过无限次的光刻套刻，也可以实现利用常规光刻机来定义更小的图形，但这样做的成本会随着套刻次数的增加而大幅升高。因此，波长更短的极紫外（EUV）光刻机应运而生，其光的波长仅有10余纳米（常规光刻机的光的波长都在100纳米以上）。值得注意的是，凝聚态物质和电中性条件下的气体都不能产生EUV辐射，也就是说，要获得EUV就必须使气体发生电离，即形成等离子体。因此，EUV光刻机理论上也是一种等离子体设备，但限于作者的能力水平，在本书中不对EUV光刻机做更深入的介绍。事实上，极紫外光刻机的技术十分复杂，学科交叉度极高，在产业界也只有荷兰的阿斯麦尔（ASML）公司等极少数企业能掌控EUV光刻机的制造技术，其产品售价超过1亿美元，使得极紫外光刻机成为我国集成电路的关键“卡脖子”技术之一。

1.5.2 集成电路封装中的等离子体设备简介

集成电路的封装作为集成电路领域的重要一环，主要有以下四个目的：①提供半导体芯片的信号输入和输出通路；②提供散热通道，传递半导体芯片产生的热量到外部空间中；③接通半导体芯片的电流通路，实现器件与电路板之间的导通；④提供半导体芯片的机械支撑，保护芯片免受环境因素如电磁辐射、空气湿度、灰尘、振动等的干扰或者破坏。因此，集成电路的封装在集成电路领域中的重要程度并不亚于集成电路的制造环节。集成电路封装相关技术及制程种类繁多，这里列举先进封装中比较重要且典型的三种技术：晶圆级扇出型封装（fan-out wafer level package, FOWLP）技术、2.5D封装技术、3D IC技术。这三种封装技术的技术难度逐渐增加，封装性能也是逐渐提高。

晶圆级扇出型（fan-out）封装技术相较于扇入型（fan-in）封装有一些明显的优势：①封装尺寸不局限于芯片自身尺寸，可以实现更多信号的输入/输出；②利用扇出型封装的多层再布线层（re-distribution layer, RDL）技术，可以实现多个芯片的水平互连，以实现多功能的系统封装。在扇出型封装技术中主要应用到等离子体表面处理设备，如进行表面清洁、表面改善（亲水性及粗糙度）、去除残留（残胶、金属等）等工艺。

2.5D封装技术是介于传统2D与3D封装之间的一种封装技术，它的主要特点是通过转接板（interposer）或非转接板将两种或多种芯片实现水平方向的高密度互连。2.5D封装技术中硅通孔（through silicon via, TSV）

转接板技术是最常见且主流的技术，互连密度高，但是工艺复杂制造难度大，成本也较高，主要应用于高端产品；而非转接板技术，比如通过再布线层实现转接功能的技术，工艺相对简单，成本略低，但相应的互连密度略低，线宽线距很难达到2μm以下，主要应用于中低端产品。而3D IC集成技术是利用三维空间实现芯片的垂直堆叠，其与2.5D封装技术比较类似，都是通过系统集成的方法在芯片工艺技术节点不变的情况下，实现系统整体性能的提升，并且制造成本更低。在2.5D封装和3D IC技术中主要应用到等离子体刻蚀设备、等离子体增强化学气相沉积设备和物理气相沉积设备，如进行等离子体减薄、等离子体切割、硅通孔刻蚀、硅通孔填充等工艺。

以3D IC封装制程的硅通孔详细工艺步骤举例，如图1.34所示，其需要使用到等离子体相关的设备的步骤由红色虚线框给出（其中KGD代表known good die，即已知的良好芯片模具）。具体而言，在已知的良好芯片模具上面生长形成一层氧化硅钝化层，然后旋涂光刻胶，进行光刻曝光显影；下一步进行等离子体刻蚀，刻蚀后去胶，再进行光刻，物理气相沉积铜的种子层，电镀铜，然后去胶，再重复进行光刻，等离子体刻蚀，然后湿法去胶和去除刻蚀后的残留聚合物；再下一步底部开窗刻蚀掉氧化硅，等离子体增强化学气相沉积介电层（若硅通孔的直径进一步微缩，如10微米以下，此步需要采用等离子体增强原子层沉积介电层），物理气相沉积阻挡层和种子层，然后电镀，去胶后进行硅刻蚀，使得铜暴露出来，再次重复钝化和刻蚀，三维堆叠，最后切割成形（芯片特征尺寸不断减小，切割道的尺寸也随之减小，机械切割会向等离子切割发展）。

因此，集成电路的封装，特别是先进封装中所涉及的工艺有很多，如等离子体刻蚀、等离子体切割、表面钝化、等离子体清洁、硅通孔填充、光刻、电镀、化学机械抛光、回流、植球、激光打孔、键合与解键合等，其中前五项工艺与等离子体设备相关，将在本书的后续章节进行详细介绍。

总之，等离子体设备在集成电路的制造和封装中都有十分重要的应用，在其制程的所有工艺步骤中几乎占据了半壁江山。由于等离子体属于物质的第四态，具有很多独特的物理化学性质（将在第2章中进行详细介绍），应用到集成电路设备上可以有效地降低工艺温度、提升工艺效率、降低工艺成本、提升器件良率，因此，本书将重点介绍集成电路领域中的等离子体设备，并适当与非等离子体设备进行对比，使读者更好地理解等离子体设备在集成电路领域中的应用。

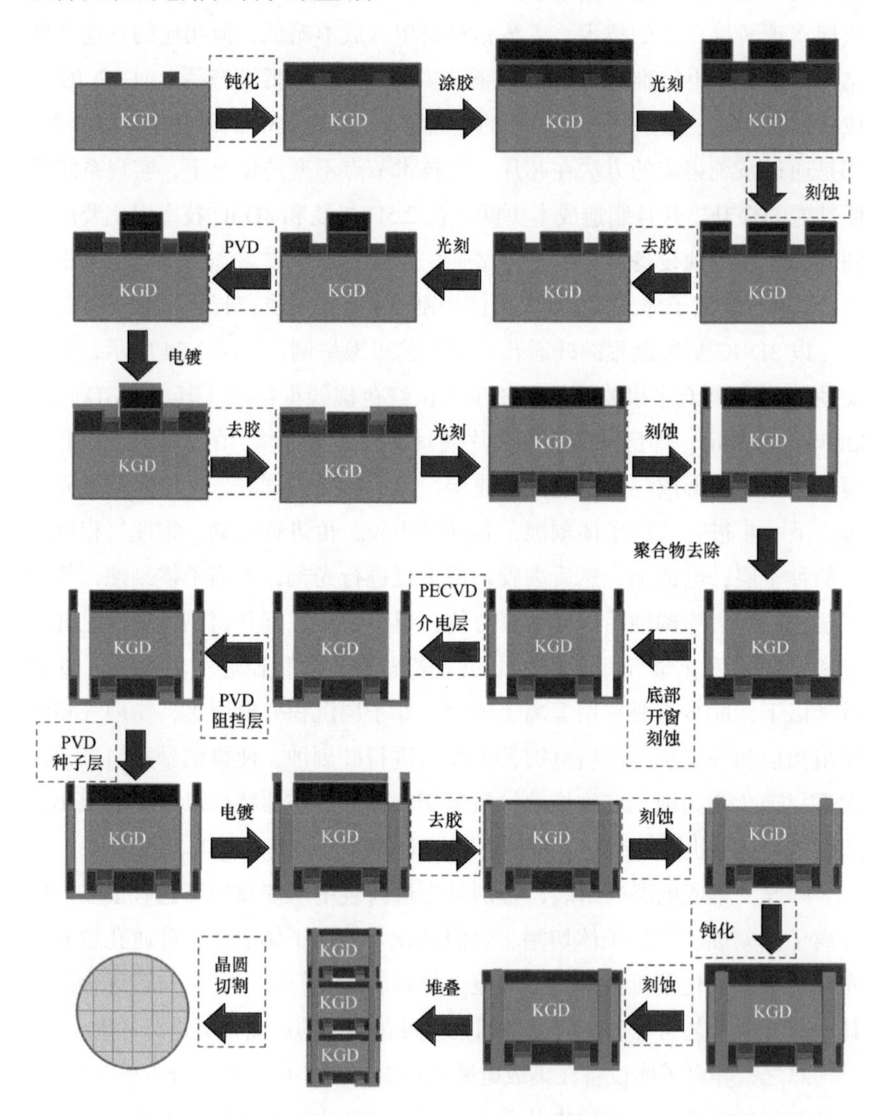

图 1.34　集成电路三维封装硅通孔制程及其需要使用等离子体相关设备的步骤

参考文献

[1] 王永刚 . 集成电路的发展趋势和关键技术 [J]. 电子元器件应用 , 2009, 11(1): 70-72.

[2] 吴菲菲 , 韩朝曦 , 黄鲁成 . 集成电路产业研发合作网络特征分析——基于产业链视角 [J]. 科技进步与对策 , 2020, 37(8): 77-85.

[3] Riordan M, Hoddeson L. Crystal fire: The invention, development and impact of the transistor[J]. IEEE Sdid-state Circuits Newsletter, 2007, 12(2):24-29.

[4] Xiao H. Introduction to Semiconductor Manufacturing Technology [M]. Bellingham, Washington, USA: SPIE Press, 2012: 14.

[5] Riordan M. From Bell Labs to Silicon Valley: A saga of semiconductor technology transfer, 1955-1961 [J]. The Electrochemical Society Interface, 2007, 16: 36-41.

[6] Zhang Z H, Xu G B, Zhang Q Z, et al. FinFET with improved subthreshold swing and drain current using 3 nm ferroelectric $Hf_{0.5}Zr_{0.5}O_2$ [J]. IEEE Electron Device Letters, 2018, 40(3): 367-370.

[7] Noyce R N. Semiconductor device and lead structure [P]. US Patent: 2981877, 1961.

[8] 杨晖 . 后摩尔时代 Chiplet 技术的演进与挑战 [J]. 集成电路应用 , 2020, 37(5): 58-60.

[9] 明天 . 摩尔定律体现的创新精神永存——纪念摩尔定律发表 40 周年 [J]. 半导体技术 , 2005, 30(6): 5-7.

[10] Angrist M . Genetic privacy needs a more nuanced approach [J]. Nature, 2013, 494(7435):7.

[11] 李佳伟 , 韩可 , 龙尚林 . 硅基环栅晶体管和隧穿晶体管研究进展综述 [J]. 中国集成电路 , 2020, 29(12): 31-33.

[12] Hisamoto D, Lee W C, Kedzierski J, et al. FinFET—A self-aligned double-gate MOSFET scalable to 20 nm[J]. IEEE Transactions on Electron Devices, 2000, 47(12): 2320-2325.

[13] Colinge J P, Gao M H, Romano-Rodriguez A, et al. Silicon-on-insulator 'Gate-All-Around' device[C]. International Technical Digest on Electron Devices, San Francisco, 1990.

[14] Song Y S, Kim J H, Kim G, et al. Improvement in self-heating characteristic by incorporating hetero-gate-dielectric in gate-all-around MOSFETs[J]. IEEE Journal of the Electron Devices Society, 2020, 9: 36-41.

[15] Zhuo M, Zhao T, Lin Y W, et al. Gas Sensors Based on Carbon Nanotubes [M]. Bristol, UK: IOP Publishing, 2021.

[16] Iijima S. Helical microtubes of graphitic carbon[J]. Nature, 1991, 354(6348): 56-58.

[17] Tans S J, Verschueren A R M, Dekker C. Room-temperature transistor based on a single carbon nanotube[J]. Nature, 1998, 393: 49-52.

[18] Bachtold A, Hadley P, Nakanishi T, et al. Logic circuits with carbon nanotube transistors[J]. Science, 2001, 294: 1317-1320.

[19] Qiu C G, Zhang Z Y, Xiao M M, et al. Scaling carbon nanotube complementary transistors to 5-nm gate lengths[J]. Science, 2017, 355(6322): 271-276.

[20] Yang F, Wang X, Zhang D Q, et al. Chirality-specific growth of single-walled carbon nanotubes on solid alloy catalysts[J]. Nature, 2014, 510: 522-524.

[21] Novoselov K S, Geim A K, Morozov S V, et al. Electric field effect in atomically thin carbon films[J]. Science, 2004, 306: 666-669.

[22] 林源为 , 郭雪峰 . 石墨烯表界面化学修饰及其功能调控 [J]. 化学学报 , 2014, 72: 277-288.

[23] Sun J Y, Gao T, Song X J, et al. Direct growth of high-quality graphene on high-κ dielectric $SrTiO_3$ substrates[J]. Journal of American Chemical Society, 2014, 136(18): 6574-6577.

[24] Guo W, Jing F, Xiao J, et al. Oxidative-etching-assisted synthesis of centimeter-sized single-crystalline graphene[J]. Advanced Materials, 2016, 28(16): 3152-3158.

[25] Ma D L, Shi J P, Ji Q Q, et al. A universal etching-free transfer of MoS_2 films for applications in photodetectors[J]. Nano Research, 2015, 8: 3662-3672.

[26] Wang M Z, Wu J X, Lin L, et al. Chemically engineered substrates for patternable growth of two-dimensional chalcogenide crystals [J]. ACS Nano, 2016, 10(11): 10317-10323.

[27] Radisavljevic B, Radenovic A, Brivio J, et al. Single-layer MoS_2 transistors [J]. Nature Nanotechnology, 2011, 6: 147-150.

[28] Desai S B, Madhvapathy S R, Sachid A B, et al. MoS_2 transistors with 1-nanometer gate lengths[J]. Science, 2016, 354(6308): 99-102.

[29] Wu F, Tian H, Shen Y, et al. Vertical MoS_2 transistors with sub-1-nm gate lengths[J]. Nature, 2022, 603: 259-264.

[30] 宋继强 . 智能时代的芯片技术演进 [J]. 科技导报 , 2019, 37(3): 66-68.

[31] 朱进宇 , 闫峥 , 苑乔 , 等 . 集成电路技术领域最新进展及新技术展望 [J]. 微电子学 , 2020, 50(286): 70-77.

[32] Lin G M, Lin Y W, Cui R L, et al. An organic-inorganic hybrid perovskite logic gate for better computing [J]. Journal of Materials Chemistry C, 2015, 3: 10793-10798.

第2章

等离子体基础

2.1 气体放电的概念和基本过程

2.1.1 气体放电的基本概念

通过某种机制使一个或几个电子从气体原子或分子脱离而形成的气体介质成为电离气体。电离气体中含有电子、离子和中性原子或分子，如果气体电离由外电场产生并形成传导电流，就将这种现象称为气体放电[1]。

电离气体按电离程度可分为弱电离气体（只有很少的原子或分子被电离）、部分电离气体（部分原子或分子被电离）和完全电离气体（几乎所有的原子或分子被电离）三种。弱电离气体主要由中性粒子组成，它与完全电离气体在机理和行为方面的区别很大。图 2.1 给出了一个简单的放电装置原理图，一个电压源在极板间产生电压，在电压作用下使得低压气体产生放电，但是这种电离气体的密度远远小于中性气体粒子的密度，故被称为弱电离气体。

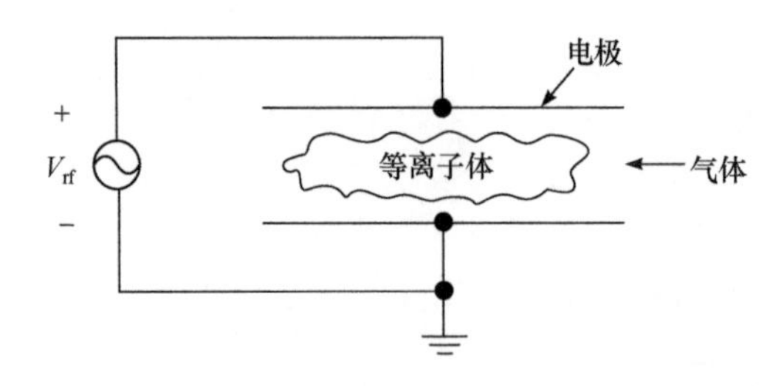

图 2.1　气体放电装置原理图

气体放电过程中一般存在着六种基本粒子：光子、电子、基态原子（或分子）、激发态原子（或分子）以及正离子和负离子。其中光子的能量取决于它的频率 v，其能量表示 $\varepsilon_v = hv$，h 是普朗克常数。自由电子的能量取决定于它的运动速度 v_e，其能量表示为 $\varepsilon_e = \frac{1}{2}mv_e^2$，$m$ 是电子质量。原子和分子的内部结构根据量子力学原理，它们可以处于大量能态中的任一能态，将能态按照能量大小排列成能级图。原子通常处于稳定的基态能级，气体放电过程中，原子只有其最外层电子参与，即价电子。当价电子从外界获得额外能量时将跳跃至更高的能级，此时称原子处于激发态。电子停留在激发态的时间很短（约 10^{-8}s），然后会跃迁回到基态或者一个较低的激发能级，同时以光子的形式辐射出两个能级之间的能量。处于亚稳态的原子若不与别的粒子或管壁碰撞，电子就不能从亚稳态能级跃迁。当电子获得的能量超过电离能时，电子就从原子完全脱离成为自由电子，原子变成正离子。当电子附着到某些原子或分子时，原子或分子则成为负离子。分子一般由几个原子组成，且原子之间互相影响导致分子能级比原子能级复杂。气体分子的激发和电离与气体原子不同。

气体放电中的中性粒子是原子和分子。原子可以是惰性气体或金属蒸气，分子可以是比较简单的双原子分子，也可以是相当复杂的多原子分子。气压的范围可以很大，从零点几帕到几十万帕，相应粒子密度的变化范围达到 10^{18} 数量级。气体放电中的带电粒子是电子和各种离子。典型的气体放电的电子密度是 10^{16}~10^{20}m^{-3}。每种离子都将影响气体放电的电特性，但是电子通常作为主导地位。中性粒子和带电粒子对气体放电的电特性至关重要，但是激发态的中性粒子和可能的激发离子，光子的发射和吸收对气体放电的电特性也十分重要。

2.1.2　气体放电基本过程

气体放电中任何一个粒子会通过碰撞过程与其他各种粒子产生相互作用。粒子之间通过碰撞交换动量、动能、位能和电荷,使粒子发生电离、复合、光子发射和吸收等物理过程，粒子间相互作用的过程相当复杂，但可以用相应的碰撞特征参量如截面、概率等来表征。只要粒子受其他粒子影响后，它的物理状态发生了变化，就可以认为这些粒子间发生了碰撞。根据粒子状态的变化，可以把粒子分成弹性碰撞和非弹性碰撞两大类。

弹性碰撞中，参与碰撞的粒子其位能不发生变化。如电子和原子之间发生弹性碰撞时，电子只把自己的部分动能交给原子，使两者的运动速度和方向发生变化，而原子不被激发或电离。这类碰撞主要发生在低能粒子间的碰撞中。在非弹性碰撞中，参与碰撞的粒子间发生了位能的变化。例如具有足够动能的电子与原子碰撞，原子得到电子交出的动能，而被激发或电离，原子位能得到了增加。把这种导致粒子体系位能增加的碰撞称为第一类非弹性碰撞。具有一定位能的粒子通过碰撞也可以交出自己的位能，同时使被碰撞离子的动能得到增加。例如被激发到亚稳态的原子与电子之间的碰撞，通过这种碰撞，原子回到了基态，原子的激发能转成了电子的动能。通常把导致粒子体系位能减少的碰撞称为第二类非弹性碰撞，或称为超弹性碰撞。

1. 气体原子激发和电离的途径

气体原子被激发和电离的途径很多，如原子受电子或离子的非弹性碰撞，原子受到其他原子的非弹性碰撞，以及通过光子与原子的非弹性碰撞。产生激发或电离的必要条件是碰撞粒子的动能必须大于或等于被碰撞粒子的激发能或电离能。

1）电子与气体原子碰撞致激发和电离

原子的激发和电离可以用简式表示如下：

$$\vec{e} + A \to A^{*} + e + \Delta E$$

$$\vec{e} + A \to A^{+} + 2e + \Delta E$$

其中，$\vec{e}$是快速电子，e 是慢电子，A 是被碰撞原子，A^* 为激发态原子，A^+ 为离子，ΔE 是碰撞后电子、原子或离子的动能。

2）原子和离子与气体原子碰撞致激发和电离

重离子之间的碰撞使得原子激发和电离的过程可以表示为：

$$\vec{B}+A \rightarrow A^*+B+\Delta E$$

$$\vec{B}+A \rightarrow A^++B+e+\Delta E$$

$$\vec{B}^++A \rightarrow A^++B^++e+\Delta E$$

其中，$\vec{B}$、$\vec{B}^+$分别表示快速原子和快速离子。

实验表明原子和正离子与原子碰撞时产生激发或电离的概率较小，根据力学原理可以进行解释，假设质量为 m_1、动能为 K 的粒子去碰撞相对静止质量 m_2 的粒子，则碰撞后的能量转移量为 $\dfrac{m_2}{m_1+m_2}K$。当电子与原子做非弹性碰撞时，由于 $m_1 << m_2$，则几乎所有的电子动能都可用于激发或电离原子。但对于原子或离子之间的碰撞，$m_1 \approx m_2$，则只有大约 1/2 的粒子动能可用来激发电离原子，因此产生激发或电离的概率要小些。

3）光致激发和光致电离

光辐射也是能量的一种形式，光的能量有量子的性质。实验发现用频率为 v 的光辐照原子时，当光子能量 hv 大于或等于原子激发能 W_{ex} 或电离能 W_i 时，原子会被激发或电离，将辐射引起的原子激发和电离现象称为光致激发和光致电离。产生光致激发和光致电离的光子波长表示为：

$$\lambda \leqslant \frac{hc}{W}=\frac{1.24\times10^3}{W} \qquad (2.1)$$

其中，W 的单位为 eV，可以代表原子激发能 W_{ex} 或电离能 W_i，λ 的单位为 nm。

需要注意的是，光致激发和光致电离不只是外界辐射引起，激发原子发射的光子也能引起自身中性原子的激发或电离，这个现象在气体放电中具有重要的意义。如某气体放电区域中的受激原子回到基态时发射一个光子，这个光子可能被另一个基态原子吸收而把它激发；同样的第二个受激原子发射一个光子而回到基态，其波长和第一个受激原子所发射的相同。

这种过程在气体中连续发生，直到“最后”那个光子离开放电区域。这种现象对于原子的共振辐射是非常明显的，具有这种性质的辐射称为禁锢辐射。

4）热激发和热电离

对气体粒子体系加温，当气体温度较高时，快速运动的粒子数目大增。这些高能粒子之间的相互作用，使得动能转化为位能而被激发或电离，这种现象称为热激发或热电离。在弧光放电和高温磁流体发电装置中，热激发和热电离起着重要的作用。在高温气体中可能发生下列电离过程：气体原子彼此间碰撞造成电离，炽热气体的热辐射造成气体的电离。上述两种过程中产生的高能电子与气体原子碰撞，使之电离。

2. 激发原子和离子的消失途径

气体中粒子从该激发态能级消失的可能途径有其电子从激发态回到较低状态或者被进一步激发到更高状态，这种过程称之为气体粒子的激发转移。电离气体中的潘宁 (Penning) 效应、辐射猝灭以及敏化荧光等都属于这种过程。

1）气体原子的激发转移

气体原子从某一激发态消失的主要途径有：自发辐射跃迁；激发态原子与电子碰撞，把激发能交给电子或从电子得到额外能量，原子自身回到较低状态或进一步被激发到更高状态；激发态原子与基态原子碰撞，把激发能转移为其他原子的激发能或电离能。

潘宁效应：在适当的两种气体组成的混合气体的着火电压低于单种气体的着火电压的效应，这种效应的过程可以用简式表示：

$$A^* + B \rightarrow A + B^+ + e + \Delta E$$

这种效应是一种由激发态原子 A^* 与中性原子 B 碰撞，转移激发能并使 B 原子电离的过程，且 A^* 的激发能越接近 B 的电离能，这种激发转移的概率就越大。当 A^* 为某个亚稳态时，其与 B 原子有足够长的相互作用时间，则潘宁效应的发生概率更大。潘宁效应的过程从左向右看是激发态 A^* 原子的消失，正离子 B^+ 的产生，因此潘宁效应是一种带电粒子产生的机制。

2）带电粒子的复合

带电粒子的复合主要分为电子与正离子的复合和正负离子间的复合两种。电子和正离子间的复合：由于电子的热运动速度大，与正离子之间的相互作用时间短，因此通常不容易复合。但如果电子与放电器壁相碰撞，慢化后的电子在与正离子碰撞时可能产生复合；或者电子先被吸附在中性原子上，形成一个负离子，该负离子之后与正离子碰撞产生复合。正负离子的速度在相同温度下比电子小很多倍，而且正负离子具有相同的质量、电荷量和速度，相互作用时间比较长，所以复合概率很高。负离子 X^- 和正离子 Y^+ 之间的碰撞可通过三种途径使电荷中性化。辐射复合与电荷交换属于两体问题，低气压下显著。而在高气压条件下，三体复合是主要过程。

辐射复合 $X^-+Y^+\rightarrow XY+h\nu$

电荷交换 $X^-+Y^+\rightarrow X+Y$

三体复合 $X^-+Y^++Z\rightarrow XY+Z$

3）带电粒子的电荷转移

AB 两重粒子发生电荷转移碰撞的过程可表示为：

$$A^++B\rightleftharpoons A+B^+\pm\Delta E$$

$$A^++B\rightleftharpoons A+B^{+*}\pm\Delta E$$

$$A^++B^-\rightleftharpoons A^*+B^*\pm\Delta E$$

其中，B^{+*} 是受激发的正离子，A^*、B^* 是受激发原子，ΔE 为粒子相对运动的动能变化。

3. 负离子的形成

气体放电等离子体中的带负电粒子除了电子就是负离子，负离子可以是原子态或者分子态的负离子。负离子的形成过程主要有：中性原子捕获电子形成负离子：$\vec{e}+A\rightarrow A^-+h\nu$；三体碰撞，原子吸附电子形成负离子，其多余的能量转换成三个粒子的动能：$\vec{e}+A+B\rightarrow A^-+\vec{B}$；分子气体的分解吸附，电子与分子碰撞形成激发态分子离子，这种粒子不稳定，很快就分解成一个中性原子和一个负离子；$\vec{e}+XY\rightarrow(XY)^{-*}\rightarrow X^-+Y$。分子气体与电子碰撞产生离子对：$\vec{e}+XY\rightarrow X^++Y^-+e$；重粒子之间的电荷转移产生离子对：$\vec{A}+\vec{B}\rightarrow A^{+}+B^{-}$。

2.2 等离子体放电的基本性质

2.2.1 等离子体的基本概念

气体放电过程存在的粒子有：电子、各种离子和原子分子等中性粒子，这与普通的气体有着本质的区别。由于热平衡麦克斯韦（Maxwell）分布的高能尾部粒子的贡献，处于热力学平衡态的气体总会产生一定程度的电离，其电离度由萨哈（Saha）方程[2]给出：

$$\frac{n_i}{n_a}\approx 3\times 10^{15}\frac{T^{\frac{3}{2}}}{n_i}\exp\left(-E_i/T\right) \tag{2.2}$$

其中，n_i、n_a 分别是离子与中性原子的密度，T 为温度、E_i 为电离能。除非特别说明，我们一律采用国际单位制，但温度与能量一样，以电子伏特（eV）作单位。温度单位电子伏特与开尔文（K）的换算关系为：

$$1\text{eV} = 11600\text{K} \tag{2.3}$$

在常温下的任何气体都会存在一定的电离度 ~10^{-122}。当气体温度 T 升高至电离能 E_i 的几分之一之前，气体电离度很低，当温度再升高，$\frac{n_i}{n_a}$ 急剧增加，物质状态便出现了新的变化，这时的电离气体已不再是原来的气体了，而是处于等离子体态。温度进一步增加，使得 n_a 低于 n_i，等离子体最终将变成完全电离的，其正电荷总数在数值上总等于负电荷总数。

图 2.2 所示为各种等离子体放电参数，其中横轴是电子温度（单位 eV）的对数，纵轴是等离子体密度（单位 cm^{-3}）的对数。从图中可得，实验室和空间等离子体密度和温度分布很广，在 $p\approx 1\text{mTorr}\sim 1\text{Torr}$（$1\text{Torr}=1.33322\times 10^{2}\text{Pa}$）的低气压放电中，等离子体密度的范围在 10^{8}~10^{13}cm^{-3}。在这种放电中，气体被分解，产生正离子，具有化学活性的刻蚀粒子、用于薄膜沉积的先驱粒子等，然后这些粒子和基片表面接触并发生物理或化学反应。当基片表面有能量注入时，表面的化学反应速率会

增加，但基片的温度并不会明显升高。

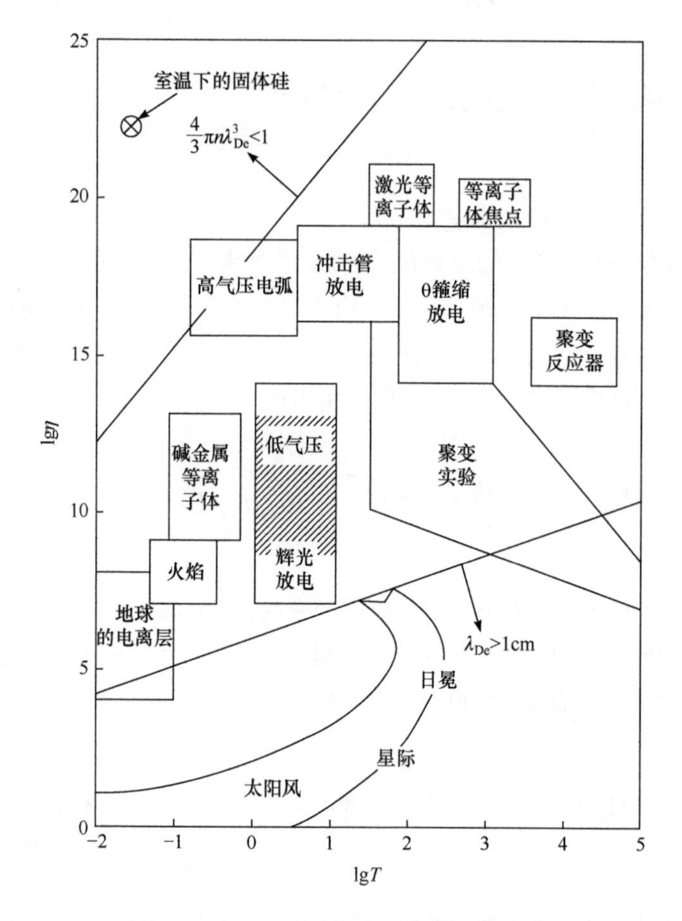

图 2.2　空间和实验室中的等离子体参数

2.2.2　等离子体的基本特征

等离子体是带电粒子和中性粒子组成的表现出集体行为的一种准中性气体[3]。一般情况下，简单的单一元素等离子体是电子、离子以及中性原子组成的混合物，它们的密度分别是 n_e、n_i、n_a，通常 $n_e = n_i$，等离子体在宏观上呈现电中性。令 n_0 为中性气体原来的密度，等离子体平衡状态可以用以下三种参数来表征：电离度 $\chi = n_i / n_0 = n_e / n_0$；带电粒子密度 $n_i = n_e$；温度 T。

在热力学平衡条件下有：$T_e = T_i = T_a$，在非热力学平衡条件下有：$T_e > T_i > T_a$。这里各类粒子有它们自身的能量数值，即有它们自身的温度数值。通常把天然或人造的等离子体分成弱电离气体 $\chi < 10^{-4}$ 和强电离气体 $\chi > 10^{-4}$。

1）德拜屏蔽

等离子体行为的一个基本特征是它具有屏蔽掉作用于它上面电势的能力。假定在无限大平面等离子体内插入一个完全透明的栅极，使得在平面 $x = 0$ 的电势保持 $\phi = \phi_0$。为了计算出 $\phi(x)$，这里假定离子质量与电子质量比是无限大的，因此离子看作是不运动的，而形成一个均匀正电荷本底，得到一维泊松方程：

$$\nabla\phi^2 = \frac{\mathrm{d}\phi^2}{\mathrm{d}x^2} = 4\pi e(n_i - n_e) \tag{2.4}$$

电子在 $\phi(x)$ 势场中的分布函数是：

$$f(u) = A\exp\left[-\left(\frac{1}{2}mu^2 - e\phi\right)/KT_e\right] \tag{2.5}$$

对上式积分，且 $n_e|_{\phi\to 0} = n_\infty$，得到 $n_e = n_\infty \exp(e\phi/KT_e)$。离子密度与无限远处的密度相等 $n_i = n_\infty$。将 n_e、n_i 带入泊松方程，则可以得到：

$$\frac{\mathrm{d}\phi^2}{\mathrm{d}x^2} = 4\pi e n_\infty\left[\exp\left(\frac{e\phi}{KT_e}\right) - 1\right] \tag{2.6}$$

在 $|e\phi/KT_e| << 1$ 的区域，上式中的指数用泰勒级数展开，得到：

$$\frac{\mathrm{d}\phi^2}{\mathrm{d}x^2} = \frac{4\pi n_\infty e^2}{KT_e}\phi \tag{2.7}$$

定义$\lambda_D \equiv \left(\frac{KT_e}{4\pi ne^2}\right)^{1/2}$，式中 n 代替了 n_∞，则得到电势分布为：

$$\phi(x) = \phi_0\exp(-|x|/\lambda_D)$$

λ_D 称为德拜长度（Debye length），它是屏蔽距离的量度。由定义式可注意到，德拜长度随着密度增加而减小，随着电子温度升高而增大；使用电子温度是因为电子比离子更容易迁移，电子移动时通常会产生负电荷过剩或不足，从而产生屏蔽作用。

2）准中性

在德拜长度定义量引入后，现在可以确定“准中性”的意义，如果系统的尺度 L 远远大于 λ_D，则每当出现电荷的局部集中或者在体系中引入外电势时，它们就在比 L 短的距离内被屏蔽，使等离子体的大部分免受大电势或电场的影响。在等离子体与一个壁或者障碍物的鞘层外面，$\nabla\phi^2$ 是很小的，并且离子密度近似等于电子密度，因此等离子体内只能有很小的电荷不平衡并引起 KT/e 量级的电势。等离子体是“准中性”，意味着等离子体中性到可以取 $n_i \approx n_e \approx n$（其中 n 是公共密度，为等离子体密度），但是还没有中性到所有的电磁力都消失。

一个电离气体成为等离子体的一个判据是：气体足够稠密，以至 λ_D 远小于 L。

3）等离子体判据

只有等离子体密度 n 足够大，德拜屏蔽的概念在统计上才是正确的，以德拜长度为半径，能够计算出“德拜球中”中的粒子数 N_D：

$$N_D = n\frac{4}{3}\pi\lambda_D^3 = 1380T^{3/2} / n^{1/2} \text{（}T\text{ 的单位为开尔文）} \tag{2.8}$$

除了 $\lambda_D << L$ 之外，“集体行为”还要求 $N_D >> 1$。

一种电离气体称为等离子体须满足的另一个必需条件与碰撞有关，如果典型的等离子体振荡频率是 ω，τ 是带电粒子与中性原子碰撞的平均时间，则放电气体为等离子体的条件为 $\omega\tau > 1$。因此等离子体必须满足的三个条件是：① $\lambda_D << L$；② $N_D >> 1$；③ $\omega\tau > 1$。

2.2.3 等离子体鞘层

等离子体虽然是准电中性的，但它们和器壁之间会有一个薄的正电荷区，这个区域称为鞘层。等离子体中，由于电子的质量远小于离子的质量，且电子温度 $T_e \geqslant T_i$，因此可以推算出电子的热运动速率（eT_e/m）$^{1/2}$ 至少是离子的热运动速率（eT_e/M）$^{1/2}$ 的 100 倍。对于孤立导体与等离子体接触，由气体动力论可知，单位时间内从一侧通过单位面积的离子数（即离子通量密度）为：

$$\Gamma = \int_0^{\infty} nf(v_x)v_x \mathrm{d}v_x = \frac{1}{4}\overline{v} \tag{2.9}$$

其中 $\overline{v}$ 为粒子的平均热运动速度，对于 $T_e \approx T_i$ 的等离子体：

$$\Gamma_e = \frac{1}{4}n_e\overline{v}_e = \frac{1}{4}n_e\left(\frac{8kT_e}{\pi m_e}\right)^{1/2} \tag{2.10}$$

$$\Gamma_i = \frac{1}{4}n_e\overline{v}_i = \frac{1}{4}n_e\left(\frac{8kT_e}{\pi m_i}\right)^{1/2} \tag{2.11}$$

由于 $m_i >> m_e$，则 $\Gamma_e >> \Gamma_i$，且 $J = e(\Gamma_e - \Gamma_i) = e\Gamma_e$。因此，壁面积将有过多的负电荷累积，壁电位会很快下降而变成负电位，以降低电子到达壁表面的通量而增加离子的通量，这个调节过程一直持续到：到达壁表面的净电流密度等于零为止，这时孤立导体新达到的电位为悬浮电位。这时，壁表面附近形成薄的电荷层，在该层内 $n_i > n_e$，以屏蔽壁电位与等离子体电位差到形成的电场的影响。当假定离子不动时，鞘层厚度一般为德拜屏蔽的几倍 [4]。图 2.3 给出了一个长度为 l，初始密度 $n_i = n_e$ 的等离子体，它被两个接地的极板包围，这两个极板都具有吸收带电粒子的功能。由于净电荷密度为 0，在各处的电势和电场 E 都为零，所以具有较高速度的电子不会受到约束，而会迅速冲向极板并消失掉。于是经过很短的一段时间后，器壁附近的电子损失掉，形成图 2.3（b）所示的情况；在器壁附近会形成一个很薄的正离子鞘层，在这个鞘层中，$n_i > n_e$，所以有净电荷密度 ρ 存在。该电荷密度产生了在等离子体内部为正的、而在鞘层两侧迅速下降为零的电势分布。因为在鞘层里的电场方向指向器壁，这个电势分布是一个约束电子的势阱，会把向器壁运动的电子拉回到等离子体，而对进入鞘层的离子会被加速打向器壁。

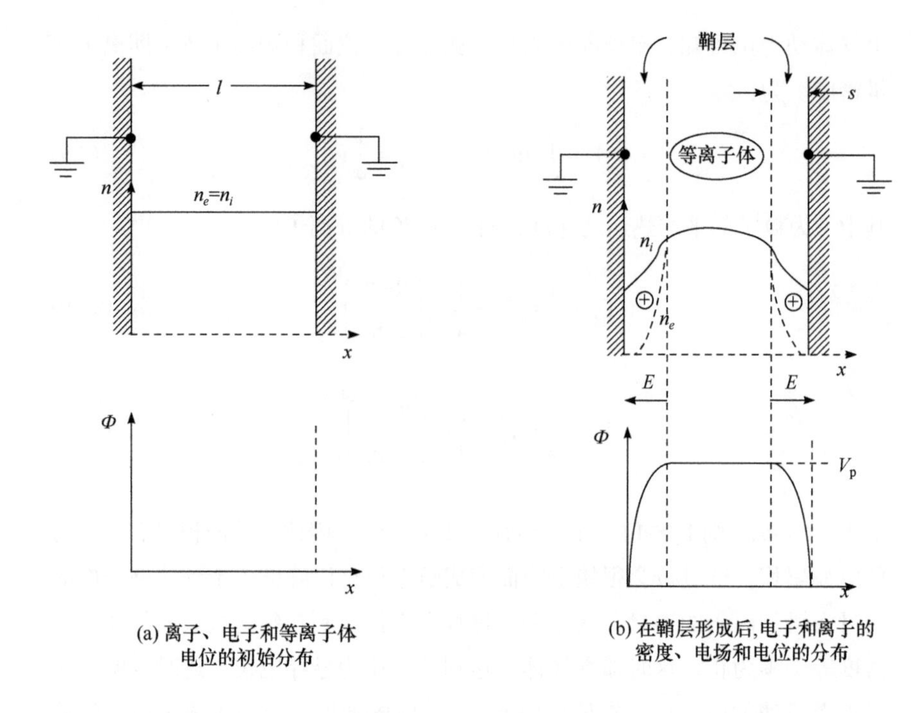

(a) 离子、电子和等离子体电位的初始分布

(b) 在鞘层形成后,电子和离子的密度、电场和电位的分布

图 2.3 等离子体鞘层的形成

2.2.4 等离子体振荡

在无外加等离子体驱动场的条件下，一个平板形等离子体会发生振荡，这是粒子运动与电场之间耦合所产生的现象。假设一个宽度为 l、冷电子的密度满足 $n_e = n_i = n$ 平板形等离子体，且离子质量无穷大并且静止。如图2.4所示在某一时刻电子向相对于等离子体平板的右方向移动一小段距离 $\xi_e << l$，此时由于离子云在板左边显露，导致平板左边表面形成密度为 $\rho_s = en\xi_e$ 的正电荷分布，右边表面形成密度为 $\rho_s = -en\xi_e$ 的负电荷分布，因此根据高斯定理在平板内形成一个电场：

$$E_x = \frac{en\xi_e}{\epsilon_0} \tag{2.12}$$

电子在此电场中的受力方程为：

$$m\frac{\mathrm{d}^2\xi_e}{\mathrm{d}t^2} = -eE_x \tag{2.13}$$

得到：

$$\frac{\mathrm{d}^2\xi_e}{\mathrm{d}t^2}=-\omega_{pe}{}^2\xi_e \tag{2.14}$$

这里的 ω_{pe} 为电子等离子体频率，是等离子体的基本特征频率，定义：

$$\omega_{pe}=\left(\frac{e^2n}{\epsilon_0 m}\right)^{1/2} \tag{2.15}$$

式（2.14）的解为：

$$\xi_e(t)=\xi_{e0}\cos\left(\omega_{pe}t+\phi_0\right) \tag{2.16}$$

电子云相对离子云以自然频率 ω_{pe} 做正弦振荡运动，电子的振荡频率 $f_{pe}=\dfrac{\omega_{pe}}{2\pi}\approx 8980\sqrt{n}\,(\mathrm{Hz})$，通常处在微波波段 1~10GHz。

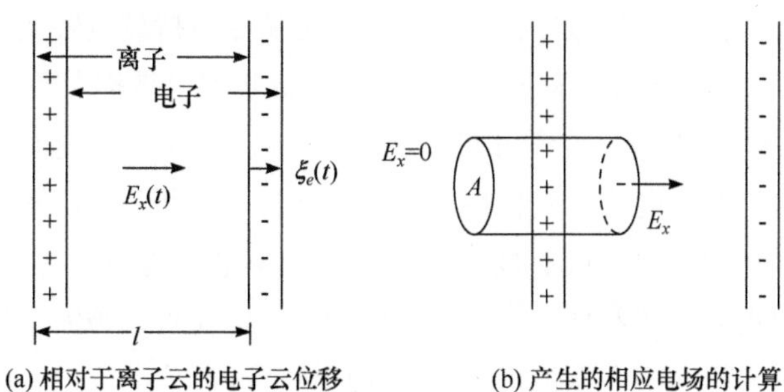

图 2.4　平板形等离子体中的等离子体振荡

以上为假设离子的质量无穷大，当不满足此条件时，离子也会有小幅度振荡，此时得到的频率为：

$$\omega_p=\left(\omega_{pe}^2+\omega_{pi}^2\right)^{1/2} \tag{2.17}$$

这里 ω_{pi} 是离子等离子体频率。

$$\omega_{pi}=\left(\frac{e^2n}{\epsilon_0 M}\right)^{1/2} \tag{2.18}$$

对于 $M>>m$，则 $\omega_p\approx\omega_{pe}$。

任何电荷密度的扰动都会引起等离子体频率振荡。

2.3　典型的气体放电

不同的工作条件将产生不同的气体放电现象，并具有不同的放电性质。在研究气体放电现象时，通常把放电分成两大类，一类是非自持放电，另一类是自持放电。

非自持放电是指存在外致电离源的条件下放电才能维持的现象。例如用紫外光或放射性射线照射放电管，管内气体就可产生一定的带电离子数，当电极上施加某一电压时，电极空间的带电粒子便在电场的作用下定向运动而形成电流，产生气体放电现象。若这时去掉外电离源，带电粒子数由于缺少电场的作用而迅速减少将导致放电不能维持而熄灭。

自持放电是指去掉外致电源的条件下放电仍能维持的现象。在外致电离源的作用下，当放电管两端电压增加到某一足够值，管内电流突然增大。此时若移去电离源，放电电流仍足够大，此刻放电的形成与外致电离源的存在与否无关，这种状态称自持放电。放电从非自持放电转变到自持放电的过程称为气体的击穿过程或者着火过程，此过程也被称为汤生放电。

如图 2.5（a）所示为最简单的放电结构：将真空管两端施加直流电压，此条件下的典型放电伏 – 安特性曲线如图 2.5（b）所示。由图可知，当外电压慢慢增加时，电极间有弱电流流过，最小电流约 10^{-6}A，这种电流是无规则脉冲式的。随着真空管极间电压增加，电荷可以被完全运动至上电极，所以电流趋向饱和电流可增大到 10^{-14}A，这部分电流也有可能是由间歇性辐射引起的，此时放电电流也将是间歇性的。

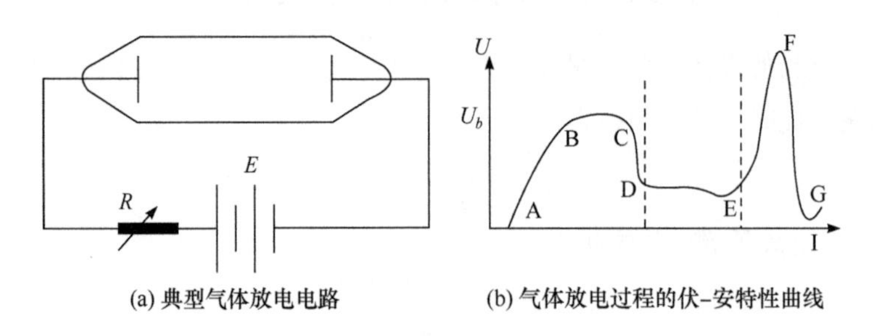

图 2.5　典型气体放电电路和放电过程的伏 – 安特性曲线

随着放电电压的继续增加，由于次级电离，放电电流先是缓慢增加后来按指数式增加。在这个范围内放电电流可增大 10^8 倍，而放电电压几乎没有增加。这种突变性的过渡称之为气体的击穿，对应的电压叫作击穿电压 U_b。在气体击穿时，放电电流的增加与外界电离源无关，放电可以靠自身来维持，此时放电从原来的非自持放电过渡到了自持放电，放电的这部分区域属于汤生放电区域（B-C 阶段所示）。

如果改变外回路电阻，继续增加放电的电流，放电间隙上的电压反而会降低，并一直下降到某一个稳定的电压值。这里存在着一个放电从汤生放电（B-C），经过电晕放电、亚辉光放电（C-D）向辉光放电（D-E）过渡的过程。在以后放电电流又随电压指数式地增加了，这个区域称之为反常辉光放电区域（E-F）。

2.3.1 辉光放电

辉光放电是一种自持放电，其放电电流的大小为毫安数量级，它是靠正离子轰击阴极所产生的二次电子发射来维持放电。图 2.6（a）所示为辉光放电的外部特征，图 2.6（b）是对应不同放电区域的电场 E 和电压 U 分布，从阴极开始首先是阿斯顿暗区，在该区域里，电子从阴极发射出来，它们从电场获得的能量还不足以激发原子，因此这里出现的是宽度小于电子自由程的很薄的暗区。经过阿斯顿暗区后的电子获得了足够的能量，使得原子被激发，阴极辉光区就是这些受激原子发出的。阴极辉光区的大小决定于气体的性质和气压的高低，在多数情况下，阴极辉光紧贴在阴极上掩盖了阿斯顿暗区。紧接着阴极辉区的是阴极暗区（又称克罗克斯暗区），该区域的电子能量继续增加，并且大部分能量用于电离碰撞。由此二次雪崩电离产生的大量电子在电场被加速而重新获得激发能，与气体碰撞产生负辉光。负辉光区的边界就相当于电子具有足够能量去激发原子的所在范围，负辉区发光最强。在此之后又出现了法拉第暗区和正柱区，法拉第暗区的二次电子的能量被降低，其能量不具有激发能力，因为发光变弱成为暗区。

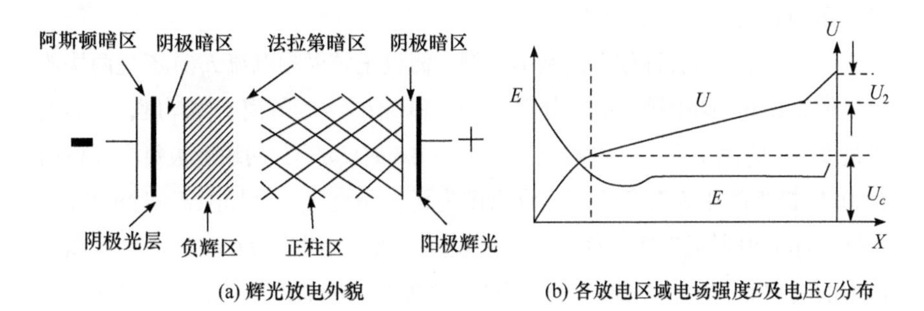

图 2.6 辉光放电

正柱区是从法拉第暗区一直向阴极伸展的气体被大量激发和电离的区域，电子扩散进入此区域，再次被加速产生辉光和电离，因为进入此区域的电子数量多，电子的雪崩电离能力弱，因此激发和电离都远比负辉区弱，是满足准中性条件的等离子体区。正柱区是辉光放电的主要区域，但也可以不存在。电子经过迁移到达阳极之前，由于双极扩散效应，电子数量逐渐减少，因此发光变弱形成阳极暗区。在电子到达阳极前的几个自由程距离内，为了维持放电电流，电子的速度增加，得到相当大的能量，这些电子激发气体原子发光，在阳极附近出现阳极辉光。

辉光放电的后四个区域不是必须存在的，如果降低气体气压，负辉区和法拉第暗区会扩展，压缩正柱区，气压逐渐降低则正柱区会逐渐缩短至消失。如果在一定气压下维持放电电流不变，而减小放电长度，则同样也能看到正柱区消失的现象。

2.3.2 容性放电

在低气压放电中，广泛被采用的一种放电形式是将射频电压和电流直接加载至浸没于等离子体中的一个电极来维持放电。在这种放电中，电极和等离子体间形成一个高压容性鞘层，流过鞘层区域的射频电流导致鞘层内的等离子体随机或无碰撞加热，而流过主等离子体区的射频电流则导致主体区内的欧姆加热。即使对于一个最简单的平行平板等离子体，对其描述也非常复杂，这里仅用简化了的均匀模型对容性放电物理特性进行简单的介绍：假设等离子体和鞘层中的电子密度分布都是均匀的，并且电子能量分布函数为麦克斯韦形式。

图 2.7 所示为容性放电的基本模型，假设正弦射频电流 $I_{rf}(t)$ 流过两块放电极板 a 和 b。图中鞘层厚度分别是 $S_a(t)$ 和 $S_b(t)$，d 为等离子体厚度，n_e 为电子密度，n_i 为离子密度。射频电流表示为 $I_{rf}=R_e(\bar{I}_{rf}e^{j\omega t})$，两块极板每个极板面积为 A，极板间距为 l，极板间充满密度为 n_g 的中性气体。当电流流过极板时，中性气体放电形成等离子体，同时极板间出现一个电压 $V(t)$，注入到等离子体中的功率为 $P(t)$。设此时等离子体的密度为 $n_i(r, t)$，电子温度为 $T_e(r, t)$。在准中性条件下，可以认为等离子体区域内满足 $n_i \approx n_e$。在极板附件振荡的鞘层里 $n_i > n_e$。设鞘层的瞬时厚度为 $s(t)$，其时间平均值为 $\bar{s}$，一般 $\bar{s} << l$。

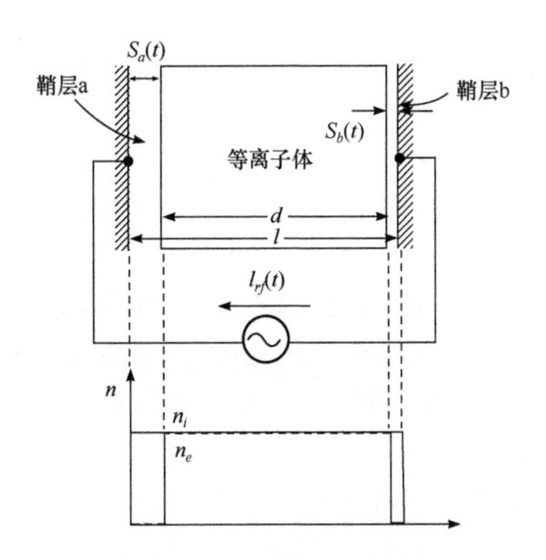

图 2.7 基本的射频放电模型

为了简化分析，近似假设：离子的等离子体频率满足$\omega_{pi}^2 \gg \omega^2$，即离子的运动只受时间平均势场的影响；电子的等离子体频率满足$\omega_{pe}^2 \gg \omega^2\left(1+\dfrac{v_m^2}{\omega^2}\right)^2$，即电子的运动受瞬时势场的影响，等离子体中的射频电流是由电子的运动形成的。这里v_m是电子与中性粒子之间的动量转移碰撞频率；电子温度满足$T_e \ll \bar{V}$，电子的德拜长度$\lambda_{De} \ll \bar{s}$，即鞘层内电子密度为零；等离子体沿极板平面方向均匀；主等离子体区和鞘层区内，离子有均匀的密度空间分布，并且不随时间改变，即$n_i(r,t)=n=$常数。

当给定一组完整的控制参数，则等离子体状态也随之确定，因此等离子体和放电回路的参数可以写成这些控制参数的函数。在上面的假设，可以通过求解一维（沿x方向）麦克斯韦方程组来确定电磁场。求解得到均匀模型下a、b极板的鞘层压降表达式为：

$$V_{ap}=-\frac{en}{2\epsilon_0}\left(\bar{s}^2+\frac{1}{2}s_0^2-2\bar{s}s_0\sin\omega t-\frac{1}{2}s_0^2\cos 2\omega t\right) \tag{2.19}$$

$$V_{pb}=-\frac{en}{2\epsilon_0}\left(\bar{s}^2+\frac{1}{2}s_0^2+2\bar{s}s_0\sin\omega t-\frac{1}{2}s_0^2\cos 2\omega t\right) \tag{2.20}$$

其中，$s_0=\dfrac{\tilde{I}_{rf}}{en\omega A}$。尽管 V_{ap} 和 V_{pb} 都是非线性的，但它们合在一起所得到的鞘层压降之和：

$$V_{ab}=V_{ap}-V_{bp}=\frac{2en\overline{s}s_0}{\epsilon_0}\sin\omega t \tag{2.21}$$

可以看出这里得到的电压和时间关系是一个线性正弦函数。电压 $V_{ap}(t)$ 和 $V_{bp}(t)$ 以及得到的鞘层电压之和 $V_{ab}(t)$ 随时间变化的关系图如 2.8 所示：两个非正弦的电压求和之后得到一个正弦形式的电压，V_{pb} 的时间平均值 $\overline{V}$ 也在图中用一个水平虚线给出。

在一个射频周期内，不同时刻等离子体各处的电位如图 2.9 所示，假设右边的电极接地，图中虚线表示等离子体各处分布的时间平均电位。

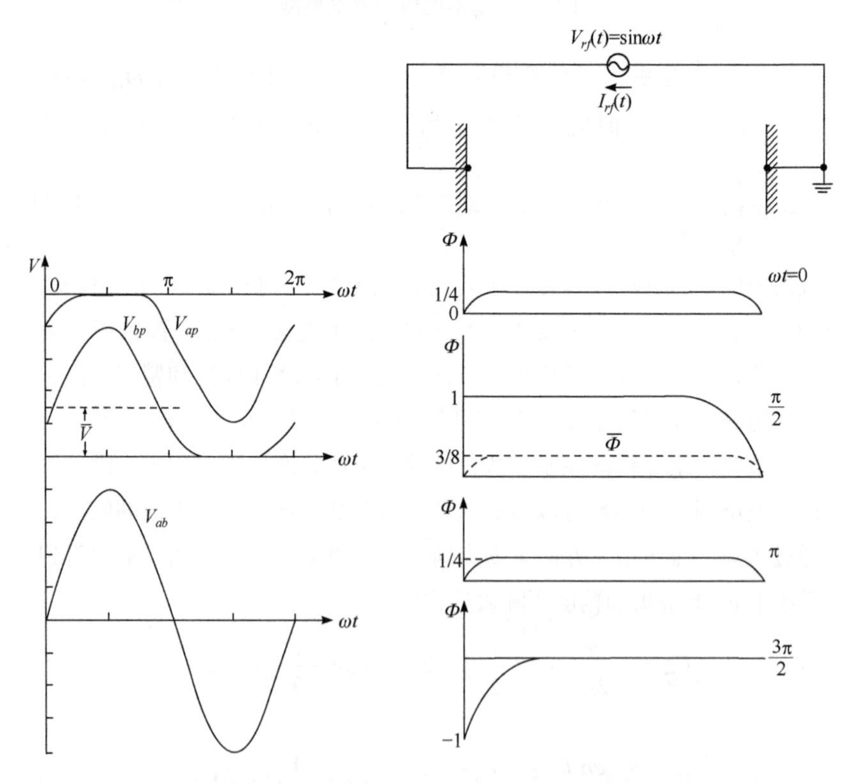

图 2.8　鞘层电压 $V_{ap}(t)$ 和 $V_{pb}(t)$ 以及得到的鞘层电压之和 $V_{ab}(t)$ 随时间的变化

图 2.9　总电位 Φ 在射频周期内 4 个不同时刻下的空间分布

2.3.3 感性放电

由于普通的容性射频放电性能存在局限性，人们又研制了一些不同形式的低气压高密度等离子体放电装置，其中一些装置是将射频或微波功率通过一个电介质窗口或器壁耦合提供给等离子体，而不是像电容放电那样通过一个位于等离子体内部的电极耦合给等离子体，这种非容性的功率耦合，对于电极和器壁表面处获得低鞘层电压极为关键。在这种放电中，等离子体的直流电位以及离子轰击能量的典型值为20~40V。为了控制离子能量，可以将另一个射频电源容性耦合在放衬底的电极上，从而独立控制离子/活性粒子通量（控制等离子体电源功率）和离子轰击能量（控制衬底电极功率）。

感性放电中的等离子体是通过将射频功率加在一个非共振线圈上产生的，图2.10给出了用于低长宽比的放电系统的圆柱形和盘香形两种线圈结构。盘香形垂直处在一个平面内，从放电腔体轴心向外径方向螺旋缠绕。放电腔室周围加上多极永磁体可以提高等离子体径向均匀性，如图2.10（b）所示，即使没有多极磁场的约束作用，也可以使线圈靠近晶圆表面形成很好的均匀性的近耦合或准平面圆结构。

驱动电感线圈的射频电源输出阻抗为50Ω，电源频率一般为13.56MHz或者其他频率，在射频源和电感线圈之间用一个容性匹配网络进行匹配调节。由于激发线圈和容性驱动的衬底都有一些杂散电容，会产生容性耦合成分，因此必须使得等离子体与一个大面积的接地金属表面有良好的接触。

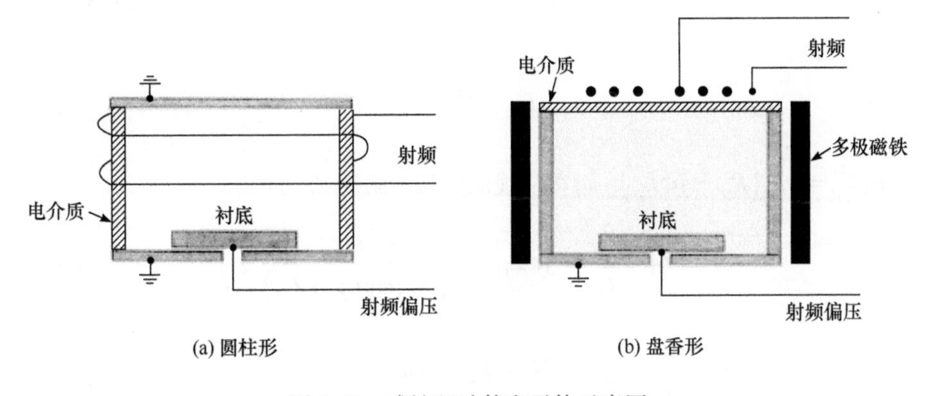

图2.10 感性驱动等离子体示意图

在电感耦合等离子体中，碰撞的过程位于等离子体表面附近趋肤深度 δ 厚度内的电子，从电场中得到能量进行欧姆加热。为了阐明感性放电的一般工作原理，这里给出一个简单的密度均匀圆柱形放电模型：几何尺寸满足 $l \geqslant R$，设线圈的圈数为 N，半径为 b（$b \geqslant R$），将等离子体源在模型的中等效成一个变压器，感性放电的变压器耦合等效电路如图 2.11 所示。该等效模型的电感矩阵由下式给出：

$$\tilde{V}_{rf} = \mathrm{j}\omega L_{11}\tilde{I}_{rf} + \mathrm{j}\omega L_{12}\tilde{I}_p \tag{2.22}$$

$$\tilde{V}_p = \mathrm{j}\omega L_{21}\tilde{I}_{rf} + \mathrm{j}\omega L_{22}\tilde{I}_p \tag{2.23}$$

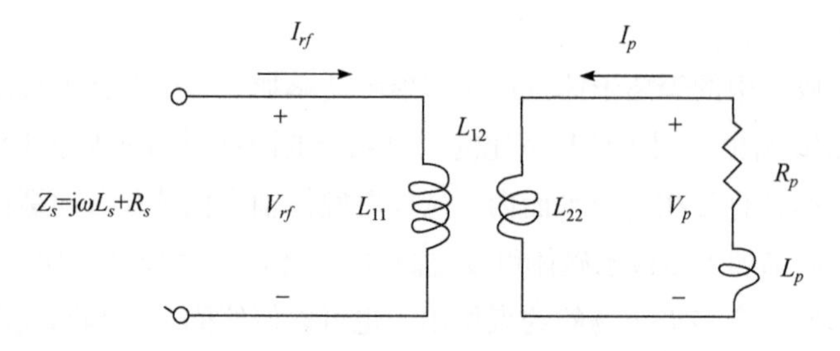

图 2.11　感性放电的变压器耦合等效电路

计算这个电感矩阵，得：

$$L_{11} = \frac{\mu_0 \pi b^2 N^2}{l} \tag{2.24}$$

$$L_{12} = L_{21} = \frac{\mu_0 \pi R^2 N^2}{l} \tag{2.25}$$

$$L_{22} = \frac{\mu_0 \pi R^2}{l} \tag{2.26}$$

而 $\tilde{V}_p = -\tilde{I}_p\left(R_p + \mathrm{j}\omega L_p\right)$，可得从线圈两端的阻抗 Z_s 为：

$$Z_s = \frac{\tilde{V}_{rf}}{\tilde{I}_{rf}} = \mathrm{j}\omega L_{11} + \frac{\omega^2 L_{12}^2}{R_p + \mathrm{j}\omega\left(L_{22} + L_p\right)} \tag{2.27}$$

$$Z_s = R_s + \mathrm{j}\omega L_s \tag{2.28}$$

假设等离子体密度为高密度，则将式（2.27）的分母展开得到：

$$L_s \approx \frac{\mu_0 \pi R^2 N^2}{l}\left(\frac{b^2}{R^2}-1\right) \tag{2.29}$$

$$R_s \approx N^2 \frac{\pi R}{\sigma_{\text{eff}}\delta_p} \tag{2.30}$$

其中 $\sigma_{\text{eff}}=\dfrac{e^2 n_s}{m\nu_{\text{eff}}}$ 为等离子体的有效电导率，这里的 ν_{eff} 是碰撞加热和随机加热的和。于是通过功率平衡方程 $P_{abs}=\dfrac{1}{2}\left|\tilde{I}_{rf}\right|^2 R_s$，可以得到射频源电流 $\tilde{I}_{rf}$。而射频电压可通过下式给出：

$$\tilde{V}_{rf}=\tilde{I}_{rf}\left|Z_s\right| \tag{2.31}$$

射频电源通过一个容性匹配器将输出阻抗 50Ω 的射频功率加载至感应线圈，图 2.12 为等效电路，从端点 A-A' 右侧看的导纳为：

$$Y_A=G_A+\text{j}B_A=\frac{1}{R_s+\text{j}\left(X_1+X_s\right)} \tag{2.32}$$

其中电导为：

$$G_A=\frac{R_s}{R_s^2+\left(X_1+X_s\right)^2} \tag{2.33}$$

电纳为：

$$B_A=\frac{X_1+X_s}{R_s^2+\left(X_1+X_s\right)^2} \tag{2.34}$$

这里 $X_1=-\left(\omega C_1\right)^{-1}$，为了获得最大的功率传输，必须使 G_A 与 $1/R_T$ 相等，这里的等效电路中的 R_T= 50Ω 是电源的戴维南等效电阻。

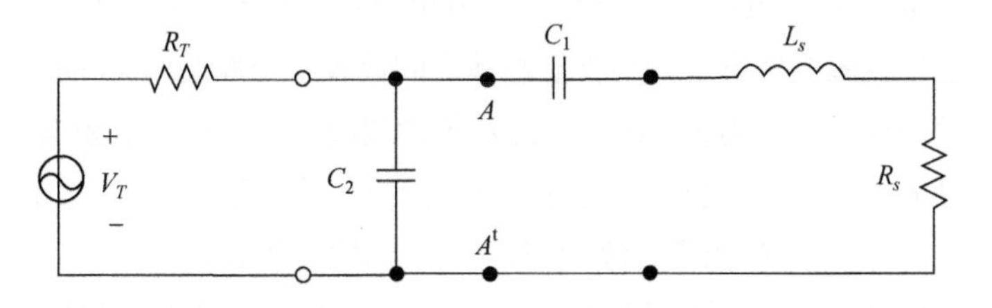

图 2.12　感性放电与功率源间匹配的等效电路

盘香形放电是材料处理中普遍使用的一种等离子体源，在一个典型的低长宽比的盘香形等离子体源中，能够在直径为 20cm 甚至更大的衬底上方产生均匀的等离子体，放电时等离子体密度值介于 10^{11}~10^{12}cm^{-3}。在轴对称的几何形状下，线圈产生感应磁场，其分量分别为$\tilde{H}_r(r, z)$和$\tilde{H}_z(r, z)$，线圈还产生了一个感应电场$\tilde{E}_\theta(r, z)$。在没有等离子体存在时，如图 2.13（a）所示，线圈产生的磁场的磁力线都环绕着线圈分布，且关于线圈平面对称。如果在电感线圈下方形成等离子体，磁场的磁力线分布则如图 2.13（b）所示，由法拉第定律可知，等离子体中会被诱导产生一个角向电场$\tilde{E}_\theta$，角向电场加速电子和其他离子产生角向电流密度$\tilde{J}_\theta$。且等离子体中的感应电流与线圈的电流方向相反，而且被限制在一个厚度约等于趋肤深度 δ 的等离子体表面层中。在等离子中轴心处主要的磁场分量是$\tilde{H}_z$，远离轴心处主要磁场分量为$\tilde{H}_r$。接近轴心处的$\tilde{E}_\theta$、$\tilde{J}_\theta$为零，且吸收功率密度$P_{abs} = \frac{1}{2} Re \tilde{J}_\theta \tilde{E}_\theta$，轴心处吸收功率也为零。

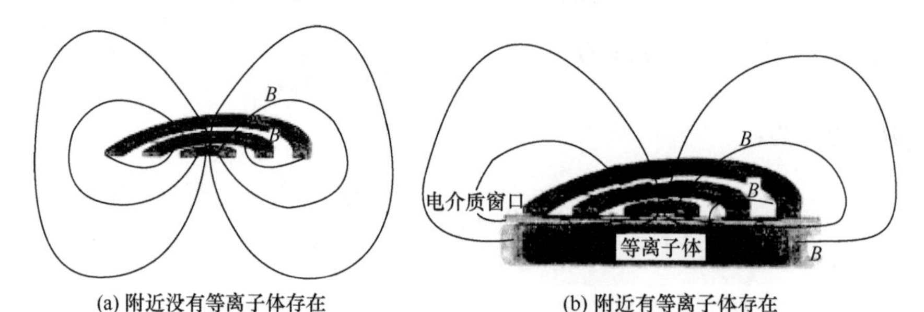

(a) 附近没有等离子体存在　　(b) 附近有等离子体存在

图 2.13　盘香形电感线圈附近的射频磁场示意图

对于圆柱形的变压器模型也可以应用于盘香形线圈，但是难以从简单的电磁模型中得到电感矩阵元。这里用 Hopwood 的实验结果说明盘香形线圈感性放电的一般性质，腔室条件为矩形铝制真空腔体，长 27cm、高 13cm，感性线圈为四方形且与真空腔体之间放置一个厚 2.54cm 的石英窗。图 2.14 给出放电条件为 5mTorr 氧气，对感性线圈加载不同的射频电源功率，径向半径 r=6.3cm 处在窗口下方垂直方向不同 z 位置的径向电磁感性强度 B_r，可以看到磁感应强度随着距离窗口的增加按指数衰减。

图 2.15 给出了在放电条件为 5mTorr 氩气、射频电源功率为 500W 时，距离石英窗口下方 6mm、19mm、33mm 位置，磁感应强度在对角线半径

不同位置的变化，径向磁感应强度在轴心处为零，在距离轴心 9.5cm 处达到最大值。由法拉第公式的径向分量，得到射频电场$\tilde{E}_\theta \propto \tilde{B}_r$，因此感性线圈的感应角向电场$\tilde{E}_\theta$沿轴向和径向的变化趋势与图 2.14 和图 2.15 中给出的$\tilde{B}_r$变化趋势相同。

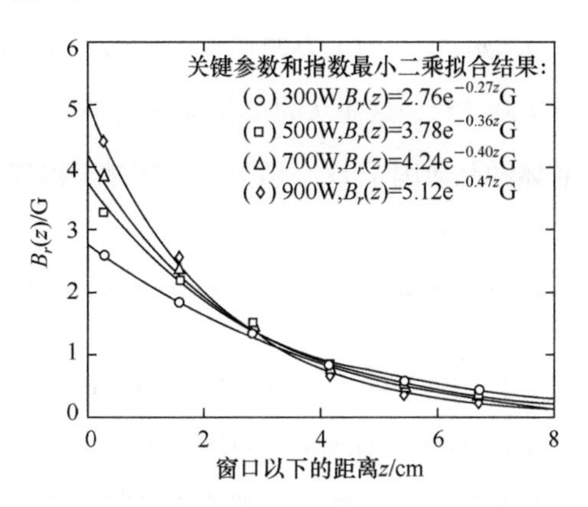

图 2.14 射频磁感应强度$|\tilde{B}_r|$随 z 的变化

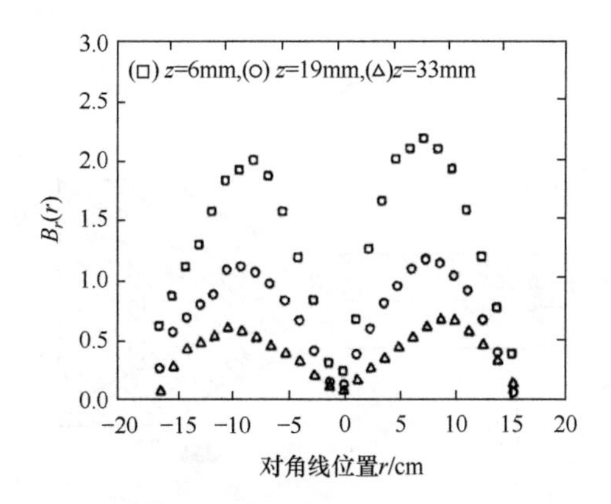

图 2.15 三个 z 位置处的射频磁感应强度$|\tilde{B}_r|$随对角线半径 r 的变化

2.3.4 电子回旋共振等离子体放电

等离子体外部产生的电磁波可以沿着等离子体表面传播、也可以传播到等离子体中直到被等离子体吸收。电磁波在等离子体中的传播过程中，电磁波的作用是产生等离子体、维持放电和加热等离子体中的电子。

自从发明了高功率微波源，微波产生等离子体的技术一直被人们使用，微波谐振腔中的强电场可以击穿低气压气体，产生低密度等离子体放电。在无外加磁场时，电磁波的频率满足$\omega \geqslant \omega_{pe}$才能进入等离子体，根据电子的等离子体振荡频率$\omega_{pe} = \left(\dfrac{e^2 n}{\epsilon_0 m}\right)^{1/2}$，可以得到电磁波进入等离子体的等离子体密度条件$n_c \leqslant \omega^2 \epsilon_0 m / e^2$。为了方便比较，等离子体密度条件与电磁波频率满足$n_c\left(m^{-3}\right) \leqslant 0.012 f^2$，这里$f$的单位制为赫兹。因此对于高强度的电磁场要求放电腔体的品质因子Q必须很高，这对于得到高密度的等离子体是有限制的。

利用电子的回旋频率$\omega_{ce} = eB/m$，可以在等离子体中施加一个稳定的磁场B，当外加磁场的频率恰好等于电子回旋频率时，电磁波和电子的回旋运动产生共振相互作用。电子的回旋共振运动过程中电子恰好与右旋圆偏振（right-handed circular polarization, RHP）波同相位，因此电子在较长时间内感受到的电场是恒定的。通过这种加热机制，波能够将足够高的能量传递给电子，使得高能量的电子去电离周围的气体分子。图 2.16 给出

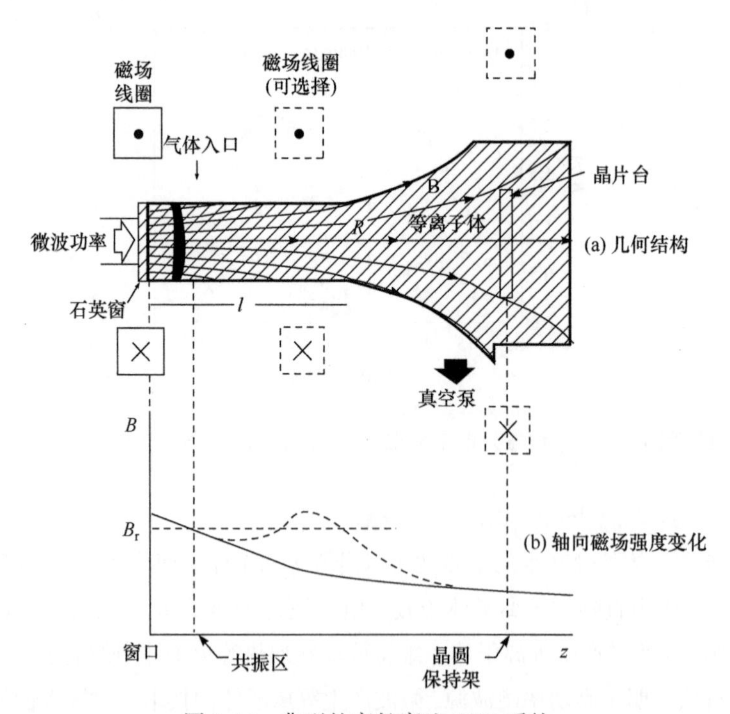

图 2.16　典型的高长宽比 ECR 系统

典型高长宽比（$l > R$）的电子回旋共振等离子体（ECR）示意图[5]，在圆柱形金属腔体左侧配置一个真空窗口，频率为$f = \omega/2\pi$的微波能量沿着磁力线进入等离子体中。为了尽可能减少等离子体引起的器壁溅射，在腔体器壁表面覆盖一层电介质以减少金属污染。为了在轴向产生一个非均匀的磁场$B(z)$，一般需要在圆柱形金属腔体外配置一个或多个磁场线圈。磁场强度$B(z)$需要满足ECR条件$\omega_{ce}(z_{res}) = \omega$，$z_{res}$是轴向共振点的位置。在腔体中通入低气压气体，气体被击穿形成等离子体，之后等离子体沿着磁力线进入或扩散进入材料处理室，并最终到达晶片台，在整个放电区域产生的高能离子和自由基都可能轰击晶圆。通过调节晶片台的磁场线圈电流，可以改善刻蚀或沉积过程的均匀性。

由于微波能量注入至共振区的等离子体的方式不同，ECR放电可以存在多种结构。常见的微波能量传输方式分为三类：①沿着磁力线传播的行波（$k \| B$）；②垂直于磁力线方向传播的行波（$k \perp B$）；③驻波。这几类的微波能量传输方式有明显的不同，但ECR源中大多数的加热机制都是在共振处吸收RHP波的能量。我们不能按照这三种方式划分所有的ECR源，因为有时微波传播方向可以与B成一个角度，驻波可能对微波能量的吸收也产生了作用。

参考文献

[1] 徐学基 . 诸定昌 . 气体放电物理 [M]. 上海：复旦大学出版社，1996.

[2] 李定，陈银华、马锦秀，等 . 等离子体物理学基础 [M]. 北京：高等教育出版社，2006.

[3] Chen F F. Introduction to Plasma Physics and Controlled Fusion, second edition [M]. New York: Plenum Press, 1984.

[4] 徐家鸾 . 金尚宪 . 等离子体物理学 [M]. 北京：原子能出版社，1981.

[5] 迈克・A・力伯曼 , 阿伦・J・里登伯格 . 等离子体放电原理与材料处理 [M]. 蒲以康等译 . 北京：科学出版社，2007.

第3章 集成电路中的等离子体刻蚀工艺与装备

3.1 刻蚀技术的起源和历史

刻蚀，简单地讲就是一种材料去除技术，它是通过某种加工方式，将一种或多种材料上不需要的部分去除，保留需要的部分，从而形成某种特定的图形。从这个角度讲，古人在木头、石头或者骨头等材料上，通过契刻的方式记录时间和重要事件，这其实就可以看作是刻蚀技术的起源[1]，如图 3.1 所示。

契刻是古人用刀刻的方式实现，可以看作是一种物理刻蚀加工的实现方式。最早的化学刻蚀技术则在 17 世纪出现，这就是金属刻蚀版画。画家首先在金属板子上进行图案雕刻，做刻蚀版画的金属通常选用锌、铜或钢板等材料。在这些金属表面涂上一层蜡，画家使用针或者刻刀作画，这样画出的线和面上的蜡就被去除掉，然后将金属版放到酸液中浸泡或清洗。利用强酸化学的刻蚀，已经去除蜡的金属部分会被腐蚀而凹进去，这样就会在金属板上形成图案。下一步需要将蜡洗去，并涂上油墨，表面的油墨被擦去后，只有凹陷中的油墨会保留，再用压力将其转印到纸上，最终就形成版画。荷兰画家伦勃朗（1606—1669 年）是第一位用腐蚀剂制版的艺术家，他是 17 世纪最伟大的画家之一，如图 3.2 所示。

第3章 集成电路中的等离子体刻蚀工艺与装备

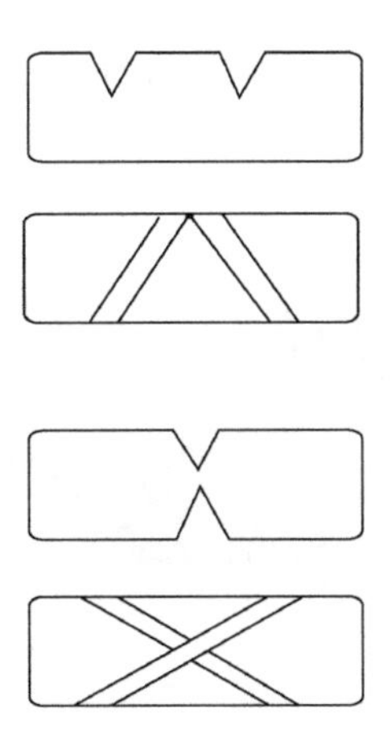

图 3.1 仰韶文化遗址出土的在骨头上的契刻图形 [①]

图 3.2 伦勃朗和他的刻蚀版画 [②]

1913 年，阿瑟·贝里（Arthur Berry）在英国申请了一项专利，展示了一种新的制作电路的方法。通过光刻胶保护，采用刻蚀的方法可以在金属层上形成电路图形。贝里是第一个利用刻蚀技术制作电路的人。图 3.3

① 中国科普博览网 . http://www.kepu.net.cn/gb/civilization/printing/evolve/evl131.html

② 搜狐网 . https://www.sohu.com/a/393496720_301394

显示的是他后来申请专利的利用刻蚀技术加工的加热电路[2]。

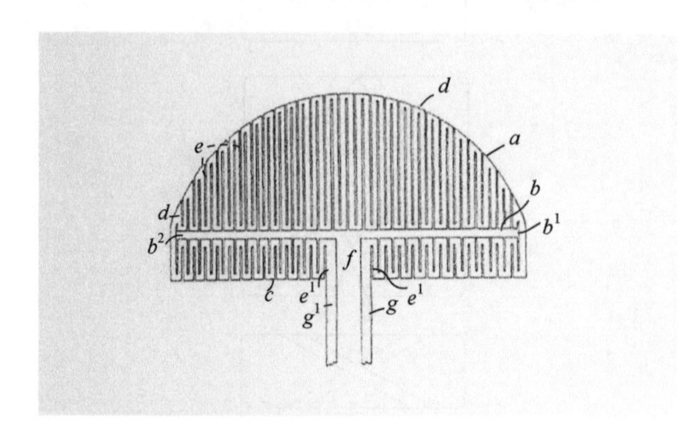

图 3.3　阿瑟・贝里的专利：采用刻蚀加工的加热电路

1958 年 12 月，德州仪器的杰克・基尔比用刻蚀的方法在一块锗台面晶片制作了 P-N-P 晶体管、电容器以及电阻器区域，并用细的金线将这些区连接起来，最终形成了具备震荡器件功能的电路结构，这是全世界第一块集成电路。在 1959 年杰克・基尔比申请的美国专利（第 3138743 号）微型电子线路（miniaturized electronic circuits）当中，刻蚀这个词共计出现了 11 次之多。由此可见，在集成电路技术发明之初，刻蚀工艺就发挥了巨大的作用。

最初，被广泛应用于集成电路制造领域的是湿法刻蚀工艺。湿法刻蚀是将刻蚀材料浸泡在腐蚀液内进行腐蚀的技术，可以说和上面所述的伦勃朗版画制作流程非常相似。在湿法刻蚀工艺过程中，首先通过光刻的方式在材料上定义出图形，随后利用化学溶液进行纯化学刻蚀。湿法刻蚀具有优良的刻蚀选择性，当前薄膜被刻蚀完后工艺就会停止，而不会损坏下面一层或其他周边的材料。同时，湿法刻蚀也是一种各向同性的刻蚀工艺，就是说横向刻蚀的宽度会接近于垂直刻蚀的深度。这样的工艺导致上层光刻胶的图案与下层材料上被刻蚀出的图案就会存在一定的偏差，从而无法高质量地完成图形转移和复制的工作，同时湿法刻蚀还存在化学溶液的浪费、废液处理等一系列的问题。随着特征尺寸的减小，湿法刻蚀工艺在图形转移过程中基本不再被使用。当然，湿法刻蚀工艺在一些特殊的成型工艺制程中仍然发挥着独特的作用，比如西格玛形状的锗硅沟槽刻蚀[3]。

在 19 世纪 70 年代的圆筒干法反应器就是为了替换湿法刻蚀工艺而出现的，最初的干法刻蚀工艺主要用于去除正性光刻胶，并具备极高的效率[4]。所谓干法刻蚀，指的就是利用辉光放电，产生包含离子、电子等在内的带电粒子，以及具有高度化学活性的中性原子及自由基的等离子体来进行材料去除的刻蚀技术。圆筒刻蚀机是通过电磁感应线圈围绕一个圆柱形石英管产生等离子体的（图 3.4）。每一批次大约有几十或者上百片晶圆可以同时参与刻蚀，进行批量处理。这种刻蚀设备采用的是各向同性刻蚀，工艺压力范围较大，精确度并不高，主要用于灰化过程处理。时至今日，等离子体灰化工艺仍然被广泛应用于集成电路制造工艺过程中。

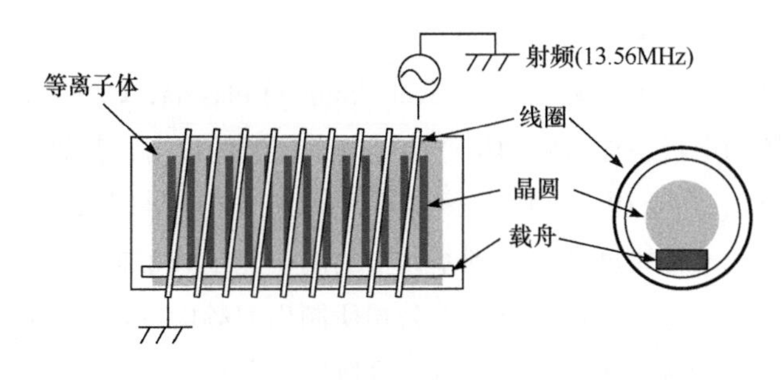

图 3.4　圆筒刻蚀机反应机理图

等离子体灰化工艺主要采用氧气等离子体，只能用于光刻胶等有机物的去除和等离子体的表面处理。随后一些氟基和氯基气体也被广泛采用，这样更多的材料都可以用等离子体刻蚀工艺的方式来进行加工。早期的等离子体刻蚀工艺，如等离子体灰化工艺，都是以各向同性为主，直到 1973 年，美国惠普公司的穆托（Steve Yoneo Muto）才真正实现了垂直方向（各向异性）等离子体刻蚀（美国专利 US3971684）。这是通过阴极负偏压将反应性气体电离，并将化学反应性离子吸引到阴极。这些反应性离子主要以垂直方向撞击基板，从而形成清晰的垂直刻蚀壁（各向异性刻蚀）。

在随后的几十年里，等离子体刻蚀技术不断发展，目前已经成为集成电路加工制造中最重要的工艺流程之一，并已涵盖了光刻胶改性、掩膜图形的精确复制、高深宽比结构成型、材料表面处理等各个方面，是确保高品质半导体产品量产的基石[5]。

3.2 等离子体刻蚀装备的分类

目前所有刻蚀机台腔室的设计鼻祖，都是基于美国德州仪器公司的A-24D设计的立体刻蚀机（Alan Reinberg，美国专利US3757733），它采用了“平行板”设计以及莲蓬头式的上电极设计。基于平行板刻蚀机的设计理念，在20世纪90年代出现了电容式、电感式以及微波等来激发等离子体的商用刻蚀设备。

3.2.1 容性耦合等离子体源

容性耦合等离子体源（capacitively coupled plasma，CCP）是通过对相互平行放置的电极施加射频功率产生等离子体源的设备，其研究开始于20世纪70年代，主要用于反应性等离子体刻蚀工艺。早期采用的单频射频电源，对等离子体密度和入射到基片上的离子能量分布难以实现有效的独立控制。后来一些半导体设备制造公司研制出双频电容耦合等离子体源，采用不同频率的等离子体控制技术，高频的电源可以控制等离子体密度、低频电源用于控制离子的能量。图3.5是双频容性耦合等离子体结构示意图，通过这样的设计，等离子体密度和离子能量就可以进行独立控制。目前主要应用在介质刻蚀上实现对绝缘体二氧化硅的刻蚀。

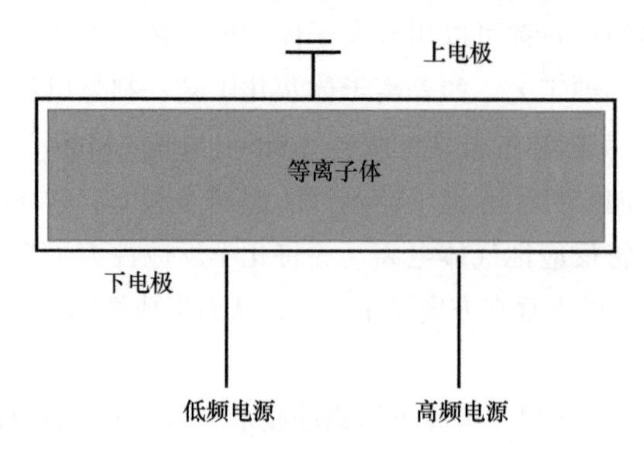

图3.5 双频容性耦合等离子体源结构示意图

3.2.2 电感应耦合等离子体源

电感应耦合等离子体（inductively coupled plasma，ICP）源的早期开发始于20世纪初。在其发明初期，只能在高压（约几百帕）的条件下才能获得高浓度的等离子体，并且等离子体能够覆盖的范围比较窄，使得其应用受到很大的限制。20世纪90年代开始，以美国和韩国为代表的一些半导体设备公司开发出了第三代的等离子体源。新型电感应耦合等离子体源装置简单，通过线圈感应，能够在较宽的压强范围内（1~40Pa）获得大面积（$0.04\sim0.3m^2$）、高密度（$10^{11}\sim10^{12}cm^{-3}$）的等离子体。

新型电感应耦合等离子体源的核心是线圈结构，不同的线圈结构对刻蚀性能也会有比较大的影响。线圈结构大致可分为立体结构和平面结构，即圆柱结构和平面结构，如图3.6所示。

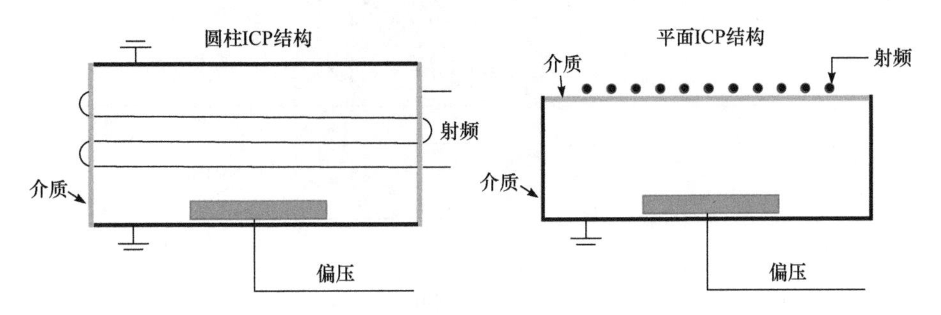

图3.6　感应耦合等离子体源结构示意图

电感应耦合等离子体具有两个独立控制的射频功率源，源电极用于产生等离子体，控制等离子体的密度，偏压电极用于提供离子能量，控制等离子体的方向。通过这样的设计，就克服了容性耦合等离子体中等离子体密度与离子轰击能量不能独立控制的缺点。因此，采用ICP源装置，在半导体芯片刻蚀工艺中可以得到很高的刻蚀速率和很好的刻蚀方向性。

目前电感应耦合等离子体源主要用于多晶硅和金属刻蚀。

3.2.3 电子回旋共振等离子体源

电子回旋共振等离子体（electron cyclotron resonance，ECR）是利用微波及外加磁场来产生高密度等离子体。ECR的设备如图3.7所示，共有2个腔，一个是等离子体产生腔，另一个是扩散腔。微波能量通过微波导管，穿越由陶瓷或石英制成的输入窗，经波导或天线耦合进入放电室。在窗上表面的永磁系统产生的高强磁场作用下，放电室内的气体分子的外层电子做圆周运动。当电子的圆周运动频率与微波角频率一致时，形成电子回旋共振。电子随着不同的磁场变化向晶圆移动，正离子则是靠着浓度不同而向晶圆扩散。通常在晶圆上也会施加一个射频或者直流偏压，用来加速离子，提供离子碰撞晶圆的能量，借此达到各向异性刻蚀的效果。

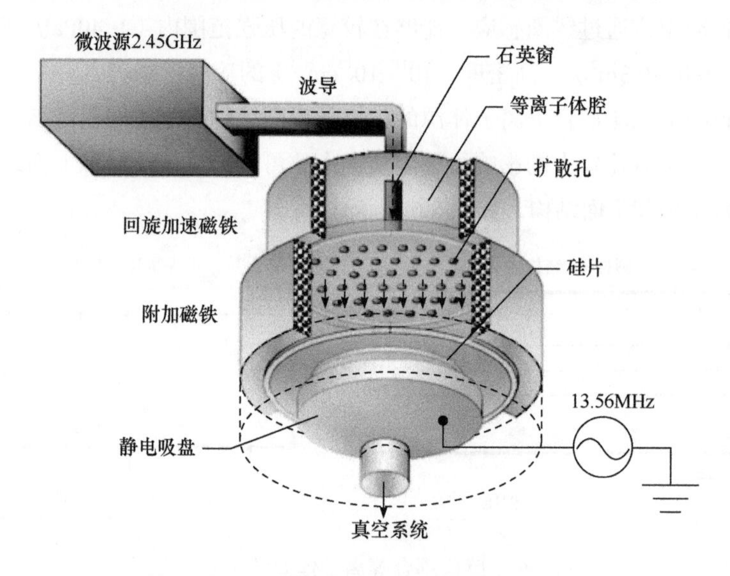

图 3.7　电子回旋共振等离子体结构示意图

ECR 的主要优点是可以产生很高的等离子体密度，同时又可以维持较低的离子轰击能量，这就解决了高刻蚀速率和高选择比这个矛盾的问题。它的缺点是结构非常复杂，需要解决微波功率源，及微波谐振与样品基板射频源的匹配问题。

3.3　等离子体刻蚀工艺过程

一般情况下，有四种基本的低气压等离子体刻蚀工艺过程可以用于材料表面物质的去除，即物理溅射、纯化学刻蚀、离子能量驱动刻蚀和离子－阻挡层复合作用刻蚀，具体过程如图 3.8 所示。

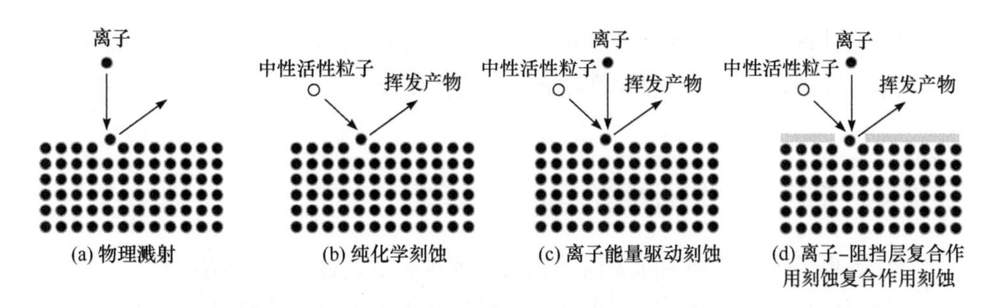

图 3.8　四种基本的等离子体刻蚀工艺过程

物理溅射就是在等离子体中的载能离子对材料表面的轰击，使得被刻蚀材料的原子从材料表面弹出过程，典型的载能离子能量约几百电子伏特。溅射是一个没有选择性的过程，在一定的等离子体条件下，溅射的刻蚀速率取决于被刻蚀材料的表面结合能和离子的质量，一般情况下，不同材料间的溅射刻蚀速率不会超过 2~3 倍。

第二种刻蚀工艺过程是纯化学刻蚀。在该刻蚀过程中，等离子体只提供气相的刻蚀粒子（中性活性原子和分子），它们与被刻蚀材料表面发生化学反应生成的气相产物。这个过程具有很高的化学选择性，刻蚀产物必须是可挥发的。必须指出的是，纯化学刻蚀几乎总是各向同性的。

第三种刻蚀过程是受离子能量驱动的增强型刻蚀，其中等离子体既能产生刻蚀粒子，又能提供载能离子。刻蚀粒子和载能离子相结合使刻蚀的结果比单纯用纯化学刻蚀或者物理溅射刻蚀效果要好得多。这种刻蚀本质上也是化学反应，反应速率由载能离子的轰击能量决定。与纯化学刻蚀相同，刻蚀产物也必须具有挥发性。因为载能离子轰击衬底时具有高方向性的角度分布，所以这种刻蚀具有很好的各向异性。离子能量驱动刻蚀的选择比要比纯化学刻蚀的差。

第四种刻蚀过程是离子－阻挡层复合作用的刻蚀过程，它需要在刻蚀过程中形成阻挡层粒子。也就是说，等离子体中会提供刻蚀粒子、载能离子和形成阻挡层的前驱物。这种前驱物可以吸附或者沉积在刻蚀材料表面并形成保护层。载能离子轰击可以防止阻挡层的形成或在其形成时将它清除掉，使待刻蚀材料暴露在化学刻蚀粒子下。而在没有载能离子到达的地方，阻挡层可以保护待刻蚀材料表面不被刻蚀。离子－阻挡层复合作用刻蚀的其他许多特点与离子能量驱动的增强型刻蚀相同，刻蚀选择比不如纯化学刻蚀的好，而且其刻蚀产物必须具有挥发性。

3.4 等离子体刻蚀工艺评价指标

等离子体刻蚀是去除表面物质的一种重要工艺过程。如前所述，等离子体刻蚀过程可以具有化学选择性，即只从表面去除一种材料而不影响其他的材料。也可以是各向异性的，即只去除沟槽底部的材料而不影响侧壁上同样的材料。利用刻蚀技术把图形转移到硅晶圆上时，对工艺过程的评价指标包括刻蚀速率、刻蚀均匀性、工艺重复性、刻蚀选择比、形貌控制、负载效应以及终点检测等要求。

3.4.1 刻蚀速率

刻蚀速率是指某一材料在等离子刻蚀过程中被去除的速度，通常使用单位时间里被刻蚀材料的厚度来表达。刻蚀速率是刻蚀工艺的重要考量指标，更高的刻蚀速率意味着更快的产能和更低的生产成本。

如图 3.9 所示，刻蚀速率可以用以下公式计算：

$$刻蚀速率 = (刻蚀前薄膜厚度 - 刻蚀后薄膜厚度) / 刻蚀时间 \quad (3.1)$$

等离子刻蚀速率的单位通常用纳米 / 分钟（nm/min）表示。

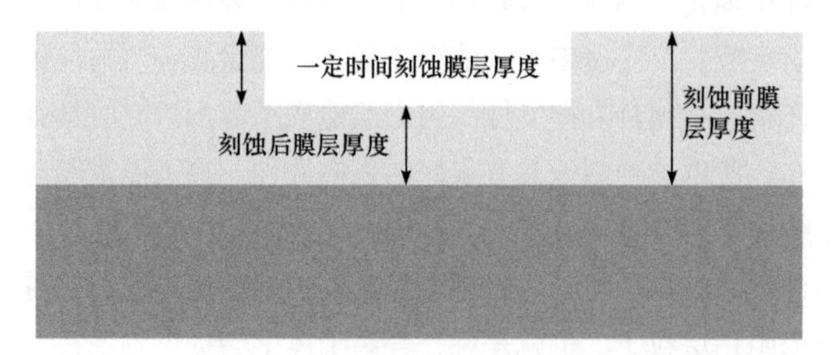

图 3.9 刻蚀速率示意图

3.4.2 刻蚀速率均匀性

在整个晶圆内的刻蚀速率均匀性是一项非常重要的考核指标。片内均匀性可以通过量测晶圆上不同位置的刻蚀速率来计算。计算公式如下：

刻蚀速率均匀性 =（刻蚀速率最大值 – 刻蚀速率最小值）

/ 刻蚀速率平均值 ×100%（3.2）

另外也可以通过标准方差的方式来计算刻蚀速率均匀性：

刻蚀速率均匀性 = 刻蚀速率平均方差 / 刻蚀速率平均值 ×100%（3.3）

除了晶圆片内刻蚀速率均匀性，不同晶圆之间，以及不同批次之间的均匀性也是非常重要的，这就要求刻蚀工艺具备良好的重复性。片内刻蚀均匀性和工艺重复性都是衡量刻蚀工艺量产能力的重要参数。

3.4.3 刻蚀选择比

在刻蚀工艺过程中，通常会同时包括各种各样的材料，如光刻胶、二氧化硅、硅等。这些材料在等离子体环境中，会在化学反应或物理轰击的作用下被全部或部分刻蚀。刻蚀选择比指的就是在相同刻蚀条件下，一种材料与另一种材料相对刻蚀速率快慢的比值，如图 3.10 所示。

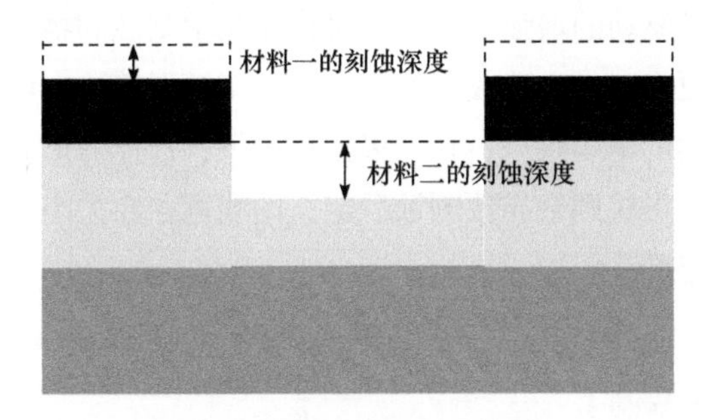

图 3.10 刻蚀选择比示意图

高选择刻蚀比意味着只有需要被去除的那一层材料才会被刻蚀，不需要去除的材料会得到很好的保护，一个低的选择比刻蚀工艺则意味着不同的被刻蚀材料去除得几乎一样快。

3.4.4 刻蚀形貌

刻蚀形貌是评估刻蚀工艺的一个重要指标，不同的刻蚀形貌对后续的沉积工艺影响很大。刻蚀形貌是通过材料的断面观察来获得，通常需要使用扫描电子显微镜（scanning electron microscope，SEM）和透射电子显微镜（transmission electron microscopy，TEM）等设备。常见刻蚀形貌示意图如图 3.11 所示。

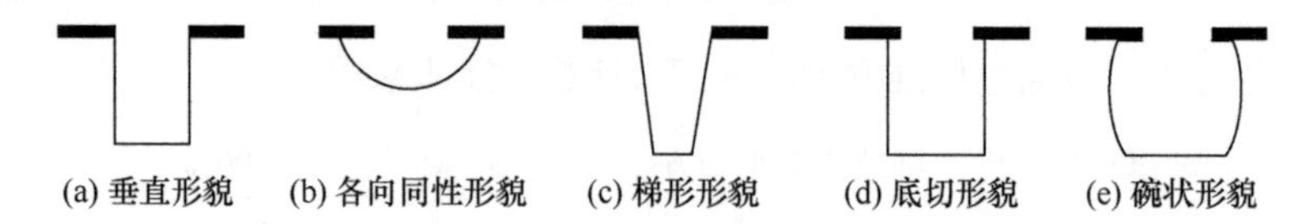

图 3.11　常见刻蚀形貌示意图

完全垂直的刻蚀形貌是理论上的完美结果，这样的话光刻胶定义的关键线宽尺寸（critical dimension， CD）和形貌就会被完全地转移到下面的材料上，而不会有任何的损失。在更多的情况下，工艺结果会需要那种梯形的刻蚀形貌，这是考量到后续的沉积工艺。梯形的刻蚀形貌会有利于后续沉积的填充，而不会形成空洞等缺陷。

纯化学的等离子体刻蚀是各向同性的，这样的刻蚀形貌是圆弧状的，同时会在光刻胶底部形成底切，存在一定量的线宽损失。

受离子能量驱动的增强型刻蚀同时存在化学刻蚀和物理刻蚀。如果化学刻蚀的成分更多，也会造成底切和碗状的刻蚀形貌。底切的刻蚀形貌会非常不利于后续的薄膜沉积，在大多数情况下，这样的形貌都是不期望获得的。而碗状的形貌则会导致刻蚀后定义的线宽存在大小不一致的情况，导致器件性能变差。

3.4.5　刻蚀线宽偏差

所谓刻蚀线宽偏差，指的是刻蚀后的线宽和光刻定义的线宽之间的差异，如图 3.12 所示。各向异性刻蚀可以获得与光刻后相同的线宽尺寸，也就是说零刻蚀偏差。同样的，如果刻蚀后的线宽小于光刻定义的线宽，就是负的刻蚀偏差。如果刻蚀后的线宽大于光刻定义的线宽，就是正的刻蚀偏差。

3.4.6　负载效应

在等离子体刻蚀工艺过程中，刻蚀速率和刻蚀形貌与刻蚀的图形强烈相关，这种现象被称为负载效应。在刻蚀中存在宏观负载效应和微观负载效应。

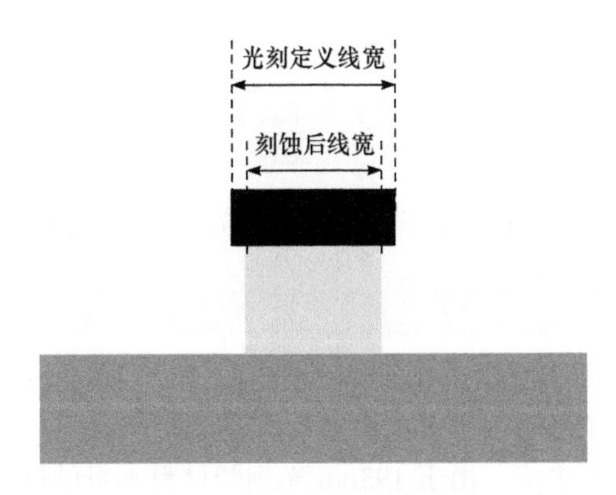

图 3.12　刻蚀偏差示意图

所谓宏观负载效应，指的是在刻蚀过程中，大面积区域的刻蚀速率与小面积区域并不相同。典型的就是对于图形晶圆和空白晶圆的刻蚀速率有差异。这是因为图形晶圆的表面有光刻胶覆盖，只有部分被刻蚀材料会暴露在等离子体下，而空白晶圆是所有的被刻蚀材料都会暴露在等离子体下，两种情况下，需要刻蚀的材料的表面积存在比较大的差异。

微观负载效应，主要表现在线宽较小的图形的刻蚀速率会低于线宽较大的图形，如图 3.13 所示。这是因为对于线宽较小的图形，刻蚀气体较难进入到待刻蚀表面，同时刻蚀副产物也更不容易被抽走，这就导致了更慢的刻蚀速率。同时，不同密度的图形，即使线宽一致，也会存在微观负载效应，如图 3.14 所示。这是因为对于孤立的图形区域，会有更多的待刻蚀材料暴露在等离子体环境中，也会产生更多的反应副产物，这就导致了孤立的图形区域会有更倾斜的刻蚀形貌。

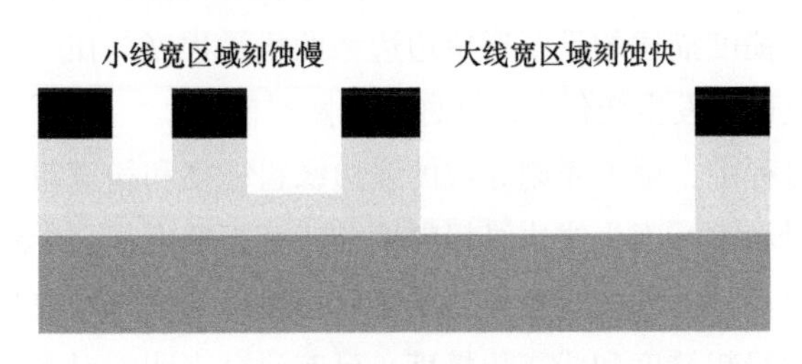

图 3.13　不同线宽刻蚀负载效应示意图

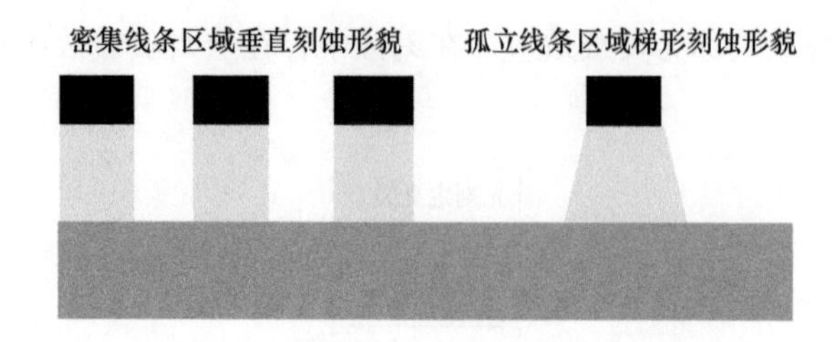

图 3.14　不同图形密度刻蚀负载效应示意图

3.4.7　刻蚀线边缘和线宽粗糙度

随着集成电路发展到100nm以下工艺技术节点，193nm的氟化氩（ArF）光刻技术逐步成为主流。由于193nm光刻胶材料本身的性质及其耐刻蚀性能较差，从而致使光刻后的图形边缘“粗糙”。特别是随着硅栅极的尺寸缩小，这些纳米尺度随机变化成为整个结构的尺寸不可忽略的部分。这一现象在采用极紫外光刻（extreme ultra-viole，EUV）后变得更加明显。这种粗糙可以分为两种：线边缘粗糙度（line edge roughness，LER）和线宽粗糙度（line width roughness，LWR），如图3.15所示。

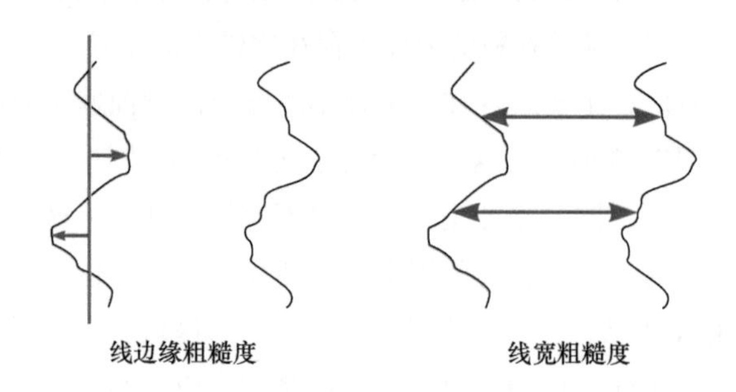

图 3.15　刻蚀线条粗糙度示意图

线边缘粗糙度描述的是图形单边边缘的粗糙程度。在一定范围内线宽尺寸在统计上也会发生变化，这被称为线宽粗糙度。

在刻蚀过程中，由于光刻导致的线边缘粗糙度和线宽粗糙度也会被转移到下面的材料上。因为线边缘粗糙度和线宽粗糙度都会导致局部关键线宽的变化，对器件的性能有着重要的影响，所以人们试图在刻蚀工艺过程能够改善线边缘粗糙度和线宽粗糙度。已有研究表明，对光刻胶采用修饰

（trim）步骤，通过对光刻胶材料的各向同性刻蚀，可以有效地改善刻蚀后的线边缘粗糙度和线宽粗糙度，提高器件性能[6]。

3.4.8 终点检测

随着集成电路尺寸的逐步缩小和器件复杂度增加，对等离子体刻蚀关键工艺过程需要进行实时监控和终点检测。终点检测是指在等离子体刻蚀工艺过程中，对工艺过程进行实时监测，来停止刻蚀以减小对下面材料的过度刻蚀[7]。特别是对于多晶硅栅极刻蚀工艺过程，当多晶硅栅极被刻蚀干净后，需要对工艺进行实时监控，以避免栅氧化层的刻蚀损伤。另外，考虑到量产过程中不同批次晶圆之间的膜层厚度存在差异，就需要采用实时监控的手段来进行终点检测，以保证刻蚀结果的稳定性和器件性能。

1. 光学发射光谱法

光学发射光谱法 (optical emission spectroscopy，OES) 是最常用的终点检测方法之一，它可以很容易被集成在刻蚀设备上，且不影响刻蚀工艺过程的正常进行(图 3.16)。OES 可以对反应的细微变化进行非常灵敏的检测，同时实时地提供刻蚀过程中的许多有用的信息。

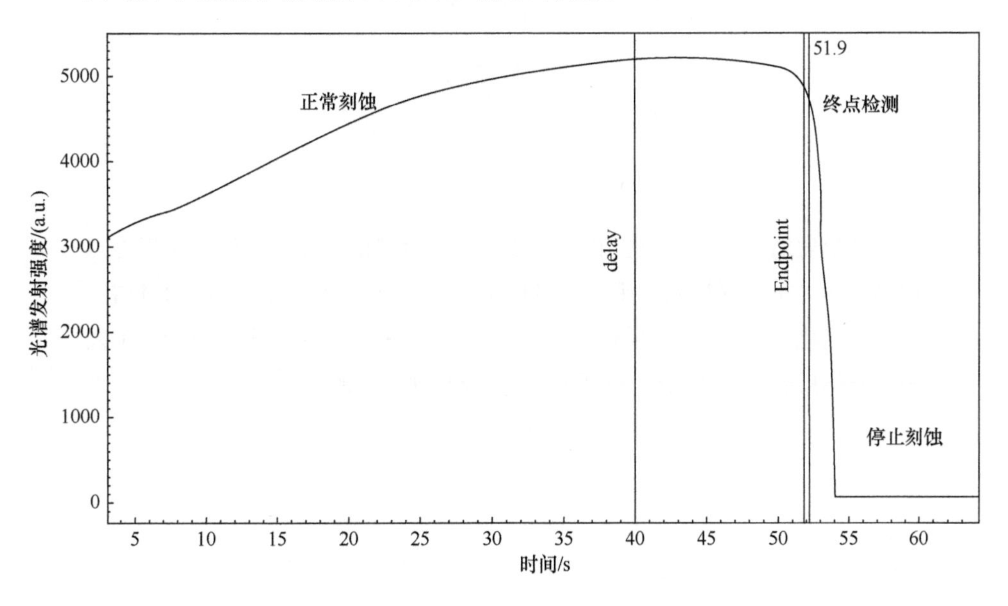

图 3.16 光学发射光谱法刻蚀终点检测示意图

OES 技术主要是监视等离子体在光谱的波长 200 ~1000nm 部分发出的辐射。由发射辐射的光谱可以确定等离子体的成分，特别是反应性刻蚀物质或刻蚀副产物的存在。在刻蚀工艺中，特别是刻蚀终点，由于刻蚀的材料发生转换，使得等离子体的成分发生变化，进而导致发射光谱的改变。通过不断地监视等离子体发射，OES 终点检测系统能够检测发射光谱的变化并确定何时所刻蚀的膜层被完全清除。

2. 光学反射检测法

光学反射检测法（interferometry end point，IEP）是检测晶圆表面反射光的变化，即反射光随被刻蚀的膜厚变化而产生周期性的变化。其原理是当激光垂直入射薄膜材料时，在透明薄膜前被反射的光线与穿透该薄膜后被下层材料反射的光线相互干涉，如图 3.17 所示。在等离子体刻蚀工艺中，对于波长为 λ 的干涉光谱，在其每个周期内刻蚀掉的晶圆的膜层厚度为：$\Delta d=\lambda/2n$，式中 n 为发射光谱穿过膜层的折射率。

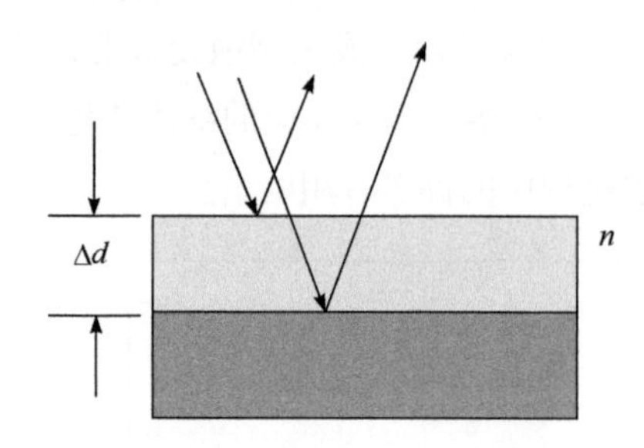

图 3.17　激光干涉原理示意图

光学发射光谱法终点检测必须涉及不同材料的变化，才能够实现终点检测。而光学反射检测法则可以对刻蚀过程进行实时控制，可以通过谱线的周期变化的数量计算实际的刻蚀深度，如图 3.18 所示。在实际量产工艺中，光学反射检测法被广泛应用于硅栅极刻蚀深度的控制。

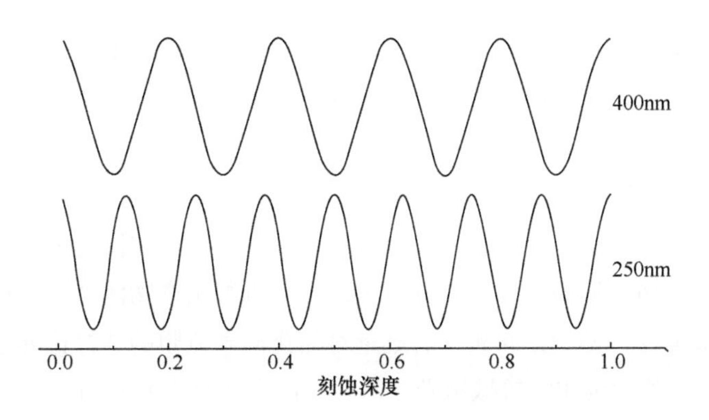

图 3.18 光学反射光谱法刻蚀终点检测示意图

3.5 等离子体刻蚀技术在集成电路制造中的应用

集成电路按照摩尔定律的发展已经进入纳米时代。硅作为地球表面存量最丰富的元素之一，由于其具备优良的电学性质，一直以来都在集成电路领域占据主导位置。在集成电路制造工艺过程中，采用等离子体技术刻蚀的材料主要包括硅、多晶硅、二氧化硅、氮化硅和金属铝等材料。

3.5.1 硅刻蚀

硅刻蚀在集成电路制造工艺中主要应用于浅沟槽隔离工艺。隔离技术是指利用干法各向异性刻蚀的技术通过在硅衬底刻蚀出一定深度的沟槽，然后通过沉积二氧化硅（SiO_2）介质材料达到隔离器件的目的。为了保证二氧化硅介质能够很好地填充到硅沟槽里，而不会产生空洞等缺陷，需要严格控制刻蚀后硅沟槽的侧壁角度，通常倾斜的刻蚀形貌是必需的。另外，通常要求硅沟槽的顶部和底部转角处具备圆滑的刻蚀形貌，以减少尖角所造成的漏电。除了侧壁角度的要求，密集区和稀疏区的刻蚀深度的微负载效应也是影响填充效果的一项重要指标。

在浅沟槽隔离的工艺中，随着工艺技术节点的急剧缩小，所使用的光刻胶厚度越来越薄。为了保证图形的精确转移，三明治结构（tri-layer）被广泛使用。三明治结构材料包括：顶部为光刻胶，用于定义刻蚀图形；中间层为有机或无机的抗反射层，下层材料通常采用无定形碳。这些膜层材料都会被要求依次在同一腔室内完成刻蚀（all in one），这就对刻蚀工艺设计和腔室环境控制提出了更高的要求。每一层材料的形貌和刻蚀选择比都需要精确考量，以保证获得理想的刻蚀沟槽形貌。

典型的硅沟槽刻蚀的气体采用卤族气体，如氯气和溴化氢气体。在刻蚀过程中添加少量的氧气，一方面可以控制刻蚀副产物的产生，控制硅沟槽的侧壁角度。另一方面氧气的流量对氮化硅硬掩膜的选择比异常敏感，从而有效调整后续化学机械抛光工艺后的台阶高度（step height）。通常条件下，更多的氧气流量可以提高刻蚀过程中硅对氮化硅硬掩膜的选择比。

3.5.2　多晶硅刻蚀

随着互补金属氧化物半导体（complementary metal oxide semiconductor, CMOS）技术的发展，控制沟道载流子的多晶硅栅极的应用越来越广。作为与器件性能最紧密相连的一部分，多晶硅栅极的刻蚀要求更为严格。

因为多晶硅栅极的线宽直接决定了器件的沟道长度，所以与浅沟槽隔离区的倾斜侧壁形貌不同，多晶硅栅极刻蚀要求陡直的刻蚀形貌。因此，刻蚀过程也较为复杂，一般需要多步刻蚀完成。

主刻蚀（main etch，ME）步用来刻蚀掉大部分的多晶硅材料，通常采用卤素气体，如氯气和溴化氢等，同时添加少量的氧气，用于控制刻蚀过程中的刻蚀副产物。如果多晶硅栅极是被掺杂的，就需要采用氟基气体。这是因为氟基气体对掺杂不敏感，而传统的卤族气体则异常敏感。特别是对于 N 型掺杂的多晶硅，卤族气体具有更快的刻蚀速率，会导致刻蚀后的多晶硅栅极呈现碗状的形貌。

然而氟基气体对多晶硅栅氧化层的选择性不高，不能直接接触到底部的硅栅氧化层。剩余部分的多晶硅栅极则需要使用有较高选择比的气体保证刻蚀最终停留在栅氧层上。过刻蚀（over etch，OE）步往往采用溴化氢和氧气的组合气体，既可以刻蚀剩余的多晶硅，又能避免栅氧化层刺穿导致器件短路。

除了形貌的控制外，多晶硅栅刻蚀还需要控制关键尺寸（critical dimension, CD）、线条均匀性（CD uniformity）、线条粗糙度（LWR 和

LER）等关键工艺参数。

3.5.3 介质刻蚀

在集成电路制造工艺中，常见的介质刻蚀主要包括二氧化硅刻蚀和氮化硅刻蚀。

1. 二氧化硅刻蚀

二氧化硅材料是集成电路工艺中最常用的介质材料，二氧化硅的刻蚀主要用于接触孔（contact）刻蚀和金属间介电层刻蚀（inter metal dielectrics）。典型的二氧化硅刻蚀通常采用碳氟类（C_xF_y）气体，二氧化硅刻蚀是受离子能量驱动的增强型刻蚀。在二氧化硅刻蚀过程中，需要较高的离子能量，高能离子将硅氧键打开，氟会和二氧化硅形成可挥发副产物四氟化硅，具体反应如下所示：

$$SiO_2（固）+ C_xF_y + 离子 \rightarrow SiF_4（气）+ CO（气） \quad (3.4)$$

在二氧化硅刻蚀工艺中碳氟类气体的氟碳比是控制刻蚀过程的重要参数，如常用的四氟化碳（CF_4）、八氟环丁烷（C_4F_8）、六氟丁二烯（C_4F_6）等刻蚀气体，氟碳比越高，刻蚀过程中所产生的聚合物越少。因此，使用不同氟碳比的气体，可以获得不同刻蚀形貌和刻蚀选择比。

有时也会使用碳氢氟类气体进行二氧化硅刻蚀，如三氟甲烷（CHF_3）、二氟甲烷（CH_2F_2）、一氟甲烷（CH_3F）气体。在这样的刻蚀工艺过程中，氢的加入可以消耗等离子体中的氟成分形成氢氟酸（HF），从而降低等离子体中氟的成分。虽然氢氟酸也可以用来刻蚀二氧化硅，但相对氟的刻蚀速率要慢一些。因此，在加入氢气后，对二氧化硅的刻蚀速率会有所降低。

在二氧化硅刻蚀工艺过程中，添加少量的氧气可以消耗等离子体中的碳成分，从而释放出更多的氟原子，使得对二氧化硅的刻蚀速率增加。

在二氧化硅刻蚀工艺中，氟碳比模型是非常重要的（图 3.19）。在碳氟类气体的等离子体中，氟的作用是与被刻蚀材料表面发生反应，生成可挥发的反应副产物，从而被真空系统排出反应腔室外。因此当氟的比例增加时，会使得刻蚀速率增加。而碳的主要作用是提供聚合物的来源（nCF_2），会抑制反应的进行。基于上述氟碳比模型，可以通过控制等离子体中氟碳的比例来控制刻蚀和聚合物，或者通过使用不同氟碳比的气体，来控制刻蚀反应的进行。

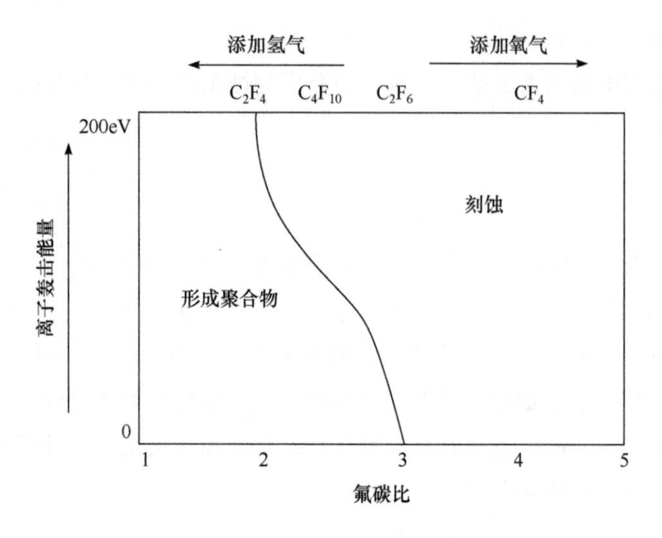

图 3.19　氟碳比模型示意图

2. 氮化硅刻蚀

氮化硅在集成电路制造工艺中主要用于保护层。氮化硅的刻蚀常常使用碳氟类气体来进行刻蚀，通常认为氮化硅的刻蚀过程介于硅和二氧化硅刻蚀之间。因为碳－氮的键能介于二氧化硅和硅之间，采用碳氟类气体刻蚀时，氮化硅对二氧化硅和硅难以获得高的刻蚀选择比。

在刻蚀氮化硅时，底部材料通常会是二氧化硅。如目前广泛使用的侧墙工艺，在硅栅周围沉积一层氮化硅作为保护层，底部会使用一层薄的二氧化硅当作刻蚀阻挡层。为避免对二氧化硅层产生损伤，这就要求有高的氮化硅对二氧化硅的刻蚀选择比。这时候就需要采用碳氢氟类气体，最常用的刻蚀气体是一氟甲烷（CH_3F）气体，并搭配氧气（O_2）。研究表明，当使用 CH_3F/O_2 气体进行二氧化硅等离子体刻蚀时，CH_3F 会被解离为 CH_x、F 和 H，硅－氧键会被离子轰击打断，随后 CH_x 会和其形成 Si—O—CH_x 聚合物。而在氮化硅的等离子体刻蚀过程中，虽然也会形成类似的聚合物成分，但是由于硅－氮键能较弱，更容易被后续的离子打断。同

时 CH_x 也更容易和氮（N）复合形成 C—N—H。因此，使用 CH_3F/O_2 可以获得较高的氮化硅对二氧化硅的刻蚀选择比。一般情况下，通过工艺优化，可以获得两者高于 10 以上的刻蚀选择比。

3.5.4 金属铝刻蚀

金属铝材料具备低电阻，易沉积等优点，是集成电路制造工艺中最常用的导线材料，目前广泛应用于存储和逻辑芯片领域。

金属铝刻蚀工艺中的一个主要难点是其多层金属复合膜的复杂性。通常为了防止铝和硅材料之间的相互扩散，会在金属铝下面采用金属钛 / 氮化钛作为阻挡层。同时由于金属铝的反光率太高，会在金属铝上面覆盖一层氮化钛作为减反射层（anti reflection coating， ARC）。因此，在金属铝刻蚀过程中除了考虑铝的刻蚀，也要考虑钛和氮化钛层的去除。

由于氟和金属铝反应副产物三氟化铝（AlF_3）的挥发性很差，无法从反应腔室排出，所以含氟类气体不能被用来进行金属铝的等离子体刻蚀。通常采用氯气进行金属铝的等离子体刻蚀。铝和氯气的反应副产物三氯化铝（$AlCl_3$）具备良好的挥发性，

金属铝很容易和空气中的氧气和水蒸气发生反应，在铝表面形成一层 3~5 纳米的氧化铝层，这层氧化铝性质稳定，在刻蚀初期阻隔了氯气和铝的接触，使得刻蚀反应无法进一步进行。这一层氧化铝需要在氯气中添加三氯化硼（BCl_3）来进行刻蚀，主要反应如下：

$$Al_2O_3 + BCl_3 \rightarrow AlCl_3 + BOCl \qquad (3.4)$$

添加三氯化硼气体主要有两个作用：一是三氯化硼可以将金属铝表面的氧化层还原，二是三氯化硼极易与氧气和水蒸气反应，有利于腔室内环境（chamber condition）的控制。

当金属铝刻蚀完成之后，晶圆表面和图形侧壁上残留的氯气，仍会和铝反应生成三氯化铝。当晶圆离开真空设备后，会与空气中的水分发生循环反应生成氯化氢（HCl），只要所提供的水分充足，这一反应可以持续进行下去，造成铝的严重腐蚀（corrosion）。因此，在金属铝刻蚀后，需要使用水蒸气和氧气等离子体把残留的氯气和光刻胶去除，同时在金属铝表面形成氧化铝来保护：

$$AlCl_3 + H_2O \longrightarrow Al(OH)_3 + HCl \tag{3.5}$$

$$Al + HCl \longrightarrow AlCl_3 + H_2 \tag{3.6}$$

3.6 等离子体刻蚀工艺在集成电路封装中的应用

在先进封装中，等离子体硅刻蚀是一个非常重要的应用，涉及硅整面减薄工艺、硅通孔刻蚀（深硅刻蚀）工艺、等离子体切割工艺、硅微腔刻蚀工艺等。此外，还涉及氧化硅的底部开窗刻蚀等。

3.6.1 硅整面减薄工艺

随着先进封装中集成密度的增加，特别是三维堆叠技术的出现和发展，芯片的厚度越来越薄，但由于在芯片的制造过程中需要一定的厚度来提供晶圆的机械支撑，所以芯片厚度的减薄是在封装过程中完成的。目前，绝大多数芯片是硅基的，因此，需要在先进封装中用到硅片整面减薄工艺 [8]。其中，厚度均匀性和表面粗糙度的控制是具有挑战性的难点，且晶圆尺寸越大时这些挑战的难度也越高。虽然化学机械抛光（chemical mechanical polishing, CMP）可以快速减薄较大厚度的晶圆，并保证一定的均匀性，但是表面粗糙度较难控制并且存在一定的机械应力。所以硅片在化学研磨减薄到一定程度后，需要采用等离子体刻蚀的方法对硅片减薄去除应力及减小表面粗糙度等。传统等离子体整面减薄，只有一步硅刻蚀，表面粗糙度较差，如图 3.20 所示。

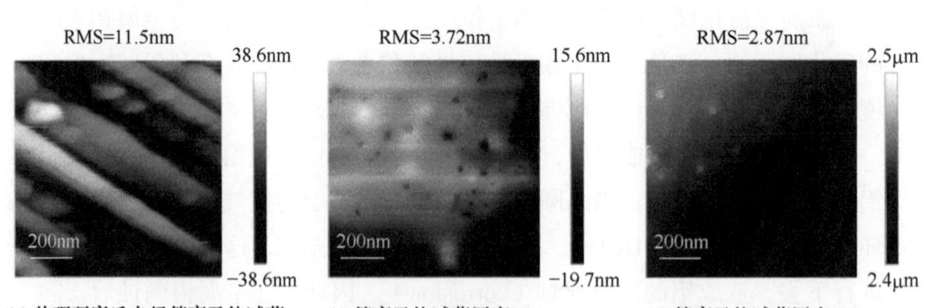

(a) 物理研磨后未经等离子体减薄　(b) 等离子体减薄厚度30μm　(c) 等离子体减薄厚度100μm

图 3.20　单步硅刻蚀减薄表面粗糙度原子力显微镜表征结果 [9]

针对该问题，董子晗等人[9]发明了一种硅片整面减薄的多步等离子体刻蚀方法（图 3.21）。该方法基于等离子体刻蚀的特性，即自由基以化学刻蚀为主，对表面损伤小，而离子以物理刻蚀为主，对表面因轰击产生的损伤较大。因此，该方法通过增加沉积步骤，在晶圆表面沉积一层厚度合适的保护性薄膜，用于在进行刻蚀步骤的初期时耐受较强的离子物理轰击，从而加强对晶圆表面的保护；而在刻蚀后期，虽然薄膜被耗尽，但是由于此时主要进行化学刻蚀，化学刻蚀具有良好的各向同性刻蚀，这使得晶圆被减薄后仍然具有较好的表面粗糙度和厚度均匀性，而且不会受到减薄厚度大小的制约。

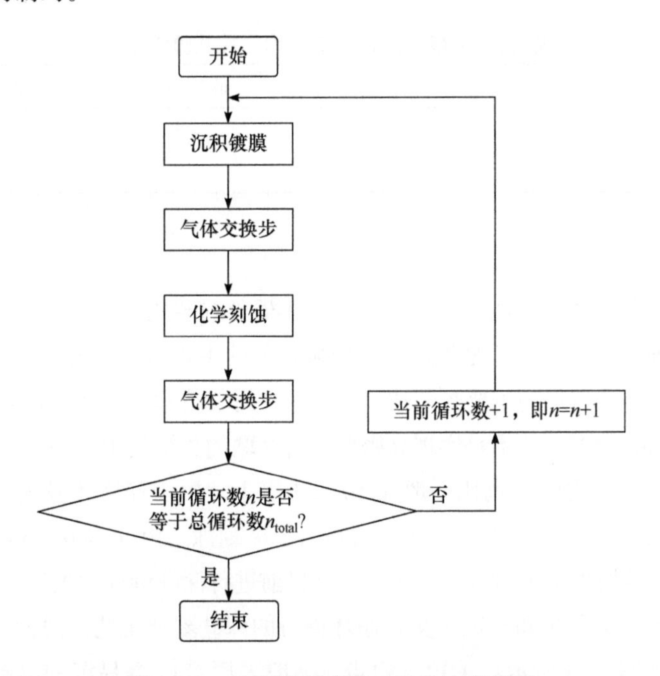

图 3.21　多步整面减薄工艺方法流程图

采用该减薄方法，可以使硅片减薄的表面粗糙度和厚度均匀性均达到工艺要求，工艺结果如图 3.22 和表 3.1 所示。

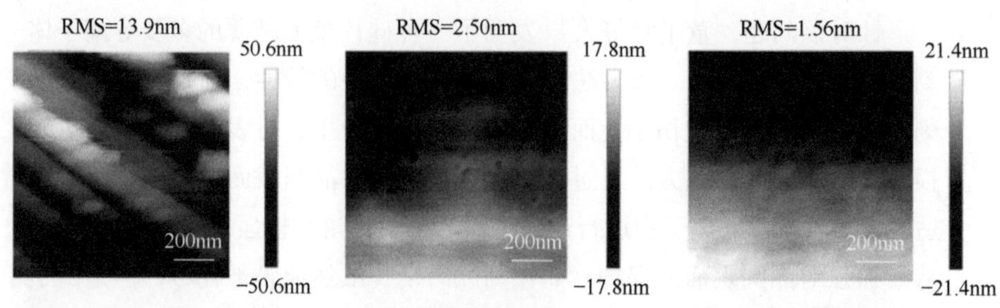

(a) 物理研磨后未经等离子体减薄 (b) 等离子体减薄厚度30μm (c) 等离子体减薄厚度100μm

图 3.22 多步整面减薄工艺表面粗糙度原子力显微镜表征结果[9]

表 3.1 多步整面减薄工艺均匀性试验结果[9]

减薄目标厚度 /μm	最小厚度 /μm	最大厚度 /μm	均匀性 /%
30	29	31	3.33
100	97	105	3.96

3.6.2 深硅刻蚀工艺

如何提升器件性能、降低功耗和减小器件封装比（封装后的芯片面积与封装前的面积之比）是先进封装领域目前的主要研究方向。三维集成封装是实现上述目的的重要封装技术，在这种封装技术中，硅通孔（through-silicon via，TSV）技术是实现高密度垂直互联的关键技术之一。

硅通孔结构的深宽比一般在 10 ：1 以上，由于深宽比较大，采用传统的湿法刻蚀很难完成，必须采用等离子体刻蚀。由 Robert Bosch GmbH 公司发明的博世工艺(Bosch process)是目前进行深硅刻蚀的主流工艺方法，它是一种由沉积步和刻蚀步交替循环进行的深硅刻蚀工艺。博世工艺的基本流程如图 3.23 所示：①预沉积步，一般采用 C_4F_8 等易沉积出碳氟聚合物的气体在底部和侧壁预沉积一层聚合物保护层；②沉积步，与预沉积步类似，但时间相对更短，沉积的保护层较薄；③刻蚀步，采用 SF_6 等可以对硅起到刻蚀作用的气体并且设定一定的偏置射频功率，先把底部聚合物刻蚀干净，然后继续向下刻蚀硅。由于侧壁受到聚合物的保护，因此对侧壁的刻蚀较弱，当重复上述沉积步和刻蚀步时，就能够实现高深宽比的硅刻蚀，即形成硅通孔结构。

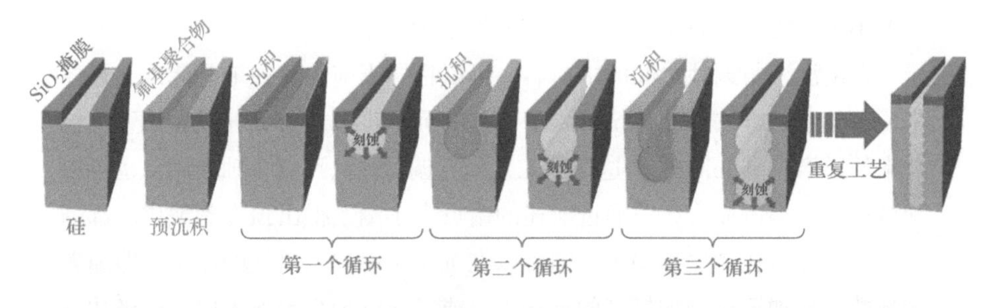

图 3.23 博世工艺示意图 [10]

虽然博世工艺能够实现高深宽比的刻蚀，但是从图 3.23 也可以看出，由于化学刻蚀的各向同性特性，侧壁会产生扇贝状结构（scallop），从而导致侧壁不光滑，并且还会在侧壁上残留碳氟聚合物。因此，如何尽量减小侧壁扇贝状结构的尺寸，以及如何去除侧壁上残留的碳氟聚合物是在硅通孔刻蚀中需要解决的问题。

1. 扇贝状结构控制

在博世工艺中，掌控沉积与刻蚀之间的平衡对于工艺调试具有重要意义，也有利于指导后续侧壁碳氟聚合物残留的去除。在具有规则宏观形貌的结构中，可以通过开口的大小或者侧壁倾斜角度来判断，但对于具有不规则宏观形貌（如弯曲形貌）的情况，或者垂直度很高的宏观形貌（角度的测量具有一定的误差，而此时沉积与刻蚀之间平衡的差异很小，需要更加精确的测量方式），该方法失效。针对上述问题，文献 [11] 提供一种尺寸在 40~300nm 的扇贝结构，并可以通过侧壁扇贝大小来判断沉积与刻蚀之间的平衡。

首先，先提供如何获得较大扇贝的方法：同时将沉积步和刻蚀步的作用时间增大一倍，Bosch 循环数减半，可以获得较大的扇贝，从而放大沉积与刻蚀之间的差异。通过上述调整工艺配方的方法，将扇贝尺寸控制在 40~300nm，优选 150nm 左右，若未达到理想的扇贝尺寸，则继续按上述方法对扇贝大小进行调整。

其次，提供如何利用较大的扇贝来判断沉积与刻蚀之间的平衡的方法：将需要进行比较的两个位置用扫描电子显微镜（SEM）表征扇贝大小，扇贝大小更大的位置刻蚀作用更强，反之沉积作用更强。

得出沉积与刻蚀之间的平衡后，可以指导当前的刻蚀工艺调试，具体来说，其调试方法是在传统 Bosch 工艺的沉积步中加入氧气或者偏置电极功率的递增（ramping），这两种工艺配方调试方法可以单独使用，也可以配合使用。举例而言，若通过前述的扇贝大小测量得出顶部刻蚀比底部强（也即顶部沉积比底部弱），则可以在沉积步中加入氧气的递增（即随着循环数的增加逐步增加氧气的进气），或者在沉积步中加入偏置电极功率的递增（即随着循环数的增加逐步增大偏置电极功率），抑或者同时使用这两种工艺配方调试方法（即随着循环数的增加逐步增加氧气的进气且逐步增大偏置电极功率）。

因此，扇贝状结构的控制方案可以总结如图 3.24 所示：

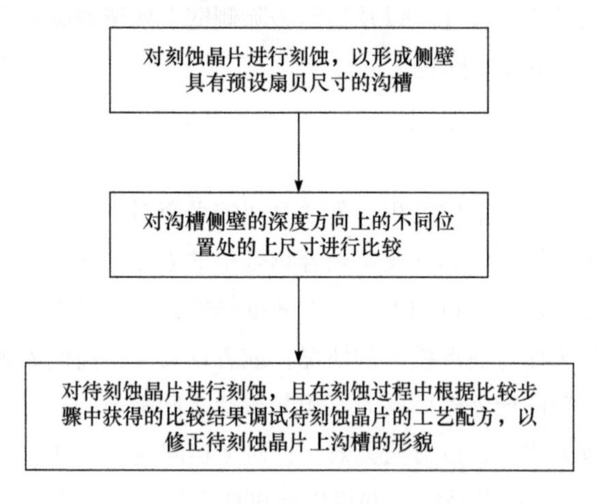

图 3.24　调节扇贝形貌的刻蚀方法

2. 刻蚀后碳氟聚合物去除

在博世工艺中沉积步产生的碳氟聚合物保护层有一定厚度，特别是侧壁上的聚合物，仅仅通过刻蚀步无法完全刻蚀干净，否则，也不可能获得垂直的高深宽比结构。在硅通孔刻蚀结束后，侧壁上存在的碳氟聚合物会对后续工艺产生影响，因此需要将碳氟聚合物去除干净。但是由于硅通孔的深宽比较大，且特征尺寸又比较小，采用湿法去除时药液很难进入高深宽比结构内，导致碳氟聚合物去除不彻底，因此需要采用等离子体刻蚀的方法去除碳氟聚合物。尽管等离子体方法去除表面的光刻胶比较容易，但是去除刻蚀后残留的碳氟聚合物则相对比较困难，其原因有两点：其一，刻蚀后碳氟聚合物的成分比较复杂，除了一般的碳元素和氟元素外可能存在硅元素等其他刻蚀产物；其二，硅通孔深宽比较大，底部气体交换比较困难，结构底部的刻蚀速率会降低。

针对刻蚀后残留碳氟聚合物的特点，需要采用含氟气体的等离子体去除刻蚀后残留的聚合物等物质。氟基气体不仅可以去除不需要的聚合物和含硅元素残留物，还可以对刻蚀形貌进行微观修饰，比如让高深宽比结构的开口及底部更加圆滑。此外，在某些情况下，等离子体处理残留物时虽然无法直接去除，但是可以激活或改变残留物，以利于后续通过湿法清洁步骤更有效地将其去除。

3. 边缘倾斜效应的避免

由于边缘效应，在等离子体刻蚀中容易出现倾斜效应（tilt effect），从而导致深度均匀性出现问题。唐希文等人[12]在研究中发现出现倾斜效应的边界与腔室内气体流场的 Y 轴分量密切相关，因此，通过对腔室内整流部件的优化，将气体流场的 Y 轴分量调节至如图 3.25（a）所示的情况，就可以将气体流场所引起的倾斜效应与电磁场畸变所引起的倾斜效应相互抵消，从而实现整个晶圆内的刻蚀结果均不出现倾斜效应。从图 3.25（b）和（c）可以看出，即使是靠近晶圆铣边的通孔刻蚀仍然没有出现倾斜效应，其刻蚀深度与中心的刻蚀结果相差不大，整片的深度均匀性可以优化至 3% 以内。

3.6.3　等离子体切割工艺

在先进封装中，其区别于传统封装的一个重要特征是，先进封装是晶圆级的封装，即在封装过程中晶圆是完整存在的。当芯片封装完成后，才需要将单个芯片分割出来；而传统封装是先切割再进行相应的封装处理。当然，不管是先进封装还是传统封装，晶圆切割都是必需的工艺。传统的切割方法是采用机械切割或者激光烧蚀的方式实现，而等离子体也可以用来进行芯片的切割。等离子体切割具有许多优点，例如：没有切屑、提高裸片强度 / 产量、提高每张晶片的裸片密度以及可以切割异形芯片。在等离子体切割中，晶圆通常在框架结构中被安装在胶带上，并使用前文中介绍的博世工艺进行各向异性的等离子体刻蚀，图 3.26 即为等离子体切割的工艺结果 [11]。

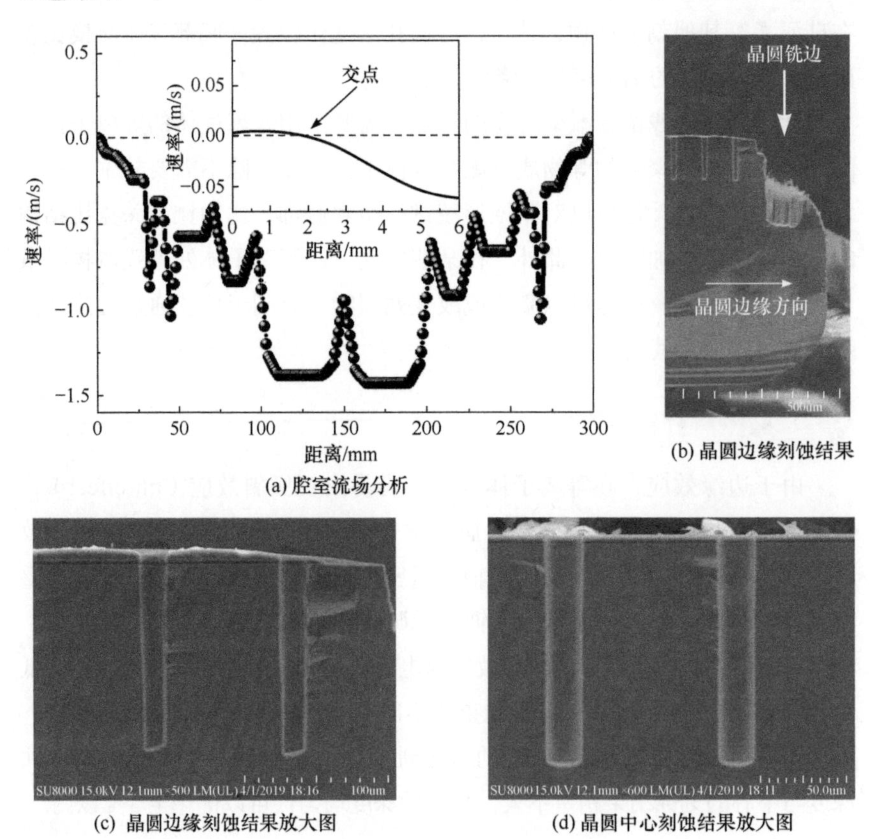

(a) 腔室流场分析
(b) 晶圆边缘刻蚀结果
(c) 晶圆边缘刻蚀结果放大图
(d) 晶圆中心刻蚀结果放大图

图 3.25　硅通孔刻蚀中消除倾斜效应 [12]

在等离子体切割工艺中，由于需要进行高深宽比（>30 ∶ 1）、高绝对深度 (>100μm) 的硅刻蚀工艺，这样通常会产生弯曲（bowing）形貌。现有文献总结出产生弯曲形貌的原因主要有以下几个：首先，在高深宽比（>30 ∶ 1）刻蚀中，特征尺寸较小，而深度又比较深，离子的反射区域受限，能够被离子轰击到的区域其刻蚀速率较快，如果离子轰击在侧壁上则横向刻蚀较快，从而导致侧壁发生弯曲 [13]。其次，深结构内的热量交换速率的差异会影响不同深度区域的刻蚀速率，从而导致侧壁发生弯曲 [14]。再次，刻蚀步时间较长时的刻蚀量较大，侧壁保护减弱，也会导致侧壁发生弯曲[15]。实际上，在博世工艺中弯曲形貌产生的原因是多种多样的，还有待人们开展更加详尽的研究。

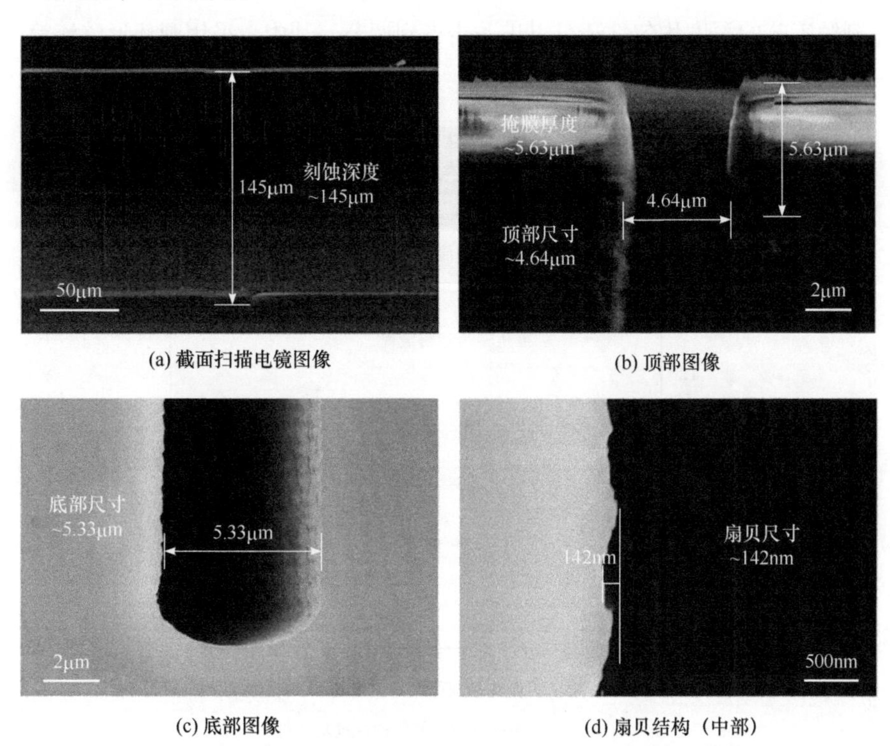

(a) 截面扫描电镜图像　(b) 顶部图像

(c) 底部图像　(d) 扇贝结构（中部）

图 3.26　等离子体切割的工艺结果[11]

3.6.4　硅微腔刻蚀工艺

在扇出型封装中，基板的选择十分重要，如果基板容易发生翘曲（warpage），则不利于工艺过程中的晶圆散热，从而降低先进封装过程中的良率。相比于传统使用的有机基板，硅片是一种鲁棒性（robust）更好的基板材料，而采用硅基底还可以使用埋入式封装方式[16]。但在埋入式封装中需要进行硅微腔的刻蚀，而硅微腔刻蚀的开口率又比较大，这对刻蚀的深度均匀性提出了很大的挑战。针对这一问题，崔咏琴等人[17]报道了等离子体刻蚀设备中的整流筒、双区背氦和腔室压力的选择可以显著影响硅微腔刻蚀工艺的均匀性。如图 3.27 所示，现有技术惯常采用锥形整流筒优化腔室流场均匀性，采用整流筒后的均匀性相比于不使用整流筒的情况均匀性得到显著改善。我们发现，当优化整流筒的尺寸与形状后，等离子体刻蚀工艺的深度均匀性还可以进一步得到调节，其中，采用圆环形整流筒可以得到最好的深度均匀性。

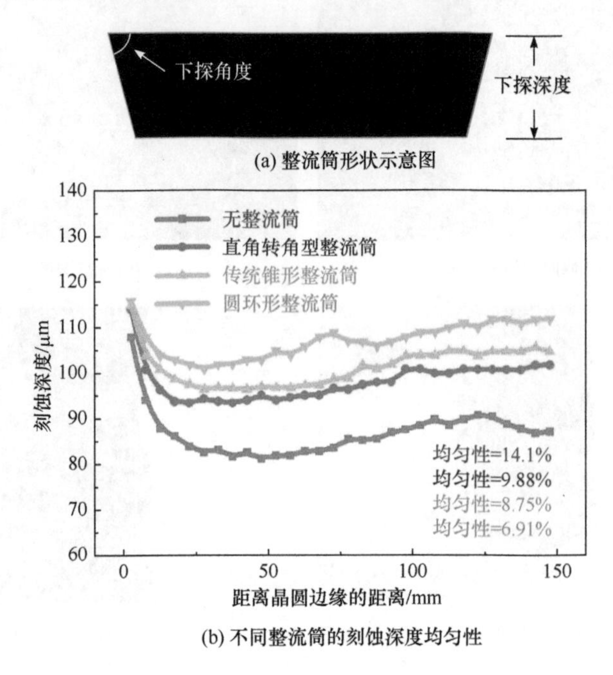

图 3.27　刻蚀深度均匀性与整流筒之间的关系 [17]

另一方面，如图 3.28 所示，调整背氦压力可以调节卡盘表面的温度，而卡盘温度也会显著影响刻蚀速率。该研究表明，无论是增加外区背氦压力还是减小外区背氦压力（对应于降低外区的卡盘温度或者升高外区的卡盘温度），其外区的刻蚀速率（刻蚀深度）均是增大，都可以改善刻蚀均匀性。因此，温度对于刻蚀深度均匀性的影响是两方面的：一方面，硅刻蚀中的化学反应是放热反应（摩尔生成焓 –176 kcal/mol），升高温度将使化学平衡逆向移动，不利于刻蚀速率的提高；另一方面，根据阿仑尼乌斯公式 $k=A\exp(-E_a/RT)$，其中 k 是化学反应速率常数，A 是指前因子，E_a 是活化能，R 是理想气体常数，T 是温度，所有化学反应的反应速率都随着温度升高而增加[17]。

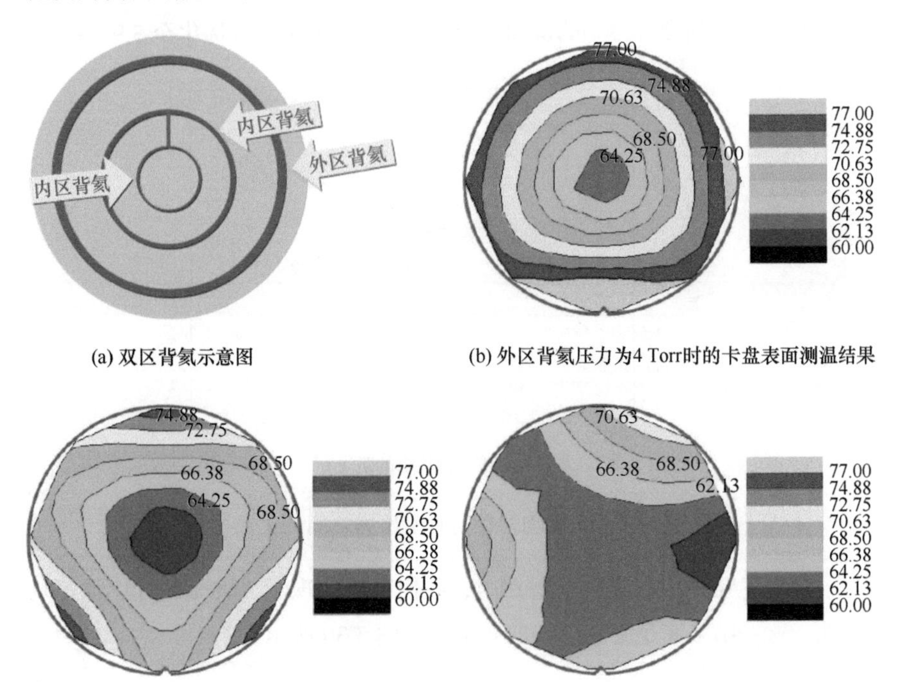

(a) 双区背氦示意图

(b) 外区背氦压力为4 Torr时的卡盘表面测温结果

(c) 外区背氦压力为8 Torr时的卡盘表面测温结果

(d) 外区背氦压力为12 Torr时的卡盘表面测温结果

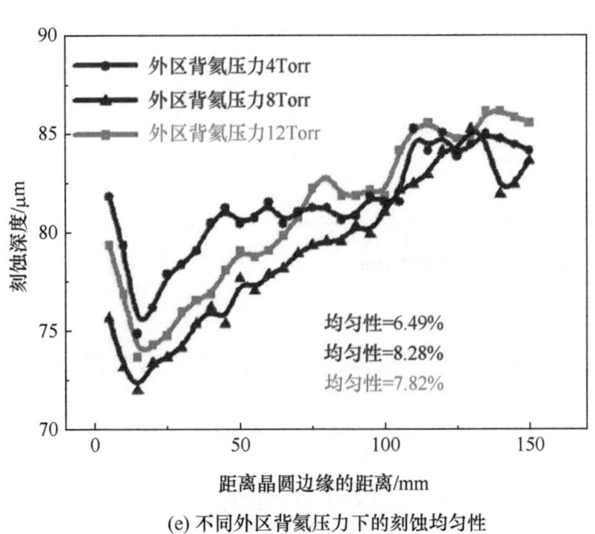

(e) 不同外区背氦压力下的刻蚀均匀性

图 3.28　刻蚀深度均匀性与背氦之间的关系[17]

腔室压力也是影响深度均匀性的重要因素，如图 3.29 所示，当腔室压力从 65 mTorr 降低至 35 mTorr 时，均匀性可以从 5.32% 优化至 3.95%。

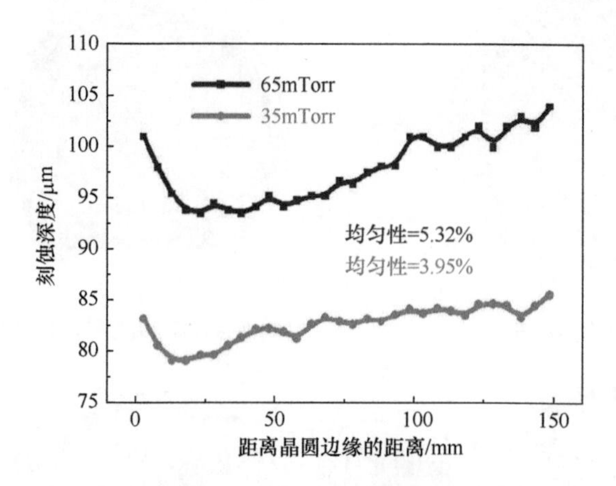

图 3.29 深度均匀性与腔室压力之间的关系 [17]

将上述几种因素综合考虑在内，我们最终实现了 3.02% 的片内深度均匀性，这一结果满足工业生产的要求，如图 3.30 所示。

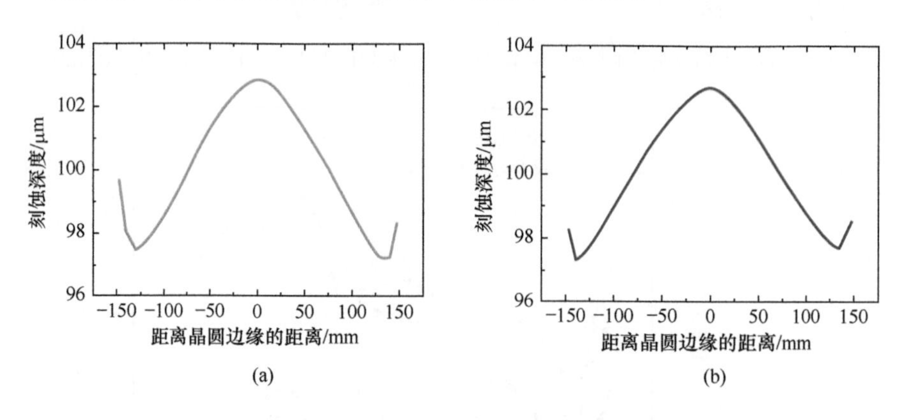

图 3.30 最终优化的刻蚀深度表征结果（均匀性 3.02%）[17]

3.7 等离子体刻蚀技术的挑战

随着集成电路工艺制程技术的不断发展，为了提高集成电路的集成度，同时提升器件的工作速度和降低它的功耗，器件的特征尺寸不断缩小。为了追求更高的图形密度和更小的工艺技术节点，传统的一次曝光方式已经无法满足更小线宽的工艺需求，多重曝光技术逐步[18]成为主流，另一方面仅仅依靠提高沟道的掺杂浓度和降低源漏结深已经不能很好地改善短沟道效应。这时需要使用更好的图形设计及工艺优化来应对挑战。通过从垂直方向进一步增大沟道宽度，增加对栅极的控制面积，可以大幅度缩短晶体管闸长和减少漏电流，抑制短沟道效应。这种具有垂直方向沟道的新颖三维晶体管被称为鳍式场效应晶体管（Fin Field-Effect Transistor，FinFET）[19]。同时，为了维持未来更高密度器件的电学性能，更高深宽比的结构被不断应用到器件中去。

因此，多重成像曝光、鳍式场效应晶体管和高深宽比结构等技术的采用，持续推动了集成电路产业的发展，同时这些新技术的应用也给等离子体刻蚀工艺带来了全新的挑战。

3.7.1 双重成像曝光技术

为了追求更高的图形密度和更小的工艺技术节点，在普通的涂胶－曝光－显影－刻蚀工艺的基础上开发了双重成像曝光技术[19]，使得193nm光刻机可以实现7 nm节点的工艺制程。

就目前的发展来看，实现双重成像的方法大致分为三类[20]：自对准双重成像（self-aligned double patterning, SADP）、二次刻蚀双重成像（litho-etch-litho-etch, LELE）和单刻蚀双重成像（litho-process-litho-etch, LPLE）。在上述三类方法中，LELE和LPLE技术方案需要先后对晶圆进行两次光刻或曝光工艺，而SADP方案整个流程仅需光刻一次，剩下的步骤采用外延和刻蚀等工艺来实现。相比于LELE和LPLE技术，SADP减少光刻次数不仅可以明显地降低生产成本，而且降低了集成电路研发的工艺复杂度。基于SADP的技术获得了众多公司和科研机构的关注，已经成为当前主流的应用技术[21]。

SADP技术的工艺流程示意图如图3.31所示。对于采用光刻方法定义的线条，首先，光刻定义的图形转移到下层芯轴材料，然后在每个侧边外延间隔层，当去除最初的模板材料后，SADP工艺利用刻蚀后留下其左右两个介质侧壁，后续利用侧壁作为掩膜进行刻蚀，由于侧壁间距仅为光刻胶间距的一半，能有效实现线条密度的加倍。

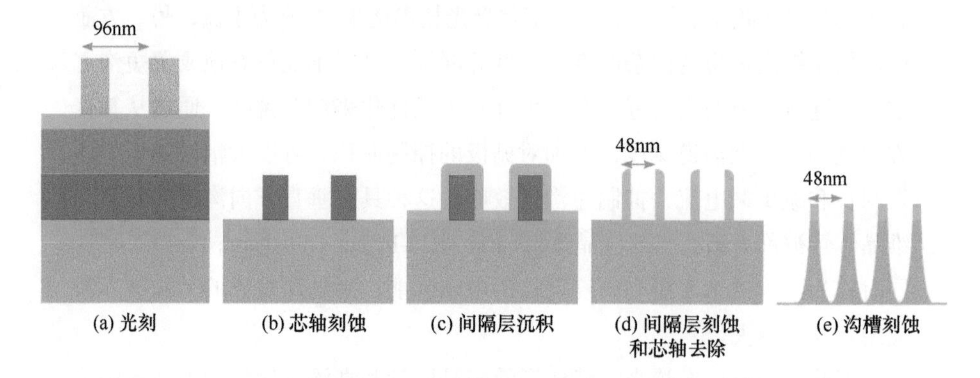

图 3.31　SADP 技术的工艺流程示意图

双重成像曝光工艺中对刻蚀的形貌和均匀性的要求是非常严格的，在第一步芯轴刻蚀时，刻蚀形貌会直接影响后续图形的精确性。刻蚀的工艺要求与传统的硅栅极刻蚀比较接近，不仅要求垂直的刻蚀形貌，同时也要保证对底层材料的高选择比。

在间隔层图案化中，间隔层是在预先形成图案的特征的侧壁上形成的膜层。通过在先前的图案上沉积或反应膜来形成间隔物，随后通过刻蚀去除水平表面上的所有膜材料，仅留下侧壁上的材料。通过去除原始的图案特征，仅留下间隔物。但是，由于每条线都有两个间隔层，因此线密度现在翻了一番。

对于间隔层刻蚀和芯轴去除刻蚀这几个工艺而言，要保证当前膜层的全部刻蚀无残留，就需要有足够的过刻蚀时间，通常是 200%~400%，而一般逻辑电路中过刻蚀的时间仅有 30%~50%。这就要求刻蚀工艺具有超高的选择比和超低的刻蚀损伤，否则底层结构将被损坏而失去功能。

在 7nm 节点集成电路产品工艺技术的开发上，需要采用 193 浸入式（193i）光刻技术进行四重曝光，也就是将上述双重成像曝光工艺进行两次，可以实现线宽的进一步缩小。利用多重成像光刻，可以获得尺寸均匀的 10nm 技术代产品。在 2012 年，Intel 公司报道了基于 SADP 方法的多重成像曝光光刻工艺，制作出了 17nm 线宽的线条。

3.7.2 鳍式场效应晶体管刻蚀技术

在传统晶体管结构中，控制电流通过的闸门，只能在闸门的一侧控制电路的接通与断开，属于平面的架构。鳍式场效应晶体管（Fin field-effect transistor，FinFET）则是一种新的立体结构晶体管（图 3.32）。在 FinFET 的架构中，闸门呈类似鱼鳍的叉状 3D 架构，可于电路的两侧控制电路的接通与断开。这种设计可以大幅改善电路控制并减少漏电流，也可以大幅缩短晶体管的闸长，获得更好的电学性能[22]。

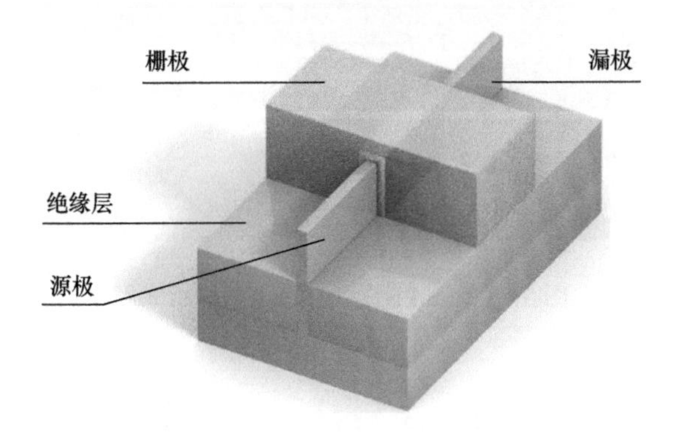

图 3.32　FinFET 晶体管结构示意图

FinFET 器件是 22nm 以下工艺最好的选择，Fin 的线宽未来预期可以进一步缩小至 7nm，约是人类头发宽度的一万分之一，如此精密的尺寸也给刻蚀工艺带来了巨大的挑战。Fin 的精细曝光技术目前主要采用的是侧墙图形转移法[23,24]，即通过在前述的双重成像曝光来作为 Fin 的掩膜图形。在 Fin 的刻蚀工艺方面，为了避免在 Fin 上形成多晶硅假栅极时存在侧壁残留问题，最早的 FinFET 形貌并非垂直的 Fin 结构，而是略带一定斜度的梯形。从 14nm 工艺技术节点开始，FinFET 的结构开始演化成为细高的矩形结构，一方面通过 Fin 高的增加提高器件单位面积上的驱动能力，从而节省器件的体积；另一方面通过改善 Fin 的形貌可以降低底部寄生晶体管对漏电流的破坏[25]（图 3.33）。

在 FinFET 结构中，由于鳍片也是直接由硅衬底形成的，因此 STI 结构和鳍片是同时刻蚀的，因此增加了刻蚀工艺的复杂性。由于 STI 需要一个锥形的侧壁，而硅鳍片则需要一个垂直的侧壁，因此在相同的刻蚀过程中必须精确控制，以获得不同的特征轮廓，如图 3.34 所示。对于 FinFET 器件，由等离子刻蚀引起的损伤所引起的鳍片形状(包括宽度、高度、轮廓)的任何意外变化都会更多地影响晶体管的性能。

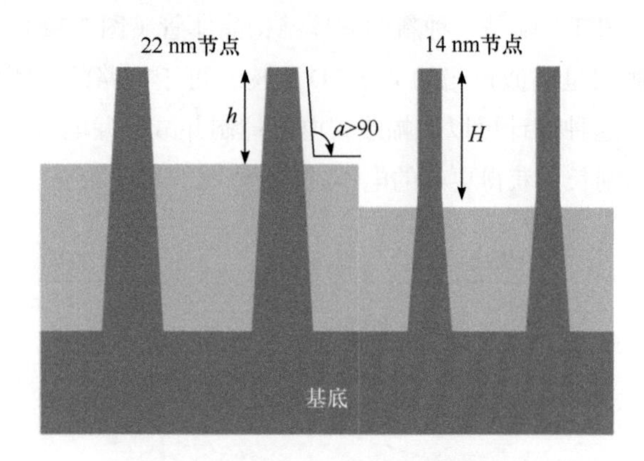

图 3.33　FinFET 结构演化结构示意图

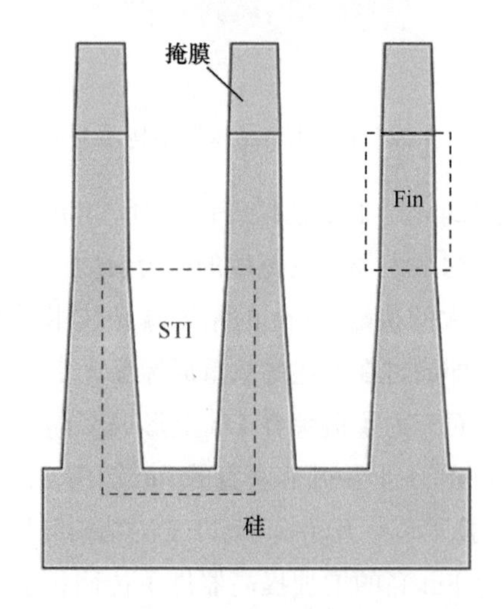

图 3.34　Fin/STI 刻蚀要求示意图

鳍片形成后，后续会进行 FinFET 栅极刻蚀，如图 3.35 所示。与鳍 / STI 刻蚀一样，栅极的侧壁必须垂直刻蚀，以减少器件参数的波动性。为了适应 3D 地形，刻蚀需要停止在鳍的顶部，同时另一个方向要继续刻蚀到硅晶圆。完全去除 3D 结构边角上的残留物通常需要 70%~100% 的过刻蚀时间，而传统平面结构只需要 30% 的过刻蚀时间 [26]。这也就对刻蚀工艺的精确控制提出了更高的要求。

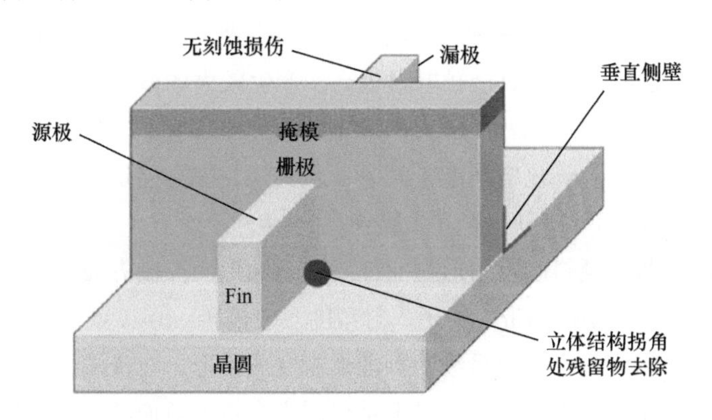

图 3.35　FinFET 栅极刻蚀结构示意图

3.7.3　高深宽比刻蚀技术

多年来，如何制造高深宽比结构一直都是集成电路刻蚀工艺所要面对的一个巨大挑战 [18]。目前，在集成电路中，高深宽比结构主要包括电容、接触孔以及互连孔等结构，这些结构通常采用圆形或椭圆形图形，刻蚀材料主要是厚的二氧化硅绝缘层。

由于高深宽比刻蚀工艺的难度和复杂性，刻蚀过程中可能产生多种缺陷形式，如图 3.36 所示。 这些形貌缺陷主要有侧向弯曲、顶部和底部关键尺寸（critical dimension，CD）的变化、缩颈、倾斜、图形扭曲等。

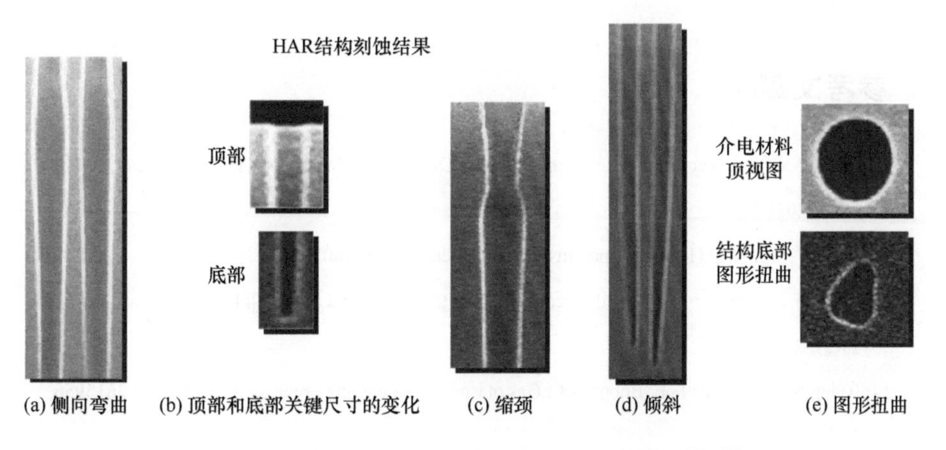

图 3.36　高深宽比刻蚀工艺中产生的缺陷类型 [18，27]

对顶部和底部CD的控制是实现良好电学性能的前提。如果顶部CD过大或者图形边缘粗糙，相邻图形间可能产生短路，将会恶化图形之间的电学隔离性能，造成良率损失。底部CD则将直接影响电学接触性能，如果底部CD过小，会造成接触电阻过高，产生较大的漏电流。不良的顶部CD和底部CD刻蚀形貌如图3.36（b）所示。底部CD控制可以通过使用高能量的离子以及优化电离能量的分布来实现，提高能量可以帮助反应物到达结构的底部，避免底部CD过小现象发生。

侧向弯曲、倾斜以及图形扭曲都属于刻蚀形貌控制方面的问题。侧向弯曲是由于等离子体内带电粒子入射角度发生偏转，所以会产生侧向弯曲。过多的聚合物沉积会导致后续的刻蚀形貌变成锥形，在极端情况下，还会导致刻蚀停止。而聚合物产生量不足也同样会带来负面的影响，缺乏聚合物保护的侧壁会产生更加严重的侧面弯曲。

刻蚀副产物或者有机聚合物可能会在刻蚀结构顶端的侧壁沉积，会在刻蚀过程中产生“颈缩”现象。

采用灵活的源/偏置功率优化电离能量以及等离子体密度，通过选择恰当的刻蚀气体来增加侧壁保护的钝化层，减少电荷积累，通过控制等离子体中的有机聚合物以及侧壁对其的吸附可以减少上述异常形貌发生的可能。

随着集成电路技术的发展，高深宽比结构还将继续驱动绝缘材料刻蚀技术的进步。这些结构的刻蚀不仅需要对等离子体中物理和化学参数的精确控制，各个参数设置间实现精巧的平衡也是保证刻蚀工艺低缺陷率的重要前提。

参考文献

[1] Lill T. Atomic Layer Processing: Semiconductor Dry Etching Technology [M]. Weinheim: Wiley-VCH, 2021:1.

[2] Berry F. Electrical Heating Apparatus. British Patent: ATD57480, 1913.

[3] Parton E，Verheyen P. Strained silicon—the key to sub-45 nm CMOS[J]. III-Vs Review, 2006，19(3): 28-31.

[4] Irving S M, Lemons K E, Bobos G E. Gas plasma vapor etching process[P]. US Patent: 3615956, 1971.

[5] Vincent M D. Avinoam K. Plasma etching: Yesterday, today, and tomorrow[J]. Journal of Vacuum Science & Technology A: Vacuum, Surfaces, and Films, 2013, 31: 050825.

[6] Mahorowala A P, Babich K, Lin Q, et al. Transfer etching of bilayer resists in oxygen-based plasmas[J]. Journal of Vacuum Science & Technology A: Vacuum, Surfaces, and Films, 2000, 18(4): 1411.

[7] 王巍，叶甜春，陈大鹏，等. 高密度等离子体刻蚀机中的终点检测技术 [J]. 微电子学，2005, 3: 236-239.

[8] Dong Z, Lin Y. Ultra-thin wafer technology and applications: A review [J]. Materials Science in Semiconductor Processing, 2020, 105: 104681.

[9] Dong Z, Yuan R, Lin Y. Silicon wafer thinning process by dry etching with low roughness and high uniformity[C] // China Semiconductor Technology Int. Conf. (CSTIC), 2020: 1-5.

[10] Lin Y, Yuan R, Zhang X, et al. Deep dry etching of silicon with scallop size uniformly larger than 300 nm [J]. Silicon, 2019, 11: 651-658.

[11] Lin Y, Yuan R, Zhou C, et al. The application of the scallop nanostructure in deep silicon etching [J]. Nanotechnology, 2020, 31: 315301.

[12] Tang X, Zhang H, Lin Y et al. Towards tilt-free in plasma etching [J]. Journal of Micromechanics and Microengineering, 2021, 31: 115007.

[13] Meng L, Yan J. Effect of process parameters on sidewall damage in deep silicon etch [J]. Journal of Micromechanics and Microengineering, 2015, 25: 035024.

[14] Tretheway D, Aydil E S. Modeling of heat transport and wafer heating effects during plasma etching [J]. Journal of the Electrochemical Society, 1996, 143: 3674-3680.

[15] Gao F, Ylinen S, Kainlauri M, et al. Smooth silicon sidewall etching for waveguide structures using a modified Bosch process [J]. J. Micro/Nanolith. MEMS MOEMS, 2014, 13:013010.

[16] Ma S, Wang J, Zhen F, et al. Embedded silicon Fan-Out (eSiFO): A promising wafer level packaging technology for multi-chip and 3D system integration[C] // IEEE 68th Electronic Components and Technology Conference, 2018: 1493-1498.

[17] Cui Y, Jian S, Chen C, et al. Uniformity improvement of deep silicon cavities fabricated by plasma etching with 12-inch wafer level [J]. Journal of Micromechanics and Microengineering, 2019, 29:105010.

[18] Balasubramanian R, Romano A, Benham M. 刻蚀实现双重图形的前景 [J]. 集成电路应用，

2008, 4: 34-35.

[19] Hisamoto D, Lee W C, Kedzierski J, et al. FinFET-a self-aligned double-gate MOSFET scalable to 20 nm[J]. IEEE Transactions on Electron Devices, 2000, 47(12): 2320-2325.

[20] Kimura T. Materials development to extend ArF lithography toward sub-20nm Patterning[J]. Journal of Photopolymer Science and Technology, 2012, 25(1): 115-119.

[21] Lill T, Schulze S. Etch's role in novel logic device patterning[J]. Semiconductor International, 2008, 31(4): 64.

[22] Lu D D, Dunga M V, Niknejad A M, et al. Compact device models for FinFET and beyond[J]. 2020. arXiv:2005.02580v1.

[23] Yi C , Li M , Lou Y , et al. 14nm Fin sadp patterning processes and integration[C]. 2020 China Semiconductor Technology International Conference (CSTIC), 2020.

[24] Clark L T, Vashishtha V, Shifren L, et al. ASAP7: A 7-nm finFET predictive process design kit[J]. Microelectronics Journal, 2016, 53: 105-115.

[25] 黎明 , 黄如 . 后摩尔时代大规模集成电路器件与集成技术 [J]. 中国科学 : 信息科学 , 2018, 48(8): 5-19.

[26] Eriguchi K , Nakakubo Y , Matsuda A , et al. Comprehensive modeling of threshold voltage variability induced by plasma damage in advanced MOSFETs[C]// 2009 International Conference on Solid State Devices and Materials, Miyagi, 2009.

[27] Welch S, Keswick K, Stout P, et al. 先进DRAM驱动高深宽比刻蚀的发展 [J]. 集成电路应用 , 2009(5): 4.

第4章

集成电路中的等离子体表面处理工艺与装备

等离子体工艺在整个集成电路制造和封装过程中是无处不在的，主要包括薄膜沉积、等离子体刻蚀、等离子体表面处理（主要包括等离子体去胶及表面清洁）。在集成电路整个制造过程中，以典型 14 纳米逻辑器件制造为例，如表 4.1 所示，其中有 119 步表面清洁及处理工艺，其中等离子体表面处理工艺（等离子体去胶及等离子体表面清洁）能占到 30% 以上。等离子体表面处理技术相比湿法处理的主要优势是：控制精度高、适用膜层种类多、处理过程更环保等。本章主要对集成电路中等离子体表面处理工艺及相关设备展开介绍。

表 4.1　典型 14 纳米逻辑器件中表面清洁及处理工艺分布情况 [1]

处理工艺	工艺道数
前道等离子体去胶	15
前道等离子体去胶后湿法清洁	15
前道重点湿法清洁	10
后道等离子体清洁	22
后道等离子体去胶后湿法清洁	22
后道金属化前清洁	21
前后道颗粒去除工艺	10
前后道化学机械抛光后处理	14
总数	119

4.1 集成电路中的等离子体表面处理工艺

集成电路制造和封装过程中涉及的等离子体表面处理工艺主要有以下五大类：

（1）等离子体去胶：在刻蚀或者离子注入后去除光刻胶掩膜；

（2）等离子体残留物去除：去除光刻或刻蚀后底部或侧壁的残留光刻胶或者反应产物；

（3）薄膜沉积前的等离子体表面清洁：在钝化层或金属层沉积前去去除残留物、颗粒等；

（4）等离子体表面改性：表面亲疏水性改善、粗糙度改善以及表面残留金属处理等。

（5）晶圆边缘的等离子体表面处理等。

4.1.1 等离子体去胶工艺

1. 等离子体大量去胶

一般刻蚀后光刻胶的干法去除基本要求是去胶量大、去胶速率快、对基底无损伤，所以称之为等离子体大量去胶。因为光刻胶为有机聚合物，主要成分为 C、H、O，所以采用以 O_2 为主的等离子体进行去除。等离子体去胶的基本原理就是，O_2 等离子体里面自由基等与光刻胶中的 H 反应生成 H_2O，与 C 反应生成 CO、CO_2 等气体分子被抽走，从而达到去胶的效果。同时在高温条件下也会加速化学反应速率进而提高去胶速率。

为了实现较高的去胶速率，通常会在 O_2 等离子体内加入一定量的 F 基气体或者 N_2、H_2O 气体等。通常 CF_4、SF_6、NF_3 等 F 基气体加入到 O_2 等离子体内，会提高 O 自由基浓度，产生的 F 自由基也会与光刻胶中的 H 元素反应，降低 O 自由基与光刻胶的反应活化能进而提高去胶速率。然而 F 基气体加入到 O_2 等离子体中的比例会显著影响去胶速率。根据现有研究发现[2]，F 基气体含量在 15%~45% 会促进 O 自由基的产生，去胶速率最快；但是过高含量的 F 基气体会稀释 O 自由基浓度，同时也会在光刻胶表面发生氟化反应，抑制O自由基与光刻胶的反应，因此会抑制去胶速率。此外，F基气体的加入会促进Si或SiO_2残留的去除，但是需要注意对其他膜层或者基底的刻蚀作用。

其他气体的加入也会提高去胶速率。N_2的加入不会改变O自由基与光刻胶的反应活化能，但是会提高O自由基的浓度，进而提高去胶速率，并且N_2含量在10%去胶速率最快[3]。气态H_2O的加入效果与F基气体类似，会提高O自由基浓度，降低与光刻胶反应的活化能，进而提高去胶速率[4]。同理，O_2中加入H_2也会提高去胶速率。

2. 离子注入后去胶

在离子注入工艺后，特别是高剂量离子注入后，光刻胶会发生交联、脱水等变性，这种变性的光刻胶是比较难去除的。高剂量的离子注入后光刻胶的基本状态如图4.1所示，因为离子注入导致光刻胶中聚合物发生交联和失水，在表面形成一层较为坚硬的硬化层，而且会导致体相光刻胶中的溶剂分布不均匀。此外，注入原子主要元素有砷（As）、磷（P）、硼（B）等，容易被氧化，生成如As_2O_5、P_4O_{10}、B_2O_3等氧化物，这些氧化物是难以挥发的，它们在光刻胶表面及底部残留会影响器件的整体性能，因此需要去除干净。

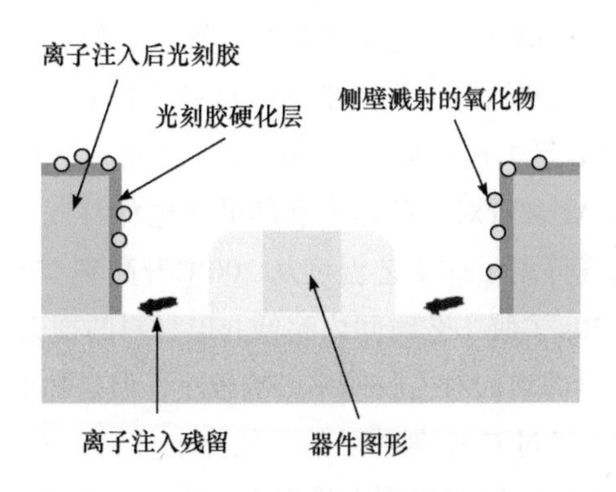

图4.1　高剂量的离子注入后光刻胶的基本状态

离子注入后光刻胶表面的硬化层热膨胀性质与体相光刻胶不同，需要在低温条件下去除，如果温度过高，体相光刻胶中的溶剂会挥发，而硬化层会阻碍溶剂挥发，进而发生光刻胶爆裂问题。爆裂后的光刻胶类似于颗粒在器件表面分布，难以采用 O_2 等离子体去除。因此，离子注入后的等离子体去胶工艺与前面介绍的大量去胶工艺有显著不同。一般分为三步：第一步硬化层去除，要求在较低温度（<90℃，不同工艺温度有所不同）下采用 O_2 加 N_2/H_2 混合气或者 O_2 加水蒸气等离子体进行去胶；第二步体相光刻胶去除，类似大量去胶工艺，在高温（>200℃）条件下采用 O_2 等离子体去除；第三步残留物的去除，气体采用 O_2 加入一定量 F 基气体（CF_4）及 N_2/H_2 混合气，F 基气体可以有效去除注入残留物及氧化物，N_2/H_2 混合气可以与残留物反应生成 AsH_3、PH_3、B_2H 等易挥发成分，起到去除的效果。

3. 低介电材料去胶工艺

随着集成电路尺寸不断缩小，器件对于信号延迟要求也越来越高，因此需要采用低电阻及低电容材料来降低直流及交流信号的延迟。其中采用低介电常数材料（low κ）不仅可以有效降低信号延迟，而且可以改善耦合信号噪声。低介电材料主要通过在硅氧烷材料中增加一些微米或纳米级孔隙来降低材料的介电常数。正是由于低介电或超低介电材料这种特殊的多孔结构，给薄膜沉积、刻蚀、去胶等工艺带来较大挑战。对于氧基等离子体去胶工艺来说，虽然去胶速率快，但是对于含碳量较高的低介电材料容易发生反应造成结构损伤。而且对于暴露金属的膜层也会产生难溶的氧化物，后续湿法清洁无法清除，因此低介电材料去胶工艺需采用氢基等离子体（H_2、CH_4、NH_3 等）进行处理。Kuo 等人研究了氢基等离子体去胶工艺中温度、N_2 和 Ar 含量对去胶速率和超低介电材料残留损伤的影响[5]。他们研究发现氢气等离子体工艺温度从 200℃升高到 275℃，去胶速率逐渐增加，但是在 20s 去胶工艺时间内超低介电材料的损失量在 5nm 以内。H_2 中 N_2 或 Ar 含量的增加对去胶速率影响较小，但是超低介电材料的损失量显著增加。对于经过 C_4F_8 刻蚀后的超低介电材料，采用 H_2 等离子体去胶工艺也可将侧壁的碳氟沉积物去除干净。Darnon 等人对比了 NH_3、CH_4 和 O_2 等离子体对多孔和混合 SiOCH 低介电材料表面修饰的影响[6]。对于多孔 SiOCH 低介电材料，NH_3 和 O_2 等离子体去胶工艺会增加材料吸水性进而增加介电常数，因此需要采用不含 N 的氢基等离子体去胶工艺。而对于混合 SiOCH 低介电材料，采用 NH_3、CH_4 等离子体工艺会导致致孔剂发生降解使材料介电常数增加，而 O_2 等离子体对于混合 SiOCH 低介电材料表面修饰影响较小。

4.1.2 刻蚀后等离子体表面处理工艺

在集成电路制造的刻蚀工艺中，会有很多工艺产生聚合物。比如在深硅刻蚀的博世工艺中需要产生一定厚度的碳氟聚合物保护层，起到保护侧壁、实现更高深宽比刻蚀的目的。但是在刻蚀结束后，侧壁的碳氟聚合物并没有完全刻蚀干净，因此需要在刻蚀后进行去除。由于深硅刻蚀的深宽比较大，且开口较小，采用湿法去除，溶液很难进入孔内，碳氟聚合物去除不彻底，因此需要采用等离子体刻蚀的方法去除碳氟聚合物。尽管等离子体方法去除光刻胶比较容易，但是去除刻蚀后碳氟聚合物相对困难。刻蚀后碳氟聚合物去除难点有两个：其一刻蚀后碳氟聚合物的成分较为复杂，除了一般的碳氟元素外可能存在 Si、Al 等刻蚀产物；其二对于深宽比较大的孔底聚合物去除困难，底部气体交换较为困难，底部刻蚀速率会降低。

针对刻蚀后碳氟聚合物的特点，需要采用含氟气体的等离子体去除刻蚀后聚合物等残留物质。氟基气体不仅可以去除不需要的聚合物和 SiO_2 等残留物，还可以对刻蚀形貌进行微观修饰，比如让开口及底部更圆滑。此外，在某些情况下，等离子体处理残留物步骤虽然无法直接去除残留物，但是可以激活或改变残留物，以便通过随后的湿法清洁步骤更有效地去除。

对于金属刻蚀后等离子体去胶工艺，需要特别注意金属氧化问题。Xu 等人研究了钨在 $O_2/H_2/N_2$ 远程等离子体条件下表面氧化情况[7]。该研究表明在纯 O_2 等离子体条件下钨表面氧化层厚度随工艺温度和工艺时间而线性增大。当 O_2 等离子体中 H_2 含量增多，钨表面氧化层显著降低，并且 H_2 含量在 15% 时接近 0，同时表面氧化也不会随工艺时间延长而增大。在 O_2/H_2 等离子体中再加入 N_2，会抑制 H_2 的还原作用，不利于钨表面氧化层的控制。在纯 O_2 等离子体处理之后，再进行 H_2 等离子体处理，钨表面氧化层去除效果不明显。因此采用 O_2/H_2 等离子体去胶工艺，可以有效控制钨表面氧化问题。铝刻蚀后等离子体去胶工艺是比较特殊的，需要采用原位去胶。因为铝采用氯基等离子体进行刻蚀，刻蚀后如果暴露在空气中，会形成 HCl 对金属造成腐蚀。当铝刻蚀后晶圆在真空传输条件下转移到去胶腔，采用 O_2/H_2O 等离子体进行去胶工艺，H_2O 不仅能去除光刻胶，而且可以使铝表面形成一层氧化层，保护铝不被腐蚀。

4.1.3 等离子体表面清洁工艺

在集成电路制造及封装过程中，涉及很多膜层的结合，涉及的膜层有硅、氧化硅、聚酰亚胺 (PI)、光刻胶 (PR)、金属（Cu 为主）、键合胶等。通过等离子体处理可以对表面进行清洁，清除颗粒、化学残留等，提高两种膜层间结合效果。比如在金属层沉积前表面存在的自然氧化层及表面污染物等需要清洁干净，否则会影响器件的导电性。对于最常见的 Cu 来说，暴露在大气中就会存在一定厚度的自然氧化层，自然氧化层会导致电阻增大，进而影响上下两层金属间的导通性。因此在 Cu 沉积前会采用原位清洁的方式，利用 Ar 等离子体物理轰击或 H_2 等离子体的还原作用，实现自然氧化层的去除。

在外延沉积前表面清洁的目标是去除表面原生氧化硅，吸附的碳、颗粒，以及金属污染等。外延沉积前的表面清洁一般分两步：第一步湿法清洁去除表面颗粒及金属污染物，第二步采用远程氢基等离子体工艺清除表面的含碳污染物和表面原生氧化层。经过 H_2 等离子体处理后硅表面结构更有序，表面自由的 O 和 C 被 H 所代替，后续外延沉积膜层的缺陷密度更低，并且能够实现 150℃条件下硅的外延生长[8]。同时，H_2 等离子体处理后可以对硅表面进行保护防止表面氧化。

在集成电路封装中湿法去胶后，表面可能还存在一定量的残胶。这些残胶的存在，相当于掩膜，影响后续种子层的刻蚀工艺，造成电性异常和良率损失。因此在湿法去胶后需要加一步 O_2 等离子体表面处理工艺，去除残留的光刻胶，提高良率[9]。此外，在玻璃载片解键合后表面残留的键合胶等也需要 O_2 等离子体进行表面清洁。

4.1.4 等离子体表面改性工艺

1. 表面润湿性改善工艺

在集成电路的先进封装中再布线层（redistribution layer, RDL）与凸块（Bump）主要是采用电镀铜的方法来制造。再布线层与凸块电镀的效果决定着信号输入 / 输出的稳定性。在电镀前需要进行等离子体处理，提高开口内的亲水性，让电镀液充分进入到开口内，无气泡产生，电镀后无空洞。等离子体提高亲水性的基本原理是光刻胶主要成分为碳氢化合物，氧等离子体与聚合物反应，会在表面生成亲水性的羟基（—OH）。此外，在下射频的作用下，氧离子的轰击作用会提高表面粗糙度，进一步提高亲水性。

在倒装芯片封装中，为了提高倒装芯片在有机基板上的可靠性，需要进行底部填充（Underfill）工艺，在芯片与基板之间的缝隙内填充一种密封剂。Underfill 工艺可以起到错配硅芯片与有机基板之间的热膨胀系数（coefficient of thermal expansion, CTE）以及重新分配热机械应力的作用，进而提高芯片堆叠时的稳定性。Underfill 工艺最常用的方法是利用毛细管作用，让填充物自发渗入到芯片底部起到填充作用。因此 Underfill 工艺前通常需要对芯片与基板之间的界面进行表面活化，提高表面的润湿性，进而提高填充物的填充效果。Underfill 工艺前的表面润湿性改善，需要采用等离子体处理。不同于电镀前润湿性改善，Underfill 工艺前处理的表面被芯片遮挡住了，需要等离子体进入到芯片底部进行处理，这就要求有足够高的等离子体密度且能够进入到芯片底部（图 4.2）。针对 Underfill 工艺前的等离子体处理，不需要有刻蚀量，通常只需要开启微波源产生更多的氧自由基，通过等离子体扩散，与缝隙内各个表面反应，从而对芯片底部区域进行表面处理来提高润湿性，进而提高填充效果。

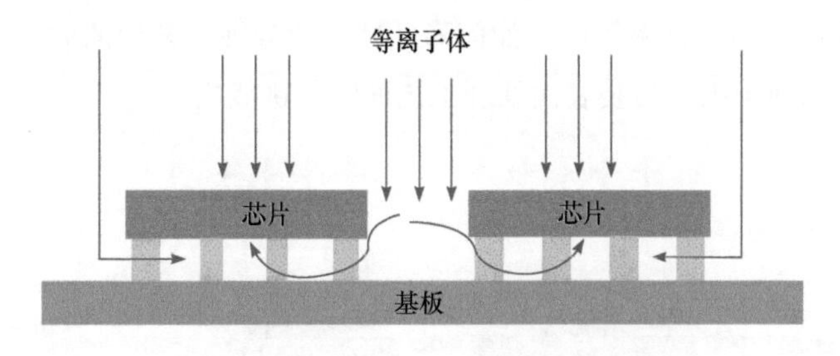

图 4.2 Underfill 工艺前等离子体处理

2. 残留金属去除工艺

在集成电路的先进封装中，当再布线层（RDL）或者凸块（Bump）电镀完成后，由于RDL之间或Bump之间的钝化层表面存在一层底部金属层（under ball metal, UBM），需要去除这部分多余的UBM层，避免相邻RDL或Bump短路。UBM层常用的金属为Ti/Cu；其作用有两个：一是阻止上层（RDL层或Bump层）金属原子扩散到下层金属层（主要是芯片的焊盘），另一个作用是增强上下两层的黏合作用。一般采用物理气相沉积（PVD）的方法得到UBM层，而PVD是整面溅射金属，在钝化层和焊盘表面都有一层Ti/Cu，因此需要把钝化层表面多余的Ti/Cu去除掉，只留下焊盘表面即RDL层和Bump下的Ti/Cu。Ti/Cu主要采用湿法去除，但是湿法去除不彻底，在底层钝化层表面会存在一定量的残留金属，影响RDL间钝化层的绝缘性。采用等离子体处理方法可以有效去除Ti/Cu湿法去除后残留的金属。其基本原理是采用Ar等离子体在下射频偏压作用下，通过物理轰击作用把钝化层表面的金属原子去除掉，从而提高钝化层的绝缘性。

4.1.5 翘曲片等离子体表面处理工艺

在集成电路的扇出型封装中，晶圆的基底常采用树脂等聚合物制作，进而在制作晶圆的过程中，晶圆容易发生翘曲。当翘曲片在等离子体表面处理设备的反应腔室内进行等离体子处理的过程中，由于晶圆的边缘翘曲，晶圆与卡盘之间接触不紧密，在等离子体处理过程中，晶圆的边缘及背面容易积累电荷，从而容易使得晶圆的边缘发生尖端放电，如图4.3所示。此外翘曲晶圆边缘无法与卡盘接触，刻蚀时间过长，晶圆边缘热量无法通过卡盘冷却就会造成晶圆边缘温度过高导致糊胶，进而容易导致晶圆刻蚀失败，致使晶圆的良率较低。如何降低翘曲片刻蚀工艺中的放电、糊胶等问题，是当前扇出型封装表面处理工艺面临的挑战之一。

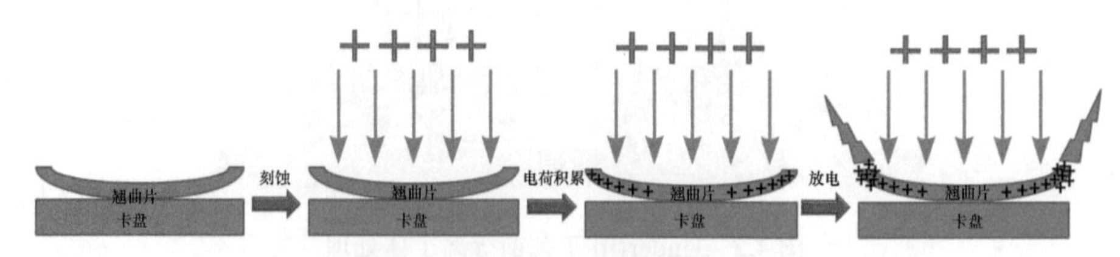

图4.3 翘曲片上的电荷积累与尖端放电示意图[10]

针对翘曲片进行等离子体表面处理存在的这些问题，我们提出一种改进的时分复用工艺方案，如图 4.4 所示[10]。由于刻蚀聚酰亚胺的现有技术主要采用氧气作刻蚀气体，而氧元素的电负性高，即捕获电子的能力强，不能补偿翘曲片上正电荷的积累，因此，需要在刻蚀过程中引入电负性低的气体或者采用其他技术以释放刻蚀过程中积累的正电荷。首先，在氧气刻蚀一段时间以后引入不会与聚酰亚胺发生化学反应的惰性气体且电负性低于氧的气体，如氮气、氩气或者氦气等，可以辅助积累的正电荷释放。其次，在下射频中引入脉冲，即高频切换下射频的开启与关闭，使得积累的电荷在下射频关闭的瞬间得以释放，而下射频开启的时间占总时间的百分比称作占空比。

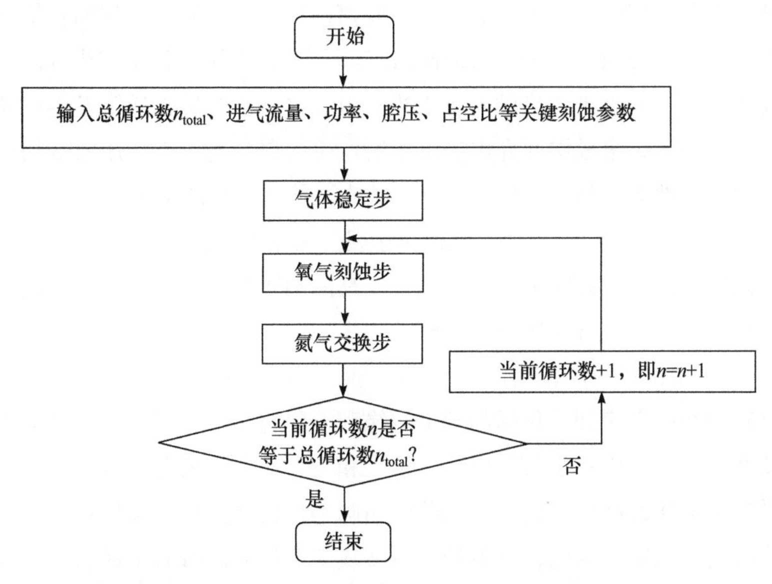

图 4.4　改进后的翘曲片工艺步骤流程示意图[10]

4.1.6　晶圆边缘等离子体表面处理工艺

晶边刻蚀是一种采用等离子体刻蚀设备去除晶圆边缘处不需要的薄膜的方法，是集成电路制造过程中典型的等离子体表面处理工艺。在 65 纳米以及更先进的工艺技术节点，晶边刻蚀所引起的关注度越来越广泛，其原因主要是晶圆的边缘处理得如何逐渐变成集成电路制造中器件良率能否得到保证的重要因素之一。在通常的等离子体工艺中，晶圆边缘的等离子体密度一般比较低，容易引起聚合物（通常由碳、氮、氧、氟等元素组成）和反应副产物（通常含有硅等元素）在晶圆边缘上表面和下表面累积。并且，在等离子体沉积过程中晶圆边缘的沉积速率差异大而在等离子体刻蚀过程中晶圆边缘的刻蚀速率差异也大，这个过程反复叠加，在经过多次不同的常规等离子体工艺后，晶圆边缘积累的多层聚合物和副产物会形成较强的有机化学键，而另一方面，这些化学键在后续的非等离子体工艺步骤中又将逐渐变弱，并且层与层之间存在界面应力也可能使薄膜附着力下降。因此，这些等离子体工艺过程中形成的多层聚合物和副产物理论上将会在后续的工艺过程中增加发生剥离进而脱落的风险。实际上，例如在集成层间介电层（integrated layer dielectric, ILD）沉积工艺中，该工艺步骤的残留物就主要来自光刻工艺后的不良去边。由于这一工艺异常通常发生在晶圆边缘的上表面，集成层间介电层沉积所产生的聚合物可以使用通常的刻蚀工艺除去，然而，如果多层聚合物形成在晶圆边缘的下表面时就不能被通常的刻蚀或者清洗工艺除去，从而由于发生脱落而导致缺陷产生。

因此，晶边刻蚀所关注的并不仅仅是晶圆边缘的上表面，晶圆边缘还可以进一步细分成五个区域：晶圆上边缘、上斜边、顶尖、下斜边和晶圆下边缘，如图 4.5 所示。前文已述及，聚合物或副产物剥落现象主要集中于晶圆边缘的上表面（包括晶圆上边缘和上斜边），除了晶圆边缘上表面需要在晶边刻蚀中重点关注以外，顶尖和下斜边上的聚合物或副产物也应该被给予关注，如处于后端线工艺的晶圆上材料之间的界面比较多，容易积累电荷发生电弧放电，又如处于后端线工艺的晶圆带有金属层，还可能导致等离子体诱导损伤（plasma induced damage）。特别是，例如等离子体化学气相沉积的台阶覆盖率好，可以钻入到晶圆边缘的下表面进行沉积，而等离子体刻蚀属于各向同性，两者无法相互抵消而容易在晶圆的下表面产生聚合物或者副产物。因此，晶边刻蚀还可以被设计用于清除晶边下表面的沉积物以避免破坏性电弧所可能带来的损伤，这通常发生在金属沉积后，并需要通过在晶边刻蚀中优化腔室压强、射频功率和刻蚀气体等实现异常的消除。另外，如果不采用晶边刻蚀，还有可能在晶圆边缘区域引入微掩膜或者针状缺陷。综上所述，晶边刻蚀工艺有助于减少晶圆边缘的缺陷密度，防止颗粒剥落、电弧放电和微掩膜问题。

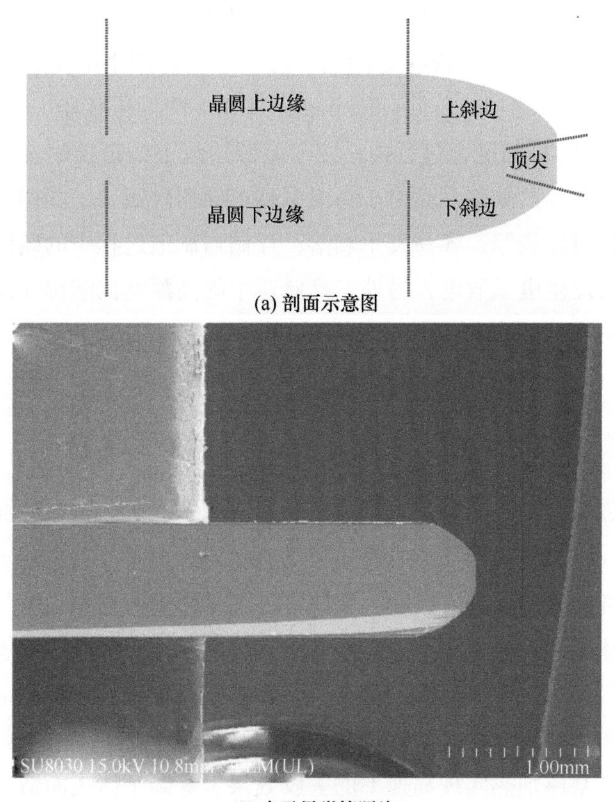

(a) 剖面示意图

(b) 电子显微镜照片

图 4.5 晶边区域

在晶边刻蚀中，一般而言，CO_2 被用于去除聚合物，NF_3 被用于去除介电质。事实上，晶圆边缘上的任何类型的薄膜，无论它是介电质、金属或有机材料薄膜，都可以通过晶边刻蚀而去除。在实际的晶边刻蚀过程中，还可以在晶圆的中心通入 N_2，其从晶圆中心流向边缘，可以防止刻蚀过程中产生的颗粒扩散到晶圆的中心，否则会在晶圆中心区域产生污染或者缺陷，从而造成良率问题。

对于集成电路逻辑器件而言，特别是对于 28 纳米工艺技术节点及以下，晶边刻蚀是防止由于薄膜层间应力发生剥离而导致缺陷的必要工艺手段，例如剥落的介电质颗粒堵塞接触孔后会导致化学机械抛光（chemical mechanical polishing, CMP）工艺后填充物的丢失，并会在后续工艺步骤中将缺陷逐步扩散至晶圆中心，严重降低器件良率；又如晶体管中的金属钨和氮化钛薄膜在晶圆边缘处的延伸已被证明是产生电弧放电的重要原因；再如在背照式（backside-illuminated, BSI）图像传感器（CMOS image sensor, CIS）的晶圆键合过程中，由于晶圆边缘上的疏松附着物容易发生脱落而产生器件的缺陷。而对于集成电路存储器件而言，同样是由于其沉积的薄膜相对比较厚，容易发生剥落；存储器制造过程中的碳掩膜是导电的，也容易发生电弧放电；另外，存储器中的高深宽比结构在制作过程中也非常容易产生微掩膜或针状缺陷。

4.2 集成电路中的等离子体表面处理设备

基于等离子体表面处理工艺应用的要求，等离子体表面处理设备分为三大类：一类是等离子体去胶设备，第二类是等离子体表面清洁设备，第三类是晶圆边缘表面处理设备。前两类等离子体表面处理设备与前文介绍的等离子体刻蚀设备主要不同点是等离子体源不同。等离子体表面处理设备主要采用远程等离子体源，根据工艺需求晶圆基座可以加载下射频。一般来说等离子体去胶机采用远程等离子源，晶圆基座不加载下射频，但是会通过卡盘基座加热实现高速率的去胶效果。等离子体表面清洁设备采用远程等离子源加下射频的构造，实现低温条件下的表面处理效果。这两类等离子体表面处理设备差别不大，主要特点就是采用远程等离子体源，因此下文重点介绍远程等离子体源，同时对于晶圆边缘表面处理设备的特殊结构展开介绍。

4.2.1 远程等离子体源

远程等离子体源主要特点就是等离子体发生腔与晶圆不在一个腔室内，因此能够显著减少离子、电子等对晶圆的损伤。远程等离子体源的作用方式是：反应气体在等离子体反应管里被加载的射频功率解离和离化，产生自由基、离子、电子等；然后反应粒子经过流动或扩散到达反应腔内与晶圆发生反应。远程等离子体源可以分为远程微波等离子体系统和远程电感应耦合等离子体系统两大类。

1. 远程微波等离子体系统

如图 4.6 所示，是一种典型的远程微波等离子体系统。反应气体通入到微波源反应管里，在 2.45GHz 微波功率的耦合下产生等离子体，相比于一般容性耦合等离子源，微波等离子体源的等离子体密度更高。产生的等离子体经过上电极喷淋板（showerhead）可以过滤掉对晶圆表面存在电损伤的带电粒子及紫外辐射，剩下的主要成分为电中性的自由基，然后到达腔室内在晶圆表面发生反应。其中，喷淋板的材料选择和孔径分布对于带电粒子过滤以及刻蚀均匀性有显著影响，因此喷淋板的设计要有充分的理论计算及试验测试。微波反应管根据材质可分为石英管、蓝宝石管、陶瓷管三种。当使用氟基气体时，需要使用蓝宝石管或陶瓷管，因为氟基气体会腐蚀石英管。但是石英管相比蓝宝石管材料价格及加工成本更低，且对氧自由基的复合更小，能够实现更高的去胶速率。

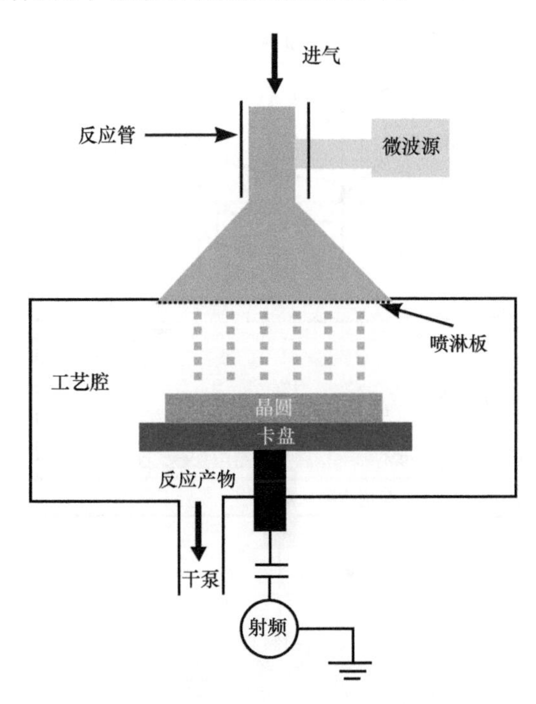

图 4.6　远程微波系统示意图

此外，远程微波等离子体主要产生各向同性的处理方式，对于需要各向异性处理的工艺（比如高深宽比结构内孔底处理及Ar物理轰击等），可以在晶圆基座上加载一个射频电极，这样可以产生带电离子并对它们进行加速，从而实现各向异性及物理刻蚀的作用。同时下射频功率的加入也会提高刻蚀速率，特别是在先进封装中，器件温度要求在100℃以内，无法采用高温工艺，因此采用上微波加下射频的配置实现表面处理的目的。

此外，电子回旋共振等离子体也是一种微波等离子体源，也可用来进行等离子体表面处理工艺[11-13]，具体原理及结构前文已经介绍，这里不再赘述。

2. 远程电感应耦合等离子体系统

远程电感应耦合等离子体系统与远程微波等离子体系统类似，如图4.7所示，反应气体通入到被线圈缠绕的反应管里，射频功率加载到线圈上，通过电感应耦合产生等离子体。产生的等离子体同样经过上电极喷淋板过滤掉带电粒子及紫外辐射，然后到达腔室内晶圆表面发生反应。远程电感

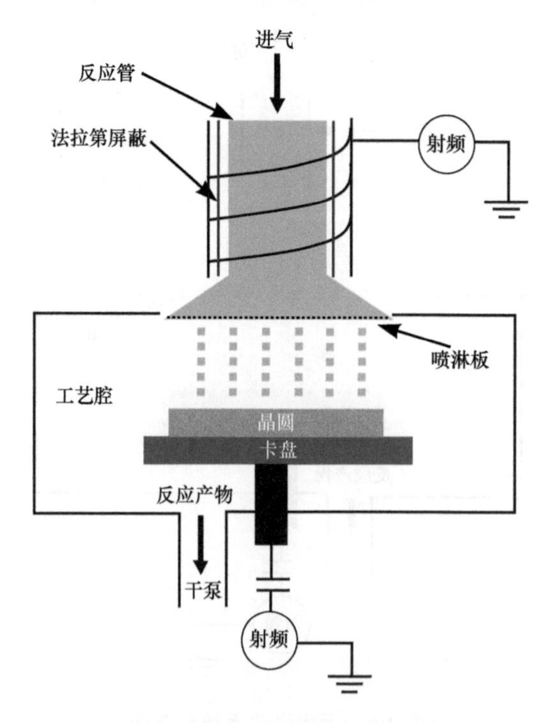

图4.7 远程电感应耦合等离子体系统示意图

应耦合等离子体系统同样可以在晶圆卡盘基座上加载一个射频电极。对于去胶机来说，需要高去胶速率，低刻蚀损伤，一般卡盘基座不加载射频，通过高温加热（>200℃）的方式实现高去胶速率和低刻蚀损伤的效果。为了减少等离子体对反应管的损伤，会在等离子体反应管和射频线圈之间设计一个法拉第屏蔽装置[14]，这个法拉第屏蔽结构可以减小感应电场，减弱离子能量，进而减弱离子对反应管的内壁的损伤，提高反应管的寿命及减少颗粒污染。远程电感应耦合等离子体系统有一个显著特点是，可以通过优化腔室与线圈配置，优化等离子体电势的均匀性，进而获得均匀的离子轰击。

对于远程等离子体系统，喷淋板的材料选择和孔径分布将影响刻蚀损伤和刻蚀均匀性。喷淋板的材质可以选择石英、陶瓷、铝等，考虑成本及易损性，最常用的是铝。通常一层喷淋板可以过滤掉带电粒子和紫外辐射，但是为了更好的过滤效果，会设计多层喷淋板结构。

4.2.2 晶圆边缘表面处理设备

从设备结构而言，在晶边刻蚀中，晶圆中心需要用遮挡盘遮挡，以确保晶圆中心的绝大部分不被刻蚀，这是晶边刻蚀装置的独特结构。在实际的设备中，遮挡盘的尺寸比晶圆本身小几毫米，以实现晶边部分刻蚀(最大到1mm宽)的目的，如图4.8所示。从水平方向看，晶圆边缘是晶圆唯一暴露的区域，可以保证只有晶圆的边缘被刻蚀。从垂直方向看，晶圆被遮挡盘上下夹持，且上遮挡盘与晶圆并不完全接触而是留有一定的缝隙，根据帕邢定律（Paschen's law），平行板电容器的直流击穿电压 V_B 是腔压 p 和间隙间距 d 的函数：

$$V_B = Bpd \cdot \ln(1/\gamma)/\ln(Apd) \tag{4.1}$$

其中，A 和 B 是与气体特性相关的常数，γ 是与平行板电极材料相关的常数。因此，气体在尺寸越小的地方越不容易被放电启辉，当遮挡盘与晶圆之间的缝隙尺寸小到一定程度以后，等离子体很难进入这个缝隙，从而保护晶圆中心不被刻蚀。在晶边刻蚀中，一般而言，CO_2 被用于去除聚合物，NF_3 被用于去除介电质。实际上，晶圆边缘上的任何类型的薄膜，无论它是介电质、金属或有机材料薄膜，都可以通过晶边刻蚀而去除。

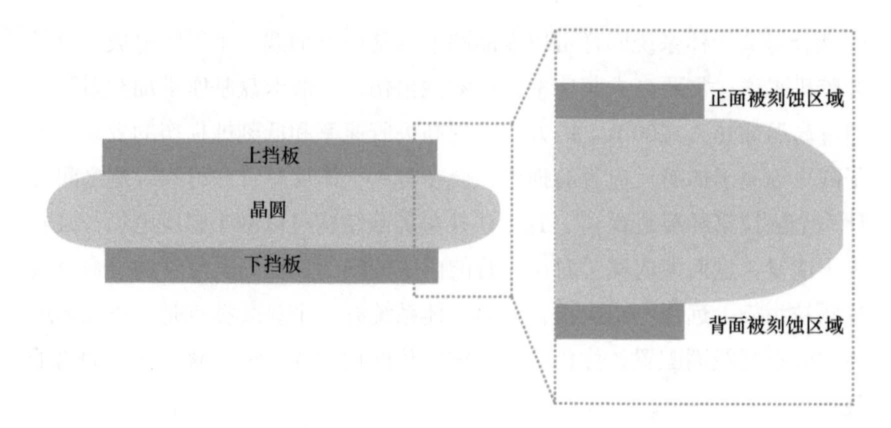

图 4.8 晶边刻蚀区域示意图

4.3 等离子体表面处理技术的挑战

4.3.1 等离子体表面处理的损伤问题

随着集成电路制造特征尺寸逐渐接近原子尺度，对于等离子体表面处理的损伤要求也在提高，如何降低等离子体表面处理的损伤问题是当前技术的主要挑战之一。等离子体损伤可分为两种：一种是离子诱导损伤和紫外诱导损伤，另一种是等离子体刻蚀损伤。

1. 离子诱导损伤和紫外诱导损伤

在等离子体产生过程中会产生离子、电子、自由基以及紫外辐射等，其中离子和紫外辐射会对材料表面产生一定损伤。离子诱导损伤主要会造成电荷损伤和物理损伤。电荷损伤会造成离子转移电子到表面，产生电子击穿等，影响薄膜的电性质。物理损伤主要是离子轰击造成薄膜材料损失、结构改变等，改变表面性质。紫外诱导损伤主要产生在等离子体辉光放电过程中。高密度的紫外光辐射会产生电子空穴对，在界面产生电荷捕获。同时紫外光子也会造成电介质化学键断裂，改变电性质，造成器件的良率和可靠性降低。

虽然远程等离子体源采用双层金属喷淋板可以有效过滤掉紫外辐射及显著降低带电离子，消除离子诱导损伤和紫外诱导损伤，但是也会增加自由基的复合降低处理效率。因此需要采用更高功率和解离率的等离子体系统，补偿自由基的复合损失。Nagorny 等人[15,16]发明了一种高效率的电感应耦合等离子体系统，通过特殊的内部结构设计，提高反应空间内电子的热效应以及反应气体的方向性，可以达到每分钟接近 10 微米的去胶速率。

2. 等离子体刻蚀损伤

对于 45nm 及更高工艺技术节点，在等离子体表面处理过程中，要求每次工艺 Si 的损失量在几埃米以下[17,18]，因此对于含 F 工艺及 H_2 工艺要求非常高。含 F 气体会与 Si、SiO_2 及一些金属发生反应，工艺过程控制不够精确就会造成刻蚀损伤。而在高剂量离子注入后去胶工艺中，会采用含 H_2 工艺去除光刻胶表面的硬化层。但是 H_2 等离子体工艺中 H 元素扩散进体相晶体内可能导致体相结构损伤及离子注入失活。Diao 等人[18]研究了不同气体种类（O_2，O_2/ 4% H_2/N_2，O_2/H_2，N_2/H_2）对多晶硅表面氧化层厚度及表面损失量的影响，通过调节工艺参数可以实现更小的多晶硅损失和表面氧化层厚度增加。除了以上方法可以降低等离子体损伤外，采用原子层刻蚀的方法也可以降低刻蚀损伤，Vogli 等人介绍了一种原子层刻蚀聚合物的方法，每个循环刻蚀 0.1nm 厚的聚合物[19]。原子层刻蚀可能是未来解决等离子体表面处理损伤的一种重要方法。

4.3.2 等离子体表面处理的颗粒问题

随着集成电路制造中对晶圆表面洁净度的要求越来越高，等离子体表面处理工艺应用的场景会越来越多，对于颗粒控制要求也更为严格。等离子体表面处理的颗粒来源主要有工艺腔室和传输过程两方面。在工艺腔室方面，长时间进行表面处理、清洁等工艺，反应产物将会在腔室内壁、管路聚集造成颗粒累积，并且含 F 工艺也会造成腔室一些配件的腐蚀，比如等离子体反应管。同时由于腔室内温度分布差异，会导致腔室表面附着物脱落。通过优化腔室表面材质或处理方式，以及定期保养更换可以减少颗粒累积，但是如何高效、低成本减少颗粒问题需要进一步研究。在传输过程中的颗粒主要是在真空和大气切换过程中产生，因为等离子体表面处理设备产能要求较高，一些设备会采用大气传输。在大气传输过程中，通过提高传输模块的密封性及优化气体流场等可以减少颗粒数量，但是相比于真空传输系统颗粒控制还有一定差距。

4.3.3 等离子体表面处理材料种类多样化

随着集成电路制造关键尺寸的不断缩小，制造工艺变得更加复杂，等离子体表面处理的表面材料种类也在不断增加。首先，随着光刻机的光源不断改进，从紫外线光源到极紫外线光源，对应的光刻胶种类也在变化。其次，为了更高的刻蚀选择比，会采用无定形碳等无机材料作为硬掩膜。此外，一些光刻工艺中会用到抗反射膜来降低曝光中的反射问题，这些抗反射膜主要是氧化硅、氮化硅等无机材料。另外，正如前文所述，容易损伤的超低介电材料应用逐渐增多。随着这些新型材料的应用增多，对于等离子体表面处理设备的性能要求也不断提高，等离子体表面处理设备要具有无损伤表面清洁、高选择性表面处理、高工艺实用性、高处理效率等性能。

4.3.4 晶圆边缘等离子体表面处理设备均匀性

在晶圆边缘等离子体表面处理设备（简称晶边刻蚀设备）中，一个很重要的设计因素是遮挡盘与晶圆之间的对准位置。如果遮挡盘与晶圆之间对位不准确，就会导致刻蚀发生偏心现象，进而影响刻蚀均匀性，降低产品良率。针对这一问题，有研发人员提出了局域化晶边刻蚀的概念，如图 4.9 所示 [20]，仅有部分晶边区域暴露在等离子体环境中进行刻蚀，然后通过基座带动晶圆的旋转，从而解决晶边刻蚀过程中的均匀性问题。并且，这个局域等离子体刻蚀区域最大可支持四片晶圆同时作业，能提高产能和效费比。

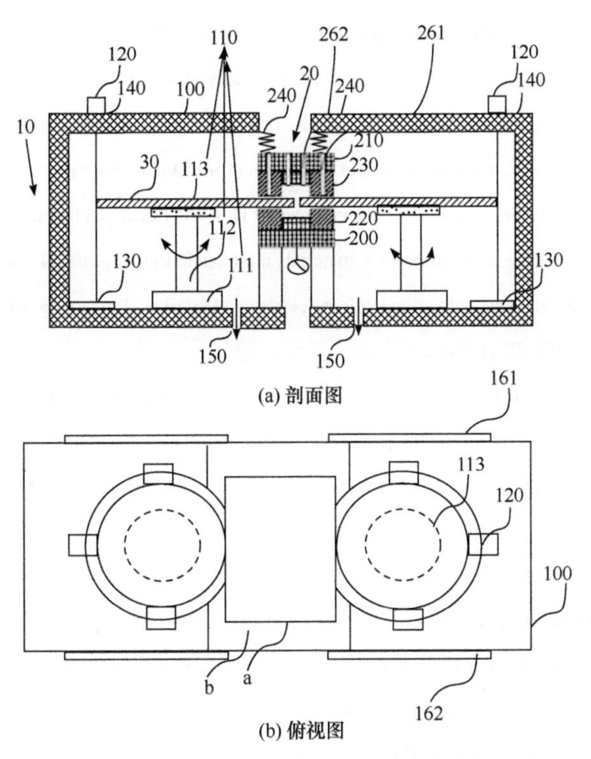

(a) 剖面图

(b) 俯视图

10：传片系统；100：腔主体；110：支撑移动平台；111：支撑座；112：旋转支撑柱；113：晶圆夹持板；120：光学探测部件；130：光学反射部件；140：光学反射部件固定件；150：出气孔；161：第一门阀；162：第二门阀；20：刻蚀系统；200：下电极；210：上层板；220：下射频隔离环；230：上射频隔离环；240：位置调节部件；261：第一进气通道；262：第二进气通道；30：晶圆；a：等离子体产生区；b：非等离子体产生区

图 4.9 局域化晶边刻蚀设备示意图 [20]

参考文献

[1] Reinhardt K A, Kern W. Handbook of Silicon Wafer Cleaning Technology[M]. Norwich: William Andrew, 2008: 1-86.

[2] Cain S R, Egitto F D, Emmi F. Relation of polymer structure to plasma etching behavior: Role of atomic fluorine[J]. Journal of Vacuum Science & Technology A: Vacuum, Surfaces, and Films, 1987, 5(4): 1578-1584.

[3] Fujimura S, Shinagawa K, Nakamura M, et al. Additive nitrogen effects on oxygen plasma

downstream ashing[J]. Japanese Journal of Applied Physics, 1990, 29(10R): 2165.

[4] Fujimura S, Shinagawa K, Suzuki M T, et al. Resist stripping in an $O_2 + H_2O$ plasma downstream[J]. Journal of Vacuum Science & Technology B: Microelectronics and Nanometer Structures Processing, Measurement, and Phenomena, 1991, 9(2): 357-361.

[5] Kuo M S, Hua X, Oehrlein G S, et al. Influence of C_4F_8/Ar-based etching and H_2-based remote plasma ashing processes on ultralow k materials modifications[J]. Journal of Vacuum Science & Technology B, Nanotechnology and Microelectronics: Materials, Processing, Measurement, and Phenomena, 2010, 28(2): 284-294.

[6] Darnon M, Chevolleau T, David T, et al. Modifications of dielectric films induced by plasma ashing processes: Hybrid versus porous SiOCH materials[J]. Journal of Vacuum Science & Technology B: Microelectronics and Nanometer Structures Processing, Measurement, and Phenomena, 2008, 26(6): 1964-1970.

[7] Xu S, Diao L. Study of tungsten oxidation in $O_2/H_2/N_2$downstream plasma[J]. Journal of Vacuum Science & Technology A: Vacuum, Surfaces, and Films, 2008, 26(3): 360-364.

[8] Anthony B, Hsu T, Breaux L, et al. Very low defect remote hydrogen plasma clean of Si (100) for homoepitaxy[J]. Journal of electronic materials, 1990, 19(10): 1027-1032.

[9] Jamieson G, Gerets C, Duval F C, et al. A descum review for cleaning surfaces in polymer embedded process flows[C]. Solid State Phenomena. Trans Tech Publications Ltd, 2012, 187: 215-218.

[10] Dong Z, Lin Y, Kong Y. Ashing process on warpage wafer with low damage[C]. China Semiconductor Technology Int. Conf. (CSTIC), 2021: 1-3.

[11] Hirayama H, Tatsumi T. Hydrogen passivation effect in Si molecular beam epitaxy[J]. Applied Physics Letters, 1989, 54(16): 1561-1563.

[12] Kim H, Reif R. In-situ low-temperature (600℃) wafer surface cleaning by electron cyclotron resonance hydrogen plasma for silicon homoepitaxial growth[J]. Thin Solid Films, 1996, 289(1-2): 192-198.

[13] Uchida K, Izumi A, Matsumura H. Novel chamber cleaning method using atomic hydrogen generated by hot catalyzer[J]. Thin Solid Films, 2001, 395(1-2): 75-77.

[14] Diao L, Vaniapura V, Mueller R. Novel process strategies for strip over tin[C]. ASMC 2013 SEMI Advanced Semiconductor Manufacturing Conference, 2013: 286-290.

[15] Nagorny V, Crapuchettes C . High efficiency plasma source[P]. US20140197136.

[16] Nagorny V, Vaniapura V, Surla V. Validation of High Efficiency ICP Source performance for advanced resist ashing[C]. 2015 26th Annual SEMI Advanced Semiconductor Manufacturing Conference (ASMC), 2015: 301-304.

[17] DeJule R. 光刻胶去胶难度渐增 [J]. 集成电路应用 , 2008(10):4.

[18] Diao L, Xu S. Study of film growth on silicon in advanced high dose implant photoresist strip[J]. ECS Transactions, 2009, 18(1): 663.

[19] Vogli E, Metzler D, Oehrlein G S. Feasibility of atomic layer etching of polymer material based on sequential O_2 exposure and Ar low-pressure plasma-etching[J]. Applied Physics Letters, 2013, 102(25): 253105.

[20] 吴堃 . 新型边缘刻蚀反应装置和边缘刻蚀方法 [P]. CN 111627844 A，2020.

第5章 集成电路中的物理气相沉积工艺与装备

5.1 物理气相沉积设备概述

在集成电路 (integrated circuit，IC)、封装、功率器件、LED、平板显示等领域中，物理气相沉积 (physical vapor deposition，PVD) 有着广泛的应用。PVD 大致可以分成两大类：蒸镀和溅射。前者在工艺过程中没有等离子体的存在，而后者和等离子体紧密相关。

蒸镀通常是在真空中采用直接加热或电子束加热方式对源材料进行加热，通过将源材料融化和汽化，使源材料的原子 / 原子团以气态的形式转变成固态最终沉积在基片 (裸硅片、蓝宝石或各类材料的衬底)/ 晶圆 (晶圆上的薄膜或具有繁多前道制程的芯片) 上。溅射通常在磁场的作用下产生氩等离子体，氩离子撞击靶材，使靶材的原子 / 原子团通过动量转换和物质迁移而最终沉积到基片上。因为溅射沉积过程中的原子的能量要高于蒸镀过程 中的原子能量，所以用溅射获得的薄膜密度和性能高于蒸镀的。

在蒸镀工艺过程中，基片的装载和卸载 (取下被蒸镀后的晶圆及放上要被蒸镀的晶圆) 通常会破坏工艺腔室的真空环境。而在溅射的工艺过程中，工艺腔室总是处在高真空的状态下，晶圆需要通过其他的真空腔室，如真空大气交换腔室、传输腔室、预加热腔室或者冷却腔室才能进入或离开溅射工艺腔室，所以溅射工艺腔室的本底真空度和洁净度要高于蒸镀工艺腔室，溅射腔室的漏率和压升率（rate of rise，ROR) 也要比蒸镀腔室低得多。

由于近代的磁控溅射设备还可以使被溅射的金属离子化和定向化（产生金属离子和覆盖有深宽比要求的孔洞和沟槽中），而蒸镀就很难实现这种功能，所以磁控溅射在先进 IC 和泛半导体领域中有着更广泛的应用。

当然蒸镀也有它的优点，由于所产生的原子能量比较低，在沉积过程中对基片上被覆盖的薄膜损伤就比较小。对于对损伤度比较敏感的栅极、源极、漏极 (Gate, Source, Drain) 及外延区域，磁控溅射就需要采取比较特殊的工艺和设备，比如采用较高的气压溅射工艺，或者引入射频 (radio frequency，RF) 溅射功能。

5.1.1 蒸镀设备

蒸镀中对源材料的加热可以是直接加热，也可以通过耐高温材料的坩埚间接加热。对于熔点高的金属和金属化合物，往往采用电子束加热，如图 5.1 所示 [1]。电子枪为阴极，坩埚材料为阳极，电子束在电场和磁场的作用下，对坩埚中的材料进行扫描加热。通过对电子束功率和扫描面积的调节，可以获得很高的单位扫描面积能量，从而达到熔解和蒸发几乎任何源材料的温度。坩埚用冷却装置进行冷却以避免坩埚材料和源材料的反应。蒸镀的工艺腔室是处在真空状态下，一方面可以避免源材料和薄膜的氧化，另一方面也可以在一定的温度下使源材料的原子更容易逸出，逸出后减少和残余气体分子的碰撞，增加在基片上沉积的速率。通常源材料的温度越高，其蒸气压就越高，使源材料的蒸发速率和在基片 / 晶圆上的沉积速率也相应提高。

虽然在工艺中会对基片 / 晶圆进行加热，但其温度远低于源材料的温度，所以在基片 / 晶圆上的蒸镀过程是凝固、形核、成长的薄膜生长机理。对基片 / 晶圆的加热主要用来获得不同的薄膜沉积温度，进而获得不同的薄膜组织结构。载片装置在腔室中的旋转可以弥补在腔室空间中沉积速率的差异，从而改善沉积薄膜的厚度均匀性。

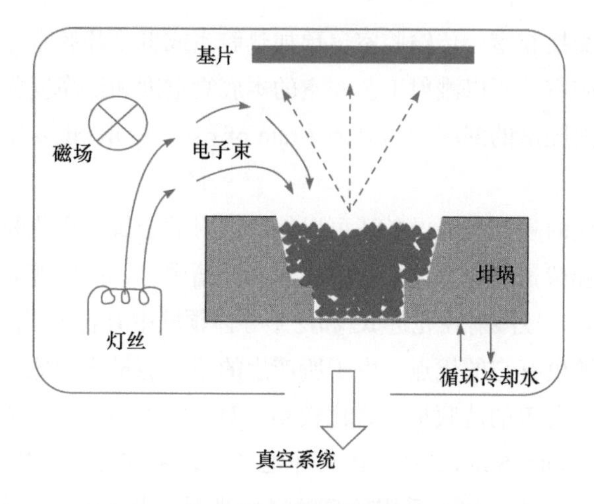

图 5.1　电子束加热的蒸镀设备示意图

5.1.2　直流磁控溅射设备

通常在 IC 领域中所指的 PVD 工艺和设备是与磁控溅射相关的。在磁控溅射中，直流（direct current，DC）溅射更为普遍，其原理如图 5.2 所示。在直流磁控溅射的腔室中，电源的负极接靶材（阴极），电源的正极与腔

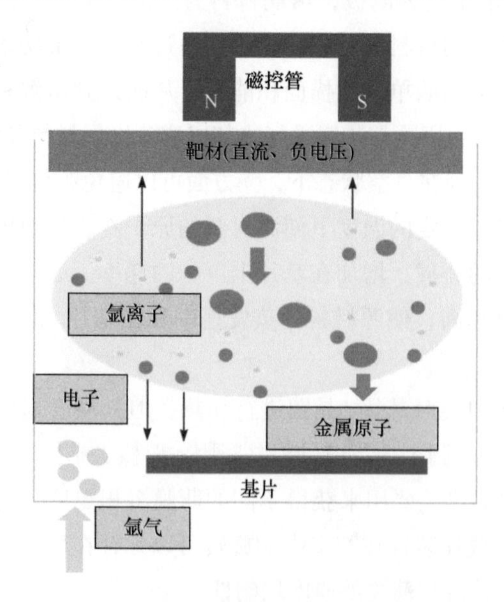

图 5.2　磁控溅射原理示意图

室接地（阳极），腔室也接地。承载基片 / 晶圆的基座处在悬浮的电位上，但其在溅射过程中的电位和地的电位很接近，对于靶材的阴极电位来说也可以视为阳极。所以直流电源的电子流方向是从靶材流向腔室壁和基座。对于纯金属的溅射，进入腔室的气体为氩气。在电场的作用下，氩气发生电离，带正电荷的氩离子向带负电的金属靶材迁移，并且在靶材表面上与一部分电子中和。氩气在靶材和基片 / 晶圆的电场中持续电离产生氩离子并迁移至靶材表面，同时电源为靶材提供的电子流、氩气电离产出的电子，以及氩离子轰击靶材产生的二次电子能够持续迁移至腔室壁和基座，这样就能够在腔室中维持等离子体并保持靶材对地的电位差。

氩气是惰性气体，在电离后对靶材的轰击不会对靶材表面造成纯度上的影响。而且氩气的分子量比较大，原子尺寸又和金属原子相仿，在电场中产生电离和保持等离子体的同时，还能够把靶材的金属原子 / 原子团撞击下来并往正对面的基座方向迁移沉积。在等离子体迁移的途中会和氩离子进行碰撞，碰撞概率会随着腔室气体的压力增加而增加。反之腔室压力越小，碰撞概率越小，但到达基片 / 晶圆成膜的动能越高。当腔室压力降低到下限值后，氩离子的数量过低就不能维持腔室的等离子体，溅射也就随之终止。

在氩离子向靶材迁移的同时，电子向接地的阳极和基座迁移，电子对基片 / 晶圆的轰击使基座和腔室的温度增高。基座的功能是固定基片 / 晶圆的位置，根据工艺的要求对基片 / 晶圆进行加热或冷却。当基座设置的温度比较高时也会对腔体和密封圈接触面进行水冷。由于直流电源向靶材提供的能量有一部分会转换成热能，所以产生的热量需要用去离子高纯度水对靶材进行冷却。

磁控管位于靶材的背面，磁力线穿过靶材在腔室内的靶材表面区域形成三维磁场。在 B_x+B_y 达到最大值和 B_z 达到最小值的空间处为等离子体的聚集区域。聚集的等离子体在两磁极之间沿着磁极的轨道走向延伸，在三维空间中形成了等离子体的轨道空间。电子在电场和磁场的作用下（洛伦兹力），在靶材表面对应磁极之间的区域形成螺旋线轨迹，如图 5.3 所示。电子的螺旋运动轨迹增加了电子的行程和密度，也就增加了与氩气分子碰撞的概率。磁场束缚电子，碰撞产生更多的氩离子。氩离子的浓度增加，撞击靶材的离子通量也就随之增加，从而降低了对直流电源电压输出的要求。如果没有磁控管的应用，氩气产生等离子体的电压需要千伏以上。目前工业界所使用的直流电源功率为几十千瓦，电压为几百伏，处于磁控溅射设备所需的范围内。图 5.4 和图 5.5 比较了没有磁控管和有磁控管的离子通量的模拟计算（单位时间内通过单位面积的离子矢量大小）。可以

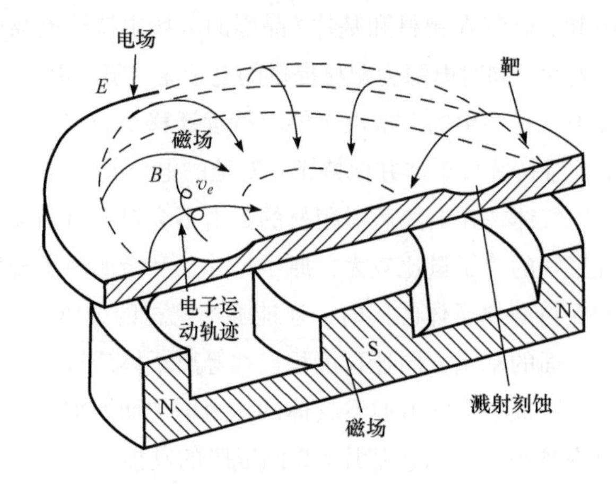

图 5.3 磁控溅射中电子在电场和磁场作用下形成运动轨迹的示意图

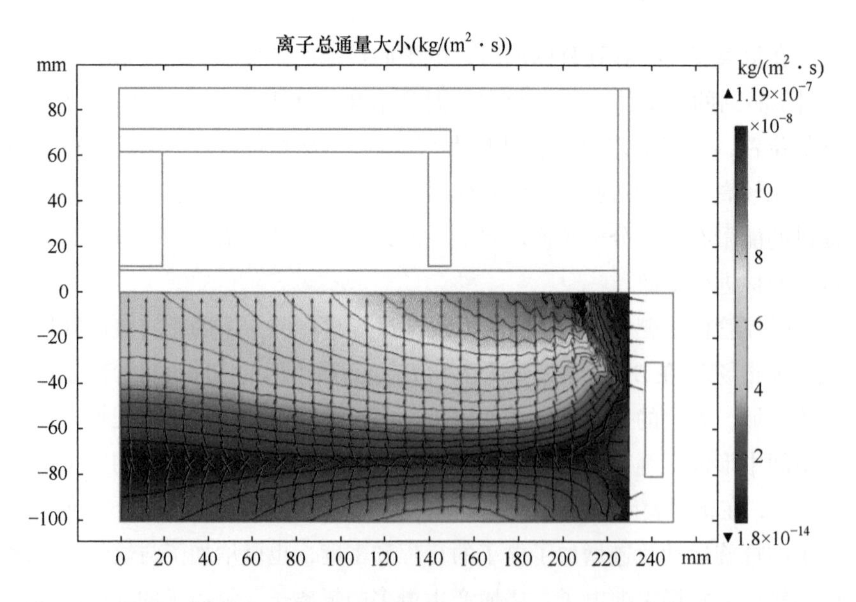

图5.4 无磁控管时离子通量在靠近靶材的区域分布弥散(大小为6~8×10^{-8}kg/(m^2·s))

观察到在靶材表面附近区域，使用了磁控管时离子往靶材方向的通量比没有磁控管时会高出三个数量级。同时离子通量较强的区域比较均匀地分布在靶材下方处于两磁极之间的区域内。

另一方面，磁场会束缚靶材附近区域的电子，从而一定程度上降低了电子对基片/晶圆的轰击效应。所以相对于单一的直流溅射，磁控溅射不仅提高了氩离子对靶材的溅射效率，也降低了电子对基片/晶圆的轰击损伤。

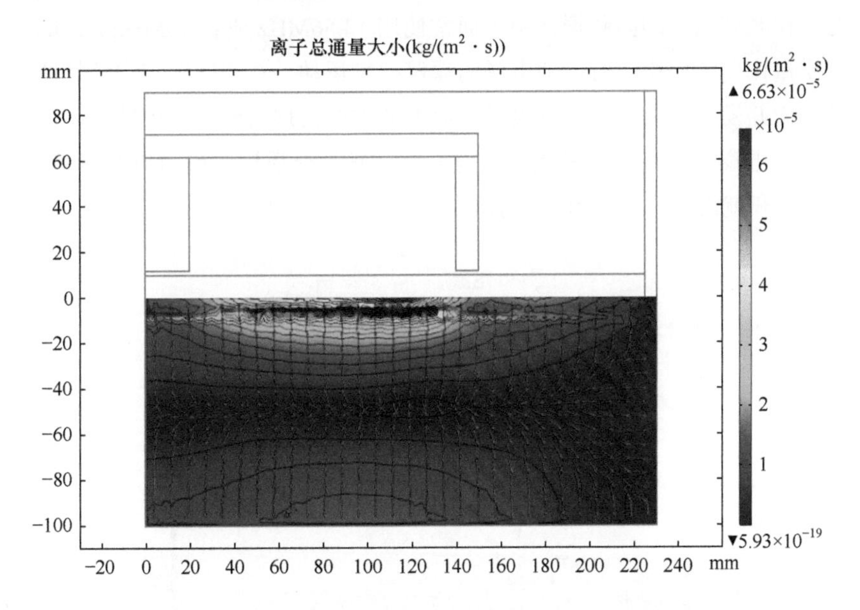

图 5.5　有磁控管时，离子通量在靠近靶材下方对应磁极之间区域内的大小为 6×10^{-5}kg/（$m^2\cdot s$），对靶材轰击密度最强处的等离子体聚集在两磁极之间的区域内

5.1.3　射频磁控溅射设备

当腔室中通入氩气和氮气的混合气体产生氩等离子体和氮等离子后，金属靶材表面就形成了该金属的氮化物，并且能够被溅射在基片/晶圆上沉积成氮化物。如果只通入氮气产生氮等离子体，虽然氮气能够氮化金属靶材的表面，但是由于氮离子的分子量太小，无法溅射出靶材表面的金属氮化物。有的金属氮化物是导体，如 TiN、TaN，尽管这些氮化物的电阻率比其相对应的金属电阻率要大，直流溅射还是能够顺利持续地进行。有的氮化物是绝缘体（介质层），如 AlN，随着直流溅射过程中靶材逐渐被

氮化，金属靶材表面就逐渐形成了介质层。由于靶材表面形成了绝缘薄膜，到达靶材表面的离子无法与电子中和而聚集在靶材表面，当靶材的负电压受到屏蔽后，离子不再加速轰击靶材，二次电子发射被抑制，等离子体无法维持，溅射终止。同理，这些金属的氧化物也都是绝缘体，无法在直流溅射中保持正常的等离子体状态。

射频溅射能够解决绝缘材质的电极无法维持正常等离子体状态的问题。在兆赫兹级的高频振荡中（通常使用13.56MHz或者40MHz），电子的质量比离子要小，可以随电场的振荡往复运动，在空间中与中性气体原子碰撞并发生电离。产生等离子体放电的主要机理为电子与中性气体分子碰撞而电离，即进行 α 模式的放电。这样靶材介质层的溅射以及对基片/晶圆沉积就能够产生。射频溅射的示意图如图5.6所示。

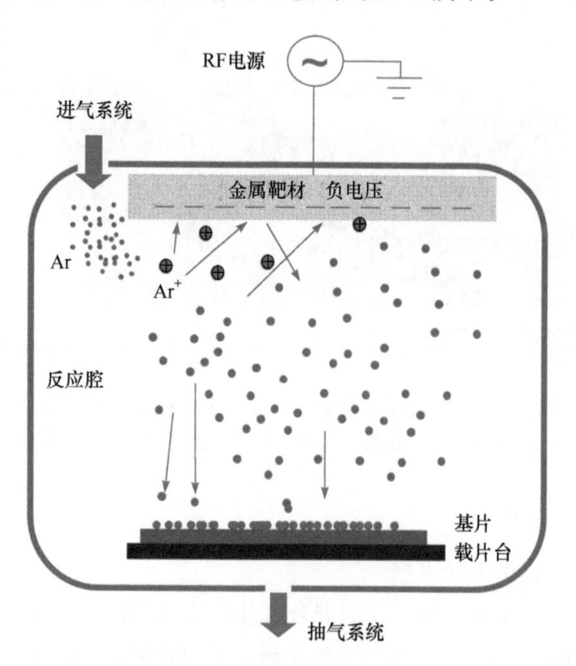

图 5.6　射频溅射设备示意图

当在基片/晶圆上沉积了相应厚度的介质层后，如果等离子体两端电极的面积一样，在RF正负相交周而复始，如正弦波的电压波的上半周期间，*A* 电极为阴极（靶材），*B* 电极为阳极（基座），*A* 电极向 *B* 电极进行物质转移。在下半周期间，A 电极和 B 电极的极性会反转，B 电极向 A 电极进行物质转移。这样虽然能够保持等离子体和溅射及沉积，但在基片 / 晶圆上并不能持续生长介质层薄膜。

有两种方法可以打破这种平衡：一种方法是调整两端电极的面积比例，面积小的一端电极等离子鞘层（sheath）的电压比较高[2]，就更容易形成受离子轰击的阴极（靶材）。

$$V_A/V_B=(A_B/A_A)^n \tag{5.1}$$

其中，V_A 和 V_B 分别为电极 A 和 B 两端鞘层的电压，A_A 和 A_B 分别为电极 A 和 B 两端电极的面积。n 的理论值为 4，实验值为略小于 2。

另一种方法是在靶材的背面加上磁控管形成射频磁控溅射。其原理如 5.1.2 节所述。磁控溅射，无论电源是 DC、RF，还是 DC/RF 共用，和氩气一起工作时，在磁控管一侧的电极放置靶材就是等离子体溅射的发源地，包括脉冲直流（pulse DC）溅射。

脉冲直流溅射的频率处在千赫兹的范围，也可以用于介质层的溅射。虽然脉冲频率比射频低，电子的迁移周期比射频长，但是脉冲直流电源不需要匹配器，工艺条件和硬件配置与直流电源类似。虽然脉冲直流溅射比射频电源简单和稳定，但稳定性还是不如直流溅射。例如脉冲直流溅射用于氧化铝的溅射，在腔室中通入氩气和氧气，对纯铝靶材进行氧化和溅射，在基片 / 晶圆上形成氧化铝薄膜。在恒功率的溅射过程中，随着靶材的氧化层逐渐增厚，靶材的电压会逐渐升高，造成氧化铝薄膜的沉积速率逐渐下降。所以在溅射一段时间后需要用纯氩离子清理靶材表面的氧化层，才能重复之前的氧化铝溅射工艺，使靶材的电压值复原和氧化铝沉积速率的变化控制在可以接受的周期范围内。

5.1.4 磁控溅射和磁控管设计

对于应用在平板显示领域中的磁控溅射，腔室可以形成阵列式的排布。腔室的宽度可以相对应一个固定的矩形靶材的长度。磁控管可以用马蹄形的磁铁沿着靶材的长度排布。平板基片在溅射过程中在靶材下方作匀速的往复运动。只要腔室的长度大于平板基片长度的两倍，平板基片就能最终被溅射沉积上一层均匀的薄膜。由于在靶材两端的溅射有一部分会沉积在腔室内壁上造成损失，从而使沉积在平板基片两侧的薄膜厚度减小，所以平板基片的宽度要小于靶材的长度。其差值取决于靶材和平板基片的距离、工作压力等因素。同理我们可以把矩形靶材改成圆筒形靶材，磁控管置于筒内，靶材长度保持不变。在溅射中，平板基片向圆筒靶材往复移动的方式不变，而且靶材同时进行匀速旋转。这样不仅平板基片会被沉积上一层均匀的薄膜，靶材的消耗也比较均匀。

IC 领域中的溅射是采取单腔单晶圆的方式。根据集成电路的制程需求，在晶圆上既要有均匀平坦化的薄膜，也要对沟槽、孔洞结构的底部和侧面进行定向或均匀的覆盖。对于不同结构尺寸和深宽比，只有用单腔室单晶圆的腔室设计方式，配合使用多种磁控管的布置和运动轨迹的调整，以及基座及其他腔室部件的定制方法，才能满足 IC 制程对于不同工艺的薄膜覆盖要求。

单腔室单晶圆的靶材是圆盘形的，与之相配的磁控管的磁极一般会布置在一个象限区域内，并围绕靶材中心作匀速旋转。靶材旋转是在晶圆上形成均匀厚度薄膜的一个必要条件。目前经常使用的磁铁有两种类型：一种是矩形面积磁极的一体式马鞍形磁铁，即磁极的长度大于磁极的宽度。它的 N 极和 S 极呈现在一个平面上，由多个马鞍形磁铁沿靶材平面的半径和圆周上布置组合成一个磁控管。由于是一体式同一材料的磁体，且两端磁极的面积一样。磁力线从 N 极出发穿过靶材的大气端表面，在靶材真空端表面作 180 度的 U 形折转后又完全回到了另一侧的 S 极。这种磁控管又被称为平衡式磁控管，磁力线基本分布在两极之间，并且在平行靶材的平面区间内形成 $B_x + B_y$ 最大值的磁场。在靶材内侧的真空端 N 磁极和 S 磁极之间的中线区域内可以形成最强的等离子体。由于磁铁和磁铁之间存在着空隙，磁极之间不能形成一个闭环的等离子体回路，所以又称为开环式磁控管。部分被束缚的电子在磁铁的空隙之间会产生电子逃逸现象，因此在总磁场强度相同的情况下，开环磁控管比闭环磁控管的溅射效率会低一些。

另一种由圆柱形磁柱组成的磁控管使用范围更广泛。磁柱的一端安装在有一定形状的铁磁性板上（如一个圆形的板），称之为磁轭（magnetic yoke）。磁柱和磁柱之间保持一定的距离并首尾相接形成一个圈，再用一条闭环的铁磁性环件，称之为磁极靴（magnetic pole piece）安装在磁柱的另一端（如一个圆环件）。所有的磁柱保持同一个极性，如S极和磁轭相接，N极和磁极靴相接。同样用另一组相同的磁柱排列成尺寸不同而形状相似的一个闭环的圈（如半径较短的另一个圆），但圈内所有磁柱的磁极相反，即N极和磁轭相接，S极和磁极靴相接。这两组内外圈磁极形成的圆形磁控管是一个非平衡闭环磁控管。磁力线从N极的外圈磁环出发，一部分回到了S极的内圈磁环，在靶材真空端的一侧产生了一个内外圈磁极之间闭环轨道中的等离子体（等离子体轨道）。但另一部分的磁力线离开了平行于靶材表面 $B_x + B_y$ 最大值的磁场面，和其他不同层面的磁场发生交互作用而形成腔室的体磁场。电子在等离子体轨道中进行螺旋式的推进运动，增加了电子和气体分子的碰撞概率，提高了等离子体密度和靶材溅射效率。

等离子体轨道旋转后在靶材表面形成的等离子体溅射和最终在晶圆上薄膜沉积的分布，取决于靶材和晶圆的面积比以及靶材到晶圆的距离。在标准的靶材到晶圆的距离（如 <70mm）和靶材的直径比晶圆直径足够大的条件下，磁控管在等离子体轨道的长度或者累加长度和旋转中心到轨道的半径成正比，因为圆周上某个角度的弧长和半径是成正比的。

但是有两个边界条件并不满足这个定律。一个在圆心上：如果在圆心上没有等离子体的轨道交集，就会在圆心的微观区域内没有溅射。这个区域有可能会造成晶圆中心的欠沉积，也会造成靶材中心区域被周围区域溅射覆盖（redeposition）导致最终剥落而产生颗粒问题。好在溅射的原子分布不遵循Delta函数（在溅射的正下方是1，在其他区域是0）。如果遵循Delta函数，要么在晶圆中心处存在过度溅射，要么在晶圆中心处没有溅射，无法达到在晶圆上薄膜厚度均匀性的要求。实际上一般溅射的原子分布遵循Cosine函数，在溅射的正下方是1，正侧方为0，在其他角度区域的溅射会获得1至0的有限值。这样我们就可以利用等离子体轨道在大于零的半径附近区域的偏角度溅射分布来覆盖晶圆的中心区域并达到在晶圆中心和其他区域的平衡沉积，从而获得比较好的薄膜厚度均匀性。

另一个边界条件是在靶材边缘：同样的溅射分布（emission profile）在不同的边界条件下，却有着完全不同的效果。如果遵循Delta函数的溅射分布，只要靶材的直径略大于晶圆，磁控管在等离子体的轨道长度和旋转中心到轨道的半径成正比的定律一直可以沿用到靶材的边缘区域。但实际上就是在靶材的直径是晶圆直径的 1.5 倍的条件下，靶材在靠近边缘区域的溅射还是有相当部分的原子按照 Cosine 函数的规则散射到靶材最大半径以外的区域（通常沉积到腔室内衬的侧壁上）。所以在晶圆边缘区域相对于中心区域而言，受到了靶材边缘区域散射的影响而损失了一部分的沉积，导致晶圆边缘处比中心区域的薄膜厚度薄的沉积效果。

综上所述，“磁控管在等离子体的轨道长度和旋转中心到轨道的半径成正比”这一定律需要进行修正。等离子体轨道长度在靶材边缘区域需要进行延长，用来弥补原子在边缘区域溅射的损失。Yang 等[3]指出等离子体的轨道长度和半径的关系应该遵循 $L = ar^n$ 的公式，其中 a, n 为特定常数。当 $n = 2$ 时是一个比较理想的状态。因为 $n = 2$ 与 $n = 1$ 的条件相比，等离子轨道长度 L 在旋转半径 r 较大时增量会更大。一旦等离子体轨道长度和旋转半径的关系确定后，等离子体轨道两侧的磁极轨道走向和磁柱的坐标位置也就大致确定了。杨玉杰等用极坐标公式比较精确地描述了单个磁控管磁极轨道的走向[4]：$r = a\theta^n + b\cos\theta^m + d$，其中 a, b, d 是特定常数，n, m 均在 [0，2] 的区间内。根据公式可知，当磁极轨道的走向确定后，磁柱的坐标位置也就随之确定了。同理，磁控管的磁场强度在靶材的边缘区域会比其他区域更强，相应的在靶材边缘区域的溅射侵蚀（erosion）就更多，有利于调节靶材边缘的加强溅射和沉积，提高薄膜的整体厚度均匀性。

实际上不同磁极轨道之间的间距和同极磁柱之间的间距并不一定是恒定的，等离子体轨道也不一定是单一的，多条等离子体轨道之间也会有相互作用，加上不同靶材溅射分布的差异以及腔室工艺条件不同等各种因素，很难用一项或多项计算公式来精确地定位等离子体轨道、磁极轨道和所有磁柱的坐标位置，所以磁控管的设计离不开实验、校准、再实验、再优化的反复过程。磁控管的设计不仅要考虑薄膜的厚度均匀性和电阻均匀性，还要考虑靶材的利用率和全靶侵蚀或消耗。靶材尽可能地均匀消耗有利于靶材寿命的延长，靶材全面积的侵蚀可以避免在靶材上的重复沉积最终导致沉积物剥落而造成的颗粒问题。

5.2 磁控溅射真空系统及相关设备

磁控溅射在所有的物理气相沉积方法中，具有所沉积金属薄膜低电阻率的性能，原因大致可以分为四点：①磁控溅射过程使用高纯度金属靶材。无论是真空浇铸轧制，还是粉末冶金烧结，得到的金属靶材纯度均能达到五九（99.999%）或者五九五（99.9995%），甚至前制程工艺能达到六九(99.9999%）。②高真空溅射沉积工艺。磁控溅射 PVD 腔室基本上都配备冷泵，冷泵的一级冷板温度为 77K，可以有效地冷凝水分子；冷泵的二极冷板温度为 14K，可以有效地冷凝氩气、氮气等大分子气体；另外冷泵还有多孔碳结构材料，能够吸附残余的氢氦小分子气体。③ PVD 腔室和传输平台都装有预热烘烤装置，使用红外辐射灯管或者加热棒，用来去除真空环境下的腔室内壁上和加工清洗后腔室部件中的残余水分。即使去除水分后达到工艺真空标准，由于某种原因在真空中闲置一段时间后，还是需要再次进行预溅射的操作，使腔室重新恢复到工艺前的工作状态。④磁控溅射 PVD 机台具有独特的平台腔室配置系统。通常采用双传输腔室和多工艺腔室循序渐进的真空提升系统（stage pumping）以保证 PVD 腔室在工艺前达到高本底真空（chamber base pressure）和 ROR（rate of rise）的要求。

5.2.1 靶材

靶材用于单一晶圆、单一溅射沉积腔室，其形状和晶圆一致，直径比晶圆大 50% 左右。靶材尺寸太大，会增加腔室和平台的占地面积；靶材尺寸太小，不利于得到厚度均匀的薄膜。靶材需具有足够的机械强度来防止受大气压力的过度变形，因为靶材的一端处于大气中，另一端处于真空中。一般的纯金属材料屈服强度有限（如纯铝、纯铜），难以抵抗大气压力，造成靶材中央向真空端腔室的过度凹陷，所以会把靶材和高强度的合金背板以钎焊或扩散焊的方式连成一体。合金靶材或者高强度材料的靶材也可以制成一体式靶材（单一材料）。靶材背面的一个密闭空间安置旋转的磁控管和去离子水的循环冷却系统。直流电源给靶材提供的能量超过一半会转变成热能被去离子冷却水带走。去离子水的电阻需要严格控制在近兆欧级的电阻标准，小于这一标准会降低靶材对地的电阻而影响正常的功率输出。当遇到这种情况时，应该更换去离子的过滤器。

除了靶材的纯度（纯金属）、化学成分（合金）是关键的指标参数外，靶材的晶粒尺寸和取向、金属靶材表面的氧化层都会影响到沉积薄膜的性能，所以当安装好新的靶材后，必须进行一次功率逐渐上升至正常工艺功率的烧靶处理（target burning），用来去除靶材表面的金属氧化层并进入靶材初始工作状态。当腔室处于正常工艺间隙时（如闲置时间大于十几分钟），需要进行几片晶圆工艺时间的腔室间隙处理（chamber warm up）。因为即使在高真空环境下，腔室中的残余气体（大气和水汽）能够在较短间隙时间内造成靶材表面金属层微观结构上的氧化。靶材表面的局部金属氧化或者氧化层次不均匀很可能造成靶材表面的微观打火现象（micro arcing）。靶材周边和内衬上端（upper shield）的间隙尺寸需要进行严格控制。间隙太小可能造成宏观打火（hard arcing），间隙太大则会造成等离子体进入，并在靶材侧面周边沉积，造成滞后的沉积物剥落。这两种情况都有可能导致不同类型的颗粒缺陷。此外，在高功率的溅射状态下，靶材的变形量过大也容易造成打火现象。出现打火现象，有时能自动恢复成正常工作状态，有时则会终止溅射过程，这在一定程度上取决于设置的直流电源参数（重新点火参数）和选择的电源类型（具有抑制打火功能）。

5.2.2 真空系统

溅射前的高真空状态是等离子体溅射沉积的必要条件。PVD 腔室的高真空度是通过溅射前的严格检漏、氩气充气 / 干泵抽气的多次循环、红外线灯管的充分烘烤、预溅射及冷泵再生获得的。通常本底真空在 10^{-8} 托（Torr）的下区间内，ROR 在千纳托 / 分的偏下值（这个数值比化学气相沉积腔室的漏率要低三个数量级）。本底真空、ROR 值与腔室的温度（包括基座温度）紧密相关，温度越高数值越大。因为大气分子在越高的温度下越容易通过密封圈渗透进入腔室，而腔室中的内衬、基座及其他部件的残余水汽分子也越容易通过表面从内部扩散到腔室里。

溅射过程中，腔室通氩气形成等离子体，这时腔室的压力跃升至几毫托的工作压力。虽然工作压力比本底真空高出了五个数量级，但由于进入了极高纯度的氩气，腔室除了氩气的加入，真空洁净状态并没有发生变化。在工作状态下，溅射功率、基座和晶圆温度、腔室压力、靶材到晶圆的距离等参数的选取，取决于沉积薄膜的结构和均匀性等因素。其中工作压力的高低决定了粒子碰撞的平均自由程 λ，如下所示[2]：

$$\lambda = 0.05/P \tag{5.2}$$

平均自由程 λ 的单位是 mm, 工作压力 P 的单位是 Torr。300K 条件下得到系数为 0.05。如果把压力转换为 SI 制的 Pa，该系数为 6.6。

当腔室的工作压力为低压 1mTorr 时， 粒子碰撞（氩离子和溅射后的金属原子）的平均自由程是 50mm。当靶材到晶圆的距离为 50mm 时，金属原子从靶材表面逸出到达晶圆的过程中是可以避免碰撞的。也就是说，在类似的低压条件下可以用直线作图来估算金属原子在溅射过程中的起始点和直线轨迹。

无论是在溅射过程中检测工作压力，还是在溅射前达到本底真空和 ROR 值，都离不开真空规的使用。通常不同类型的真空规适用于不同的真空状态。CG 规（convectron vacuum gauge）适用于 PVD 腔室从一个大气压抽真空到几十毫托的过程或者充气开腔的逆过程；PG 规或 BG 规（diaphragm vacuum gauge）适用于 PVD 腔室毫托级的工作状态和晶圆背压托级的工作状态；IG 规 （ionization vacuum gauge） 适用于达到本底真空的高真空状态和测量 ROR 数值。当然也有集成上述三种功能的全量程规。

真空规还有一个重要的用途是检测相邻两个腔室之间的晶圆交换的真空条件。当这两个腔室的压力处在一定的范围内时，阀门才能打开进行晶圆交换。比如在 PVD 腔室工艺完成后，氩气停止进入，腔室压力在某个时段为 10^{-5} 托量级（渐渐从工作压力的毫托量级向本底真空 10^{-8} 托量级接近），而邻近的传输腔室真空度为正常工作状态下的 10^{-8} 托量级。虽然这时两个腔室的真空度相差三个量级，但都处在分子随机跃动阶段（molecular flow），此时阀门可以开启，晶圆能够顺利交换。如果 PVD 腔室处在托量级的真空状态（比如腔室充气至大气过程中的某种状态），而传输腔室正处在毫托量级的真空状态（比如腔室充气至大气过程中的某种状态），这时相邻的两个腔室压力依旧相差三个数量级，但隔开这两个腔室的阀门是绝对不能打开的。如果意外打开，在 PVD 腔室中的晶圆就会飞向传输腔室，撞成碎片，镶嵌在传输腔室的内壁上，整个传输腔室就报废了。因为此时的 PVD 腔室处于层流（laminar flow）状态。为了防止此类事件发生，

PVD 机台的控制系统设置了相应的软件互锁，但是在装机或维修阶段的调机过程中，操作人员可以有权限越过相关的互锁直接进行阀门的开启和关闭操作，这时操作人员对于动作前因后果的理解就很重要了。

残余气体分析仪（residual gas analyzer，RGA）是一个很好的辅助工具。它可以分析腔室真空状态下的残余气体量和成分以及在工作中监控腔室的真空状态。一般情况下，RGA 在高真空环境中工作。如果遇到层流的腔室工作环境，需要加配分子泵系统。

5.2.3　预加热系统和去气腔室

PVD 机台的预加热系统包括平台中的加热棒和 PVD 腔室里的加热灯管。前者用来预加热传输平台，后者用来预加热工艺腔室。去气（degas）腔室则专门用来预加热晶圆。加热棒是通过热传导加热整个铝合金平台，加热灯管是通过热辐射加热整个不锈钢或铝合金 PVD 腔室的腔体和内衬，以及没有加热装置的基座等部件。若基座备有加热装置也需要在预加热时设置到工艺温度，或者略高于工艺温度。预加热的功率设置一般采用接近满功率负载，时间从几小时至十几小时，取决于腔室的空闲状况。如果腔室置于大气中较长时间，加热时间就需要延长，如果腔室只在大气中做了短暂的停留，加热时间就可以比较短，最终的目标都是满足腔室的本底真空和 ROR 对各自腔室的真空指标要求。

去气腔室具有加热功能。有的腔室仅使用具有加热功能的基座，既可以预加热达到本底真空和 ROR 的目标值，又可以用于去气的加热工艺。晶圆置于基座的上面，通过充氩气达到几托的腔室压力，来保证加热器的热量传导至晶圆的下表面。加热工艺结束后腔室需要抽气到本底真空和相邻的高真空传输腔室进行晶圆交换。为了加快充气和抽气的过程，腔室体积应尽可能小。通过设置加热器中加热丝的排布和选择加热器材料来实现晶圆温度的均匀性。在工艺过程中通过电路的闭环控制，使输出功率随负载和环境的变化而调整。

有的去气腔室仅使用一组红外线灯泡对晶圆进行辐射加热。在这种状态下，加热可以在真空中进行。对加热灯泡的布置和输出功率的调整可以对晶圆进行均匀的加热。晶圆到达的温度不仅取决于灯泡组的整体输出功率，也取决于晶圆表面对光强的吸收和反射（emissivity）。晶圆的温度需要用与同种类型晶圆的热电偶（thermo couple，TC）来进行校准。晶圆表面的薄膜材料和状态发生变化后，温度有可能要重新校准。

有的去气腔室使用晶圆双面加热，即用加热器从晶圆的下方加热，利用红外线灯泡组通过热辐射从晶圆的上方加热，如图 5.7 所示。这样可以提高晶圆的升温速率并弥补晶圆和加热器之间的温差，使热量的传递在相同的时间内更有效，同时还可以在加热过程中通过充气和抽气，及时抽去晶圆的吐气（outgassing）。

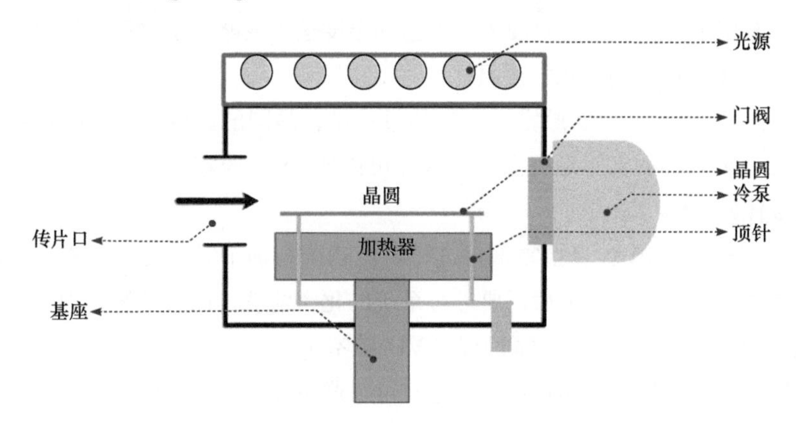

图 5.7 双面加热去气腔室示意图

有的去气腔室从晶圆的侧面通过红外灯管组热辐射加热，这样能够同时容纳和加热多片晶圆。这种多片去气腔室主要用于需要长时间加热工艺的后封装领域。

RGA 可以用来观察腔室残留水汽和时间的变化，从而优化去气工艺，包括选择温度范围和有效时间。可以用一片在大气中搁置较久的硅片（用来吸水）做一系列去气的重复实验，当温度设置为 T_1，经过一段时间后，RGA 水汽的信号由强变弱，最后到达一个稳定状态下的数值；接着使用同一片硅片重复上述 T_1 的实验，水汽的信号变化不大，最终还是到达之前稳定状态下的数值。然后增加几度温度至 T_2(T_2>T_1)，经过相同的一段时间后，水汽在 RGA 中的信号又达到类似第一个 T_1 温度实验时的原始强度，然后又由强变弱，最后到达稳定状态下的数值；再次重复 T_2 的实验，会得出水汽的信号变化不大，最终到达稳定状态下的数值。以此类推，我们可以做T_3，T_4，T_5，…，T_n的第一次实验及相同温度下的第二次实验，这里$T_n>\cdots>T_5>T_4>T_3>T_2>T_1$。结果是$n$次实验中的第一次实验结果类似：总是有水汽析出。$n$次实验中的第二次实验结果也类似：相同温度下的第二次实验，水汽的析出都达到了稳定的下限值。由此可以得出温度的影响比时间更为敏感。保持相同的温度，水汽总能析出到很低的极限，再次升高温度，水汽总能进一步析出。

去气工艺是整个PVD工艺的第一步。要保证晶圆在此之后的溅射沉积工艺中不再吐气，需要使去气工艺的温度达到或略高于之后程序中所有PVD腔室中的最高沉积工艺温度。

同理在每个PVD腔室的预加热过程中，晶圆的温度也最好能达到之后沉积工艺时的实际最高温度。这样可以使PVD腔室在溅射沉积中表现出最佳的工作状态。

另外在给PVD真空零部件进行机械切削精加工时，要注意避免使用油脂类的润滑剂，加工后还要进行系统的化学清洗，以及烘烤处理。其中烘烤的温度需要达到或略高于在PVD腔室工作环境中达到的最高温度，特别是高温部件（如加热器）。这样可以避免在工作中油脂类等残留物逸出而对PVD腔室造成污染。

5.2.4 平台系统

PVD系统是由机台和辅助设备组成的。PVD机台是由真空传输平台、系列工艺腔室和大气传输系统组成，位于工厂的净化室。辅助设备包括电源柜、干泵、压缩机、热交换机等设备，位于工厂的灰区。

图5.8展示了PVD设备两种常用的真空传输平台：单传输腔平台和双传输腔平台。单传输腔平台用于比较简单的真空工艺系统，如装卸载、去气、和对真空度要求一般的PVD工艺，如硬掩膜TiN沉积工艺、Al_2O_3沉积工艺等。此外这种平台还广泛用于其他单晶圆单工艺腔室的真空工艺，比如化学气相沉积工艺和刻蚀工艺。这些应用场景的共同特征是，传输腔室只配备装卸载腔室和工艺腔室。

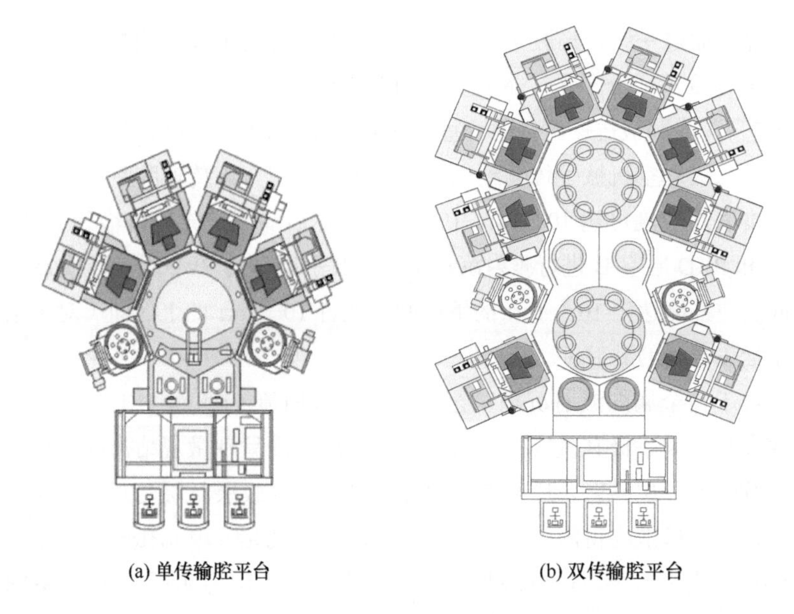

(a) 单传输腔平台　　(b) 双传输腔平台

图 5.8　NAURA PVD 机台系统示意图

双传输腔平台是 PVD 设备的专用平台，特点是配置的工艺腔室多，并且本底真空度逐级升高，适合 PVD 工艺的多腔室串联工艺模式，也符合溅射沉积前腔室高本底真空度的要求。典型的 PVD 工艺制程包括去气、等离子体预清洗（preclean）、PVD 工艺 A、PVD 工艺 B、冷却的过程。比如铝制程的 PVD 工艺 A 为沉积 Ti/TiN 薄膜，PVD 工艺 B 为沉积铝合金薄膜；铜制程的 PVD 工艺 A 为沉积 TaN/Ta 薄膜，PVD 工艺 B 为沉积铜或者铜合金薄膜。去气腔室和等离子预清洗腔室一般配备在和一级真空传输腔相邻的位置上，因为这两类腔室相对 PVD 腔室而言，本底真空度的要求比较低。PVD 工艺 A 和工艺 B 的腔室配备在和二级真空传输腔相邻的位置上，以满足 PVD 腔室对高真空度的要求。

通过一片晶圆在 PVD 机台的工艺流程路径中可以看到，随着工艺的进行，晶圆所处环境的真空度在不断地提升。晶圆从晶圆盒（foup）里由大气机械手传输到晶圆位置校准仪（aligner）上进行定位，然后送往装卸载腔（一般具有冷却功能）。装卸腔室由干泵从一个大气压抽到毫托级的状态后打开和一级传输腔之间的阀板，由一级真空机械手把晶圆从装载腔传送至一级传输腔。该传输腔配备冷泵，真空度能达到 10^{-7} 至 10^{-6} Torr 的范围。晶圆通过一级传输腔先后进入去气腔室和等离子预清洗腔室。这两类腔室配备冷泵或分子泵，本底真空可达 10^{-7}Torr。完成去气和等离子预清洗工艺后，晶圆被送往两传输腔室之间的过渡腔室（一般也具有冷却功能），随后被二级真空机械手传输到二级真空传输腔室。该传输腔室同样配备冷泵，本底真空度可达 10^{-8} Torr 中上区间。然后晶圆被先后传输到 PVD 腔室 A 和 PVD 腔室 B 进行溅射沉积工艺。几乎所有的 PVD 腔室配备冷泵，本底真空都能达到 10^{-8} Torr 的下区间，或者 10^{-9} Torr 的上区间（对于某些化学活泼金属的溅射）。

对于纯金属的溅射沉积工艺尤其是高温回流（reflow）工艺，腔室的本底高真空度是极其重要的。因为一旦金属表面呈现微观结构的氧化（如非连续性的分层溅射，透射电镜图像中可发现薄膜层与层之间有界面的现象），表面扩散变得困难，回流工艺就很难实现充分填充孔槽的效果。而双传输腔室平台形成的逐级抽气提升真空度的方法为实现 PVD 腔室的高本底真空度创造了有利的条件。

对于传输平台的产能估算需要考虑多种因素。首先要分析整个 PVD 机台的产能是受腔室工艺限制，还是受平台传输限制。晶圆在腔室的滞留时间是由工艺时间（recipe time）和抽气时间或基座运动时间（基座从工艺位到传片位的时间）组成的。同时晶圆在腔室的滞留时间也是工艺腔室和传输腔室之间隔离阀门的闭合时间 t_g。而工艺时间是由各个步骤（step）的时间累加得到的，如充氩气、等离子体启辉、溅射沉积、抽气到本底真空等步骤，如果工艺时间远大于其他时间，也可以把 t_g 近似于工艺时间。平台中机械手取送晶圆的时间是指机械手取出已完成工艺的晶圆，和送进将要进行工艺的晶圆的时间，同时也是工艺腔室和传输腔室之间隔离阀门的开通时间 t_k。

平台可以配备多种腔室，如装卸腔室（loadlock， LL）、去气腔室、等离子体预清洗腔室、各类物理气相沉积腔室（physical vapor deposition，PVD），甚至还有化学气相沉积腔室（chemical vapor deposition，CVD）和原子层沉积腔室（atomic layer deposition，ALD）。如果是受腔室工艺限制的，需要找出在机台整个腔室串联流程中，晶圆在哪个腔室的滞留时间 t_g 最长。

在受腔室工艺限制并找到滞留时间最长的腔室时，机台每小时能产出的晶圆片数为 WPH = $3600/(t_g + t_k)$，其中 t_g 和 t_k 都是以秒来计算的。在串联的某个节点如果发现有两个腔室有并联的情况发生，即有两个相同的腔室可以同时被使用，那这两个并联腔室的产能就是单个腔室的两倍。

在腔室传输受限的状态下，真空机械手交换晶圆的能力就决定了整机的产能。如果真空机械手在传输腔室中与各个不同的腔室先后交换晶圆（串联形式），即 N 个不同种类的腔室交换次数为 N，交换时间为 t_s，那该真空机械手每小时交换晶圆的片数为 WPH = $3600/(t_s \cdot N)$，其中 t_s 是以秒来计算的。在腔室的串联传输过程中，每增加一个不同种类的工艺腔室就增加一次晶圆的交换次数。在遇到某个节点有 M 个并联腔室的传输状况，即 M 个相同种类的腔室，交换的次数仍然当作 N 个串联腔室处理，如果 M–1 个并联腔室的传输时间小于晶圆在腔室的最长滞留时间，即 $t_s \cdot (M-1) < t_g$，否则就需要增加相应的交换次数。

对于双传输腔室平台在腔室传输受限时，还需要分析和比较各自的晶圆传输状况来决定整机的产能。用晶圆进行铝合金薄膜沉积的一个过程或排序 (sequence) 为例，在两个双传输腔真空机械手的配合下，将晶圆从 LL 腔室传输到一系列工作腔室后最终又回到 LL 腔室的过程：LLA/LLB（晶圆可以进入 LLA 或 LLB）—> DegasC/DeagsD（晶圆可以进入 ChC 或 ChD）—> PreCleanE—> ChA —> PVD Ti/TiN1（晶圆进入 Ch1）—> PVD Al2/PVD Al3 (晶圆可以进入 Ch2 或 Ch3) —> ChB —> LLA/LLB（晶圆可以进入 LLA 或 LLB）。这里 LLA/LLB 和 ChB 都配备冷却装置。真空机械手 1 的任务是在传输腔室 1 中把晶圆从 LLA 或者 LLB 传输到 DegasC/DeagsD，然后从 DegasC/DeagsD 传输到 PreCleanE，再从 PreCleanE 传输到 ChA。当晶圆完成了在传输腔室 2 的工艺后，再由真空机械手 1 把晶圆从 ChB 传输到 LLA/LLB。在这里真空机械手一共完成了四次晶圆的取送或交换（swap）：在 LLA/LLB 的取送、在 DegasC/DeagsD 的取送、在 PreCleanE 的取送，以及在 ChA 的送和 ChB 的取。真空机械手 2 在传输腔室 2 中把晶圆从 ChA 传输到 PVD Ti/TiN1，又从 PVDTi/TiN1 传输到 PVD Al2/PVD Al3，最后从 PVD Al2/PVD Al3 传输到 ChB。同理真空机械手 2 一共完成了三次晶圆的交换：在 ChA 的取和 ChB 的送、在 PVD Ti/TiN1

的取送，以及在 PVD Al2/PVD Al3 的取送。

双传输腔室平台的整机产能取决于产能低的那个传输腔室。从上面的例子来看，由于真空传输机械手 1 的交换次数比机械手 2 的次数要多一次。假设这两个机械手是同种类型，即每次传输所需要的时间一致，整机的传输产能就取决于传输腔室中机械手 1 的传输能力。

真空机械手的传输能力也在不断地提升。目前常用的机械手有单层背靠式（两晶圆承载片在同一层面上并以 180° 相隔），这种机械手完成一个晶圆的交换动作需要两次手臂的伸缩和一次手臂的旋转（一次伸缩取片、一次旋转换位和一次伸缩放片）。另一种机械手是双层同步旋转式（两晶圆承载片在上下层面，并始终处在同一角度上旋转），这种机械手完成一个晶圆的交换动作只需要两次伸缩动作（一次伸缩取片和一次伸缩放片）。比单层背靠式的机械手交换时间要节省三分之一。

对于受平台传输限制的情况，我们可以采用交换时间短的机械手，还可以在保证晶圆稳定传输的前提下适当提高机械手、基座、顶针的运行速度和加速度。对于受腔室工艺限制的情况，我们可以在高真空传输腔室中增加 PVD 腔室的配备数量。目前常见的腔室配备数为 4 至 6。

5.3 磁控溅射沉积设备腔室结构

PVD 和其他辅助腔室的腔体一般是由铝合金或者不锈钢制成。铝合金制造成本比较低，而不锈钢有益于达到腔室高真空度。腔体通过狭缝隔离阀门（slit valve）和传输平台相连。在平台上方相对于腔室的角度配置了晶圆坐标位置的校准仪（active wafer centering， AWC），使真空机械手在传输晶圆进出腔室的过程中进行位置的测量和校准。

PVD 腔体的上方安装延伸连接座（adapter），其高度可以用来调节靶材到晶圆的距离。靶材的上方安装磁控管、磁控管旋转机构和开盖机构。开盖机构用来更换靶材、内衬以及相关部件的维护工作（periodic maintenance， PM）。内衬用来隔离等离子体和腔体壁的直接接触，因为在 PVD 工艺中，只要是直接接触到等离子体的表面就会有沉积现象发生。腔室内衬本身无法进行原位清理（in-situ cleaning），最终造成沉积物过厚脱落产生颗粒问题。所以 PVD 的靶材和内衬需要定期更换和清理。

内衬的材料要尽量避免和靶材的材料相同，使内衬表面沉积的沉积物和内衬基底的材料在化学清洗中有良好的选择性。内衬表面需要进行喷砂（bead blast）或者喷砂加熔射（arc spray）的表面处理。喷砂处理可以增加表面的粗糙度以加强沉积物和内衬基底的机械结合力，从而避免沉积物在正常工作期间内剥落。一般喷砂处理用于塑形金属材料的沉积，如铝、铜。当沉积脆性金属材料如钨、钼时需要在内衬喷砂后，再加上一层铝熔射层。铝熔射层的表面粗糙度比喷砂处理表面的粗糙度更高，可以加强脆性金属材料层和铝熔射层的结合力，从而延长内衬在 PM 周期内的使用寿命。另外调整沉积物的内部应力也能延长内衬的寿命。比如当我们用钛靶交替溅射金属钛（Ti）和氮化钛（TiN）时，在晶圆上沉积了 Ti/TiN 的组合薄膜，在内衬上形成了重复 Ti 和 TiN 沉积物的交替层。由于一般 Ti 薄膜的应力是拉应力，而 TiN 薄膜的应力为压应力，两层薄膜之间的应力在一定程度上可以相互抵消。所以对于 Ti/TiN 的沉积，可以简化内衬表面处理的工序，单用喷砂处理即能满足使用寿命的要求。

位于内衬底部位置的腔室一侧处配备遮挡盘库。在正常溅射时，基座上的晶圆进行薄膜沉积，遮挡盘（shutter disk）静置在库里面。在预溅射时，遮挡盘移至基座上可供烧靶、腔室预热等沉积过程之用。这样既可以节省晶圆的消耗，又省去了晶圆在预溅射前后的来回传输，提高了机台的使用率。

内衬底部配有边环（edge ring），基座上配有沉积环（dep ring），晶圆在 PVD 腔室和传输腔室交换时，边环坐落在内衬的底部，沉积环坐落在基座上，内衬和基座间有足够的空间让真空机械手对晶圆进行取放。当基座上升到工艺位时，沉积环顶起边环，边环和内衬之间形成迷宫式遮挡，一方面将等离子体限制在靶、内衬和基座之间的空间内，避免在晶圆、边环、沉积环和内衬之外的地方发生沉积；另一方面工作气体从内衬、边环、沉积环和基座组成的迷宫式间隙中流入到等离子体的空间，维持等离子体正常工作。

基座的主要功能是使晶圆被搁置在基座上进行薄膜沉积。沉积过程中如无需控制晶圆温度，则基座只作为晶圆的搁置盘。但在更多的工作条件下，在沉积过程中需控制晶圆温度，通过对基座的加热或冷却以及晶圆和基座之间的热传导来实现对晶圆的控温。PVD 腔室在溅射过程中的工艺压力为个位数的 mTorr，而热传导时工作压力需要个位数的 Torr。因此晶圆上表面压力在 mTorr 的范围，下表面压力在 Torr 的范围。在该压差下，晶圆在基座上无法维持静止不动。在 200mm 晶圆及以下的设备，机械卡盘作为较简单的晶圆定位方式。依赖卡盘的自重压住晶圆的圆周边缘来平衡压力差。但是该方式不可避免地损失了晶圆在边缘区域有效芯片的数量，同时增大了晶圆的正面和机械卡盘因工作时发生接触而产生颗粒的风险。所以在 300mm 晶圆设备上就很少使用机械卡盘，取而代之的是静电卡盘。静电卡盘利用直流电源向卡盘上的两个电极输送正负交替电荷，并依靠晶圆背面感应的异性电荷产生吸附力。静电卡盘与晶圆的接触点和间隙比机械卡盘更为均匀，晶圆和卡盘的温差也更小。但当静电卡盘处于高温且腔室存在有机物残余气体时，在卡盘表面会逐渐形成碳化物的导电层，卡盘对晶圆的吸附力也会逐渐衰退。在这种状况下，需要对卡盘表面的碳化物进行原位等离子体清洗，以此来恢复静电卡盘的吸附功能。如果静电卡盘被意外地镀上金属膜，则会丧失对晶圆的吸附功能，更换卡盘便成了唯一的选项。

随着靶材在溅射过程中的消耗，薄膜的沉积速率会有所衰减。当工作气压较高时，离子碰撞散射较多，对靶材溅射的能量较低且侵蚀面积较大，如图 5.9 所示为工作压力为 100 mTorr 时的模拟状态，靶材消耗比较均匀，

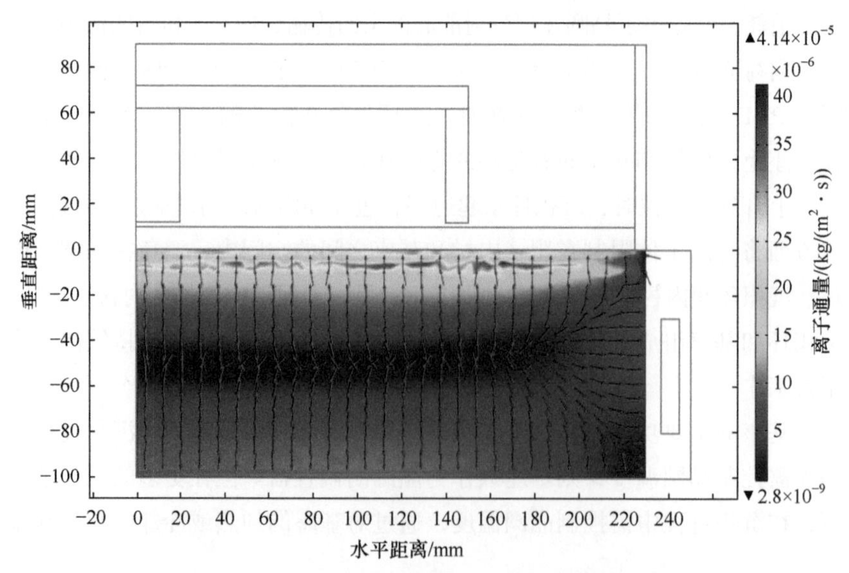

图 5.9 溅射过程中工作气压为 100mTorr，离子通量散布在全靶区域，方向指向为整个靶材表面

靶材的侵蚀和薄膜沉积速率的衰减会比较慢。反之工作气压较低时，离子碰撞概率较低，磁场所形成的等离子体轨道对靶材局部区域侵蚀较深，如图 5.10 所示为工作压力为 10mTorr 的模拟状态，靶材的局部侵蚀和薄膜沉积速率的衰减程度会比较显著。

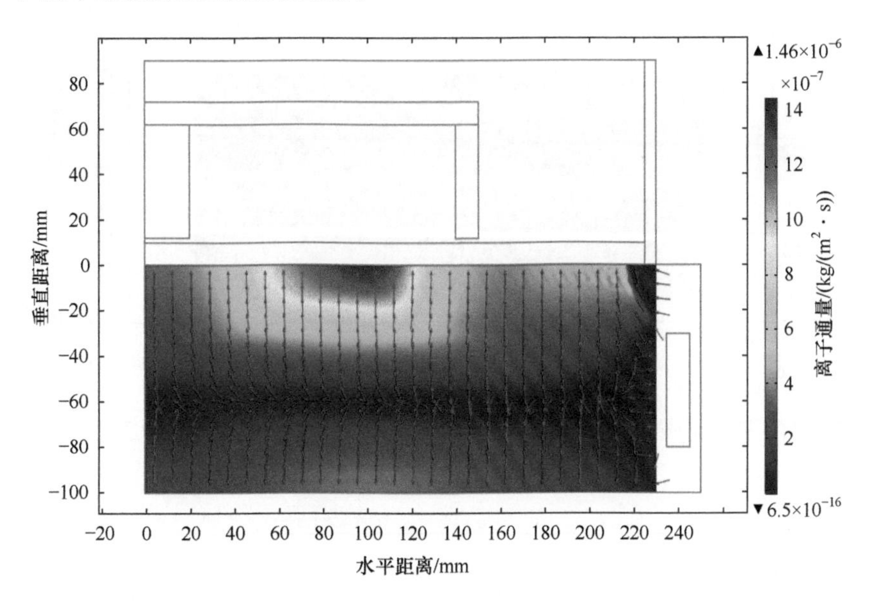

图 5.10 在溅射过程中工作气压为 10mTorr，离子通量集中在靶材下的局部区域，即等离子体轨道区域

通常采取三种方式用以弥补沉积速率的衰减：时间补偿、功率补偿，以及磁控管和靶材距离的调整补偿。当在腔室工艺受限的情况下，时间补偿可能会影响产能。当正常工艺时直流电源接近最大使用功率，功率补偿可能会达到电源上限。调整靶材和磁控管的距离则需要增添磁控管的升降机构。

磁控管和靶材距离的初始状态需调整到最佳值。如果太近，磁控管可能会摩擦到靶材背面，太远靶材表面的磁场强度会减弱。图 5.11 和图 5.12 分别为靶材到磁控管 2mm 和 4mm 时离子通量的状态。在靶材材料和厚度一致的前提下，靶材到磁控管的距离从 2mm 调整至 4mm 时，离子通量下降了 30%。

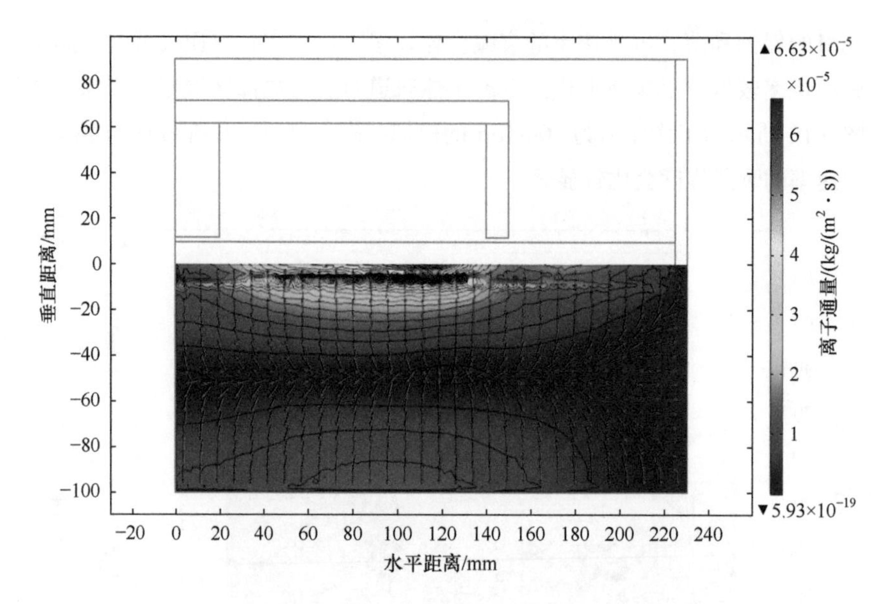

图 5.11 靶材至磁控管距离 2mm 的离子通量分布，流向靶材的离子通量在等离子体轨道处的峰值为 6.63×10^{-5}kg/(m^2·s)

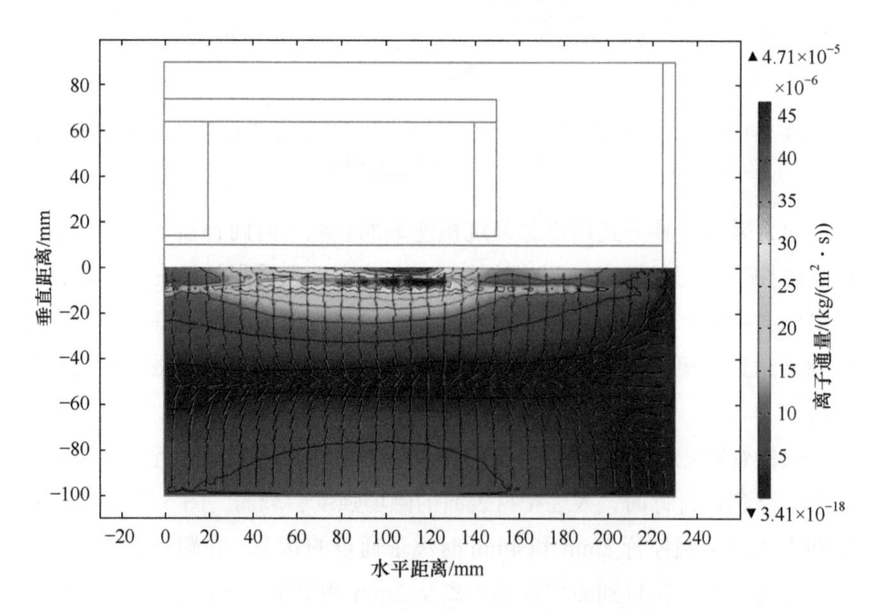

图 5.12 靶材至磁控管距离 4mm 的离子通量分布，流向靶材的离子通量在等离子体轨道处的峰值为 4.71×10^{-5}kg/(m^2·s)

5.3.1　预清洗腔室

金属互连层与层之间的工艺往往在不同真空环境下和时间段完成。当晶圆进入 PVD 机台后，首先要进行去气和等离子体预清洗处理，保证在 PVD 溅射沉积工艺前去掉覆盖在前道工艺后破真空而形成金属布线上的氧化层，以此加强层与层之间的金属键的结合。同时也需要去掉开槽或打孔刻蚀和清洗工艺之后的残留物。所以等离子体预清理工艺是 PVD 机台工艺制程中的一个重要环节。

等离子体预清理一种常见的形式是 CCP（capacitive coupled plasma），在基座的下电极或腔盖的上电极加射频功率。图 5.13 为仿真的二维轴对称腔室模型，其中射频电源频率为 13.56MHz，功率逐步以 10W、50W、100W、200W、500W 递增，腔室的高度 H 为 20mm。图 5.14（a）和（b）分别为腔室等离子体中氩离子和电子浓度沿腔室高度的模拟分布。接近电极处鞘层区域的等离子体中电子浓度接近于零，且射频功率越高，鞘层的厚度越小。等离子体的密度在腔室高度中间位置时达到峰值。等离子体中的氩离子浓度和电子浓度在同等腔室位置上相当，且射频功率增加，等离子体的浓度也随之增加。

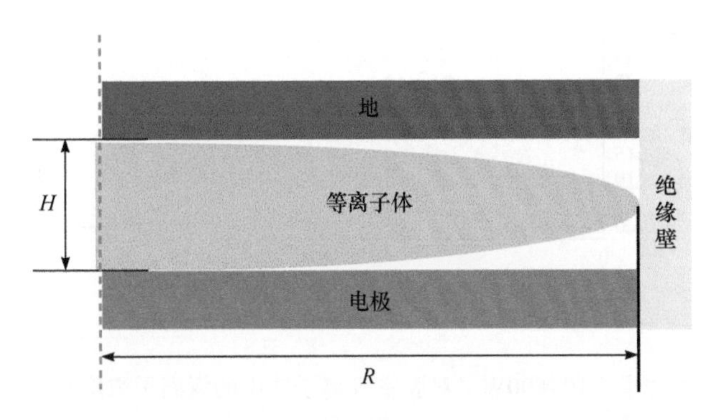

图 5.13　CCP 腔室二维轴对称模型（H 为放电腔室高度，R 为放电腔室半径）

如果把基座作为一个电极，腔室盖板和腔体作为另一个电极。根据式（5.1），电极面积小的一方将形成直流负偏压，带正电的氩离子会往基座方向迁移并对基座上的晶圆进行物理清洗。这种腔室虽然构造简单，但通过增加对基座的射频功率而增加刻蚀清洗速率时，也相应增加了对基座的负偏压，从而导致带正电的氩离子轰击晶圆时的能量增大。这样在清理晶圆氧化层的同时，也可能对晶圆中的器件造成损伤。

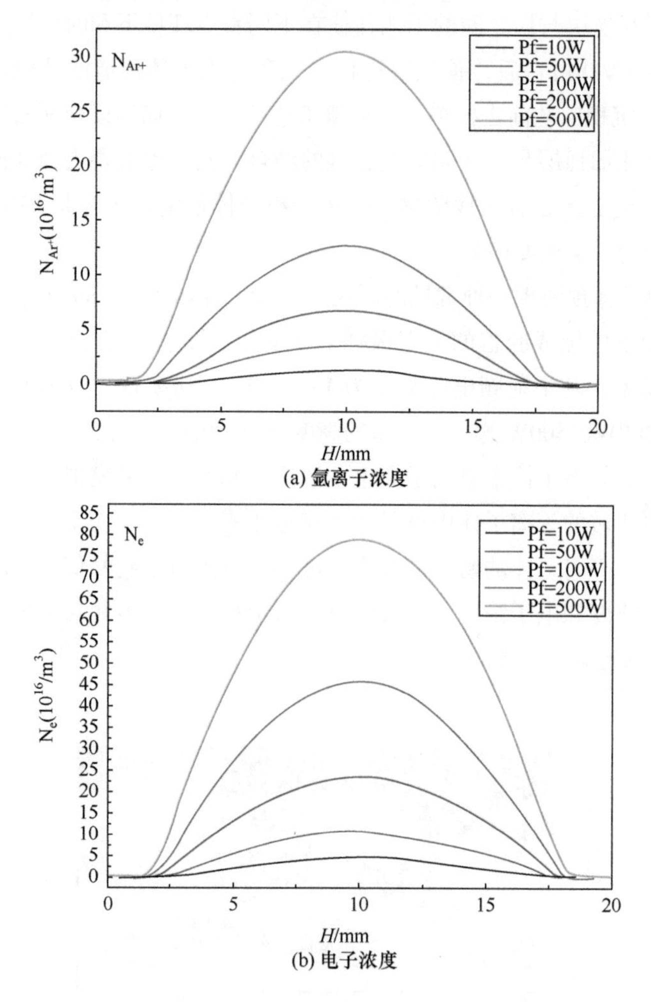

(a) 氩离子浓度

(b) 电子浓度

图 5.14　射频功率（10~500W）对腔室等离子体中的氩离子浓度和电子浓度分布的影响

于是在保持基座上 13.56MHz 射频功率的同时，加上了另一组 2MHz 的射频电源。把这组射频功率加到腔室外的一组线圈中形成 ICP（inductive coupled plasma）等离子体，如图 5.15 所示。半球体形的石英顶盖不但能保证腔室的高真空度，还能使线圈的射频功率耦合到腔室内部产生等离子体。图 5.16 为等离子体放电中心电子密度的朗缪尔探针诊断结果。等离子体中电子浓度对基座的偏压功率不敏感，射频偏压功率从 100W 至 800W，电子浓度基本保持在同一水平上。腔室等离子体的浓度主要取决于射频线圈功率，射频线圈功率从 200W 增加 800W，等离子体的电子浓度也相应地呈线性增加。

这样可以通过调整线圈射频功率来调整氩离子的浓度及基座上晶圆氧化层的刻蚀速率而不用依赖调整基座偏置功率。当线圈中的功率和基座上的功率比例较大时，基座上方的等离子体的离子浓度较大而能量小；反之线圈功率和基座功率的比例较小时，等离子体中的离子浓度较小而能量大。这两种等离子体状态都能使氧化层，如 SiO_2，达到相似的刻蚀速率。但线圈功率大和基座功率小的状态，既能有效去除表面金属氧化层，又能降低晶圆的负偏压，减少或避免对晶圆上器件的损伤。

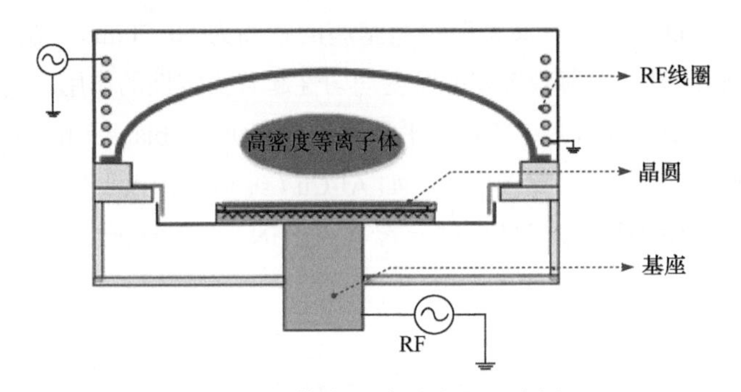

图 5.15　等离子清洗腔室示意图

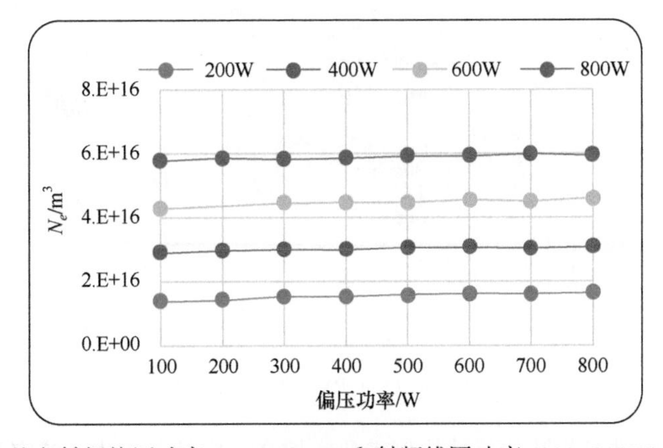

图 5.16　基座射频偏压功率 (100~800W) 和射频线圈功率 (200~800W) 对腔室等离子体中的电子浓度的影响

如需要加强离子的化学还原功能而减弱离子的物理轰击动能，我们可以用氦氢离子替代氩离子。对于铜互连中的表面氧化铜的清洗，尤其针对槽孔底部的氧化铜的清洗，氢离子的化学还原作用更有效。因为化学反应生成的气体可以被随时抽走，而氩离子物理轰击会导致被氧化的物质从槽孔底部转移到侧面去。

除了等离子体的直接清洗，还可以用氢的自由基（radical）来替代一部分氢离子。氢自由基可以进一步降低对前道工艺的器件损伤，还可以进行各向同性化学反应式的清洗。但是针对残留的光刻胶物质的物理清除效果就不如氩离子。

5.3.2 标准 PVD 腔室

标准 PVD 腔室的定义是靶材至基座的距离为 50~70mm。在这个距离下，磁控管的设计对薄膜沉积的厚度均匀性起着决定性的作用。标准 PVD 腔室，如图 5.17 所示，一般用于平毯式的薄膜沉积 (blanket film)。在铝互连芯片制程工艺上使用比较广泛，如 Al-Cu (纯铝中掺入少量的铜元素)、Al-CuSi (纯铝中掺入少量的铜硅元素)、Ti/TiN (钛和氮化钛的组合膜)。

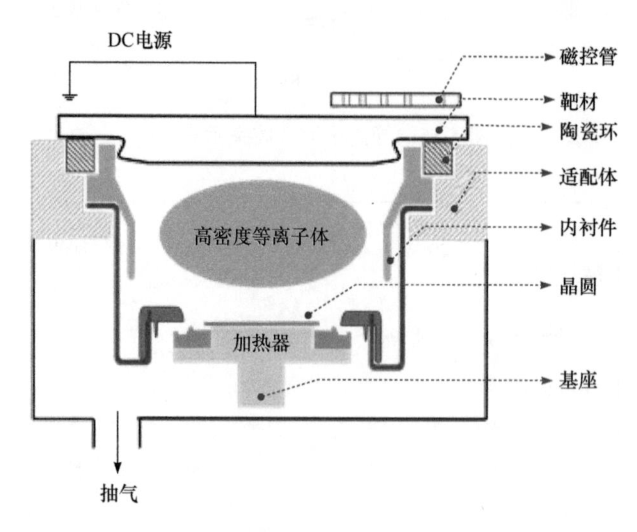

图 5.17　标准 PVD 腔室示意图

由于靶材对晶圆的尺寸比例需要掌控在一定的范围内 (腔室和靶材直

径的尺寸不能无限制地扩大），腔室和机台在净化间的占地面积应尽量缩小。在磁控管设计时需要考虑在接近靶材边缘处形成一条或数条比较凹陷的侵蚀环。环中的溅射量要高于靶材的其他区域。在基座 / 晶圆距离靶材相对较远时，晶圆中心区域接受来自靶材溅射的贡献要多于晶圆边缘区域，因为有一部分在靶材边缘处的溅射会损失在内衬的侧面，造成晶圆边缘区域薄膜沉积的损失，从而在晶圆上形成了中间厚边缘薄的薄膜厚度分布状态。相反在基座 / 晶圆距离靶材相对较近时，晶圆中心区域接受到来自靶材圆周边缘处溅射的贡献比较有限，而在晶圆边缘区域接受靶材溅射的贡献比较均匀，反而在晶圆上形成了中间薄边缘厚的薄膜厚度分布状态。在这两种靶材至基座之间的距离存在着最佳距离，即在晶圆整个面上的沉积会取得一个厚度比较均匀的理想状态。所以我们需要在 PVD 腔室的准备工作中进行靶材到基座距离的调整实验，找出最佳薄膜厚度均匀性的靶基距离。不仅要达到厚度均匀性数值上的要求，还要找出最佳厚度分布图案，尽可能获得晶圆中间略薄、边缘略厚的薄膜厚度分布状态为起始点。随着靶材寿命的推延，靶材表面尤其是在侵蚀环处会产生偏离平行靶材表面最大磁场的靶材凹陷面，随着最大磁场面和靶材表面的距离的逐渐拉开，在晶圆上的薄膜厚度均匀性的图案会逐渐翻转成中间略厚，边缘略薄的状态。这种薄膜形貌翻转过程可以延长靶材的使用寿命。如果遇到靶材使用后期薄膜均匀性的数值过早超出要求的范围，我们可以拉长磁控管到靶材背面的距离，或者缩短靶材到基座的距离，或者提前进行腔室的更新维护(preventive maintenance， PM)。

对于溅射沉积的纯金属薄膜的测量，由于薄膜的厚度均匀性和电阻(R_s)均匀性是高度一致的，我们可以用测量 R_s 来替代膜厚的测量。对于溅射沉积导电的金属氮化物，R_s 值不仅和膜厚（h）的因素有关，还与薄膜的电阻率 ρ 相关，$R_s = \rho / h$，所以 R_s 均匀性和厚度均匀性有可能不一致。因为导电金属氮化物的电阻率和氮化的程度有关，在溅射中薄膜的氮化程度又和靶材的氮化过程和阶段相关联，所以我们在进行导电金属氮化物，如 TiN 时，需要用实验的方法来决定氮气的流量，从而满足对薄膜性能的需求和达到稳定的溅射工作状态。

当我们在一定的溅射功率和氩气的流量条件下，逐渐增加氮气的流量，如图 5.18 所示。氮气分子和离子与钛金属靶材发生作用，在靶材表面不断形成氮化钛的原子层。同时氩离子溅射靶材，使氮化的靶材表面又重新显露出金属钛表面 (物理还原)。这种金属氮化和金属还原的反应过程会不断达到动态平衡点。同时氮气流量增加导致腔室的压力增加，且腔室压力和氮气流量成正比，但增速相对迟缓。这个阶段称之为金属化阶段 (metallic mode)，所形成 $TiN_x(x<1)$ 薄膜的电阻率较接近纯钛的电阻率。当靶材表面基本氮化而形成连续的 TiN 层后，用于氮化靶材的氮气会转入腔室增加腔室压力，使腔室压力随氮气流量增加的速率有所提升。随之氮气流量和腔室气压的曲线转入第二个阶段，这个阶段称之为中毒化阶段 (poisen mode)。在这个阶段形成的 TiN 薄膜的电阻率会比较高，性能也比较稳定。当我们把氮气流量减小时，腔室压力会随着下降，只是变化转折点并不重复而形成一个迟滞回线。当我们在选择氮气的工作流量时要避免在回线内的流量点，采用或小于转折点 *A* 以下的金属化阶段，或大于转折点 *B* 以上的中毒化阶段，从而获得稳定溅射的工作状态。

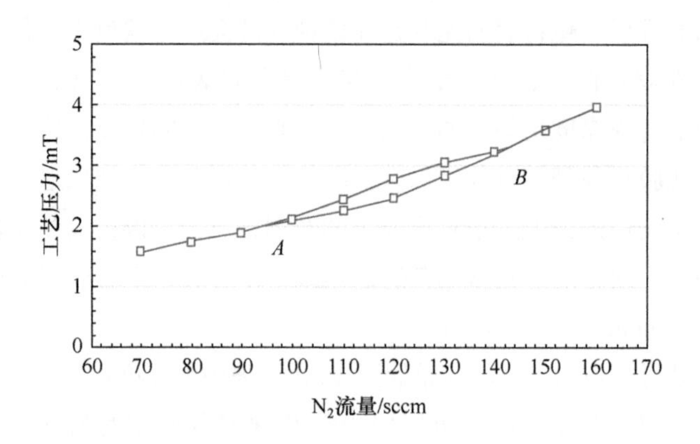

图 5.18　PVD 金属氮化薄膜的毒化迟滞曲线

同理我们可以用靶材电压或电流做出和氮气流量的曲线得出类似腔室压力和氮气流量的迟滞曲线。直流电源被设置为恒功率模式，在金属化阶段和中毒阶段靶材的电压或电流都会和腔室压力有对应的关系，电压或电流 / 流量的回线所得出的转折点（*A*，*B*）与压力 / 流量回线一致或接近。

在进行 Ti/TiN 的组合薄膜工艺时，每当完成 TiN 的工艺后，需要使用遮挡盘来清理靶材表面的 TiN 层，即把已沉积的 Ti/TiN 薄膜的晶圆取出，把遮挡盘移进腔室进行纯钛的溅射。从而回到沉积每一片 Ti/TiN 薄膜的原始状态。在清理靶材的过程中可以使用超过正常工艺压力的氩气流量。比较图 5.9 和图 5.10，我们观察到在选用比较高的工作气压进行靶材的溅射清理时，可以使靶材表面获得比较均匀和广泛面积的溅射。这样有利于去除靶材表面的 TiN 层，重新获得金属钛的靶材表面。为开始下一片晶圆的 Ti 金属溅射，继而沉积 Ti/TiN 薄膜组做好预备工作。

5.3.3 长距 PVD 腔室

标准 PVD 腔室在溅射沉积平毯式薄膜时有着广泛的应用，但对于沟槽和通孔的沉积覆盖却受到了限制，尤其对于比较深的沟槽和通孔的结构。从靶材任意处往晶圆的结构里面看，越是容易见到的地方越容易得到原子的沉积，所以在原子入射沉积这类结构的侧壁时，靠近表面的侧壁会比靠近底部的侧壁更容易被覆盖，形成了侧壁上厚下薄的薄膜形态，尤其在顶部的拐角处会形成倒挂式的堆积（overhang），如图 5.19 所示。这种倒挂式的堆积容易造成底部未完成填充时顶部就已经封口，造成沟槽通孔结构的空洞缺陷。同理越深的结构，底部的沉积覆盖就越不容易实现，尤其底部的拐角处是沉积覆盖最薄弱的地方。当沉积阻挡隔离层的薄膜时，底部拐角处就最易成为阻挡层失效的突破口。

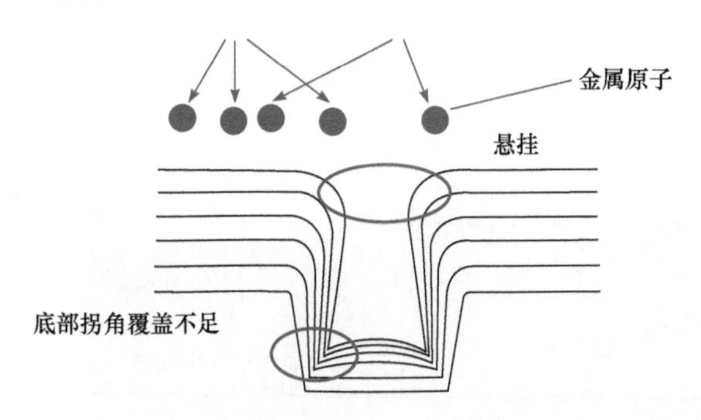

图 5.19 标准 PVD 腔室溅射沟槽通孔类的结构沉积侧壁和底部的薄膜覆盖截面示意图

为了改善深宽高比的沟槽通孔的覆盖率，最简单的方法是增加靶材到基座的距离。当距离增加到标准 PVD 腔室靶基距离两至三倍时，入射角为零度或接近零度的入射粒子（垂直靶材平面入射的原子 / 原子团）能够从靶材到达晶圆表面，比较容易进入沟槽和通孔的底部而减少在上拐角处倒挂式的堆积和加强下拐角处薄弱处的覆盖。而入射角偏移零度比较大角度的入射粒子大多沉积到内衬的侧壁上。

当靶材和基座距离增加的同时也增加了入射粒子和氩粒子的碰撞概率，以及粒子和粒子之间的碰撞概率。这样又造成了粒子的散射从而抵消了增加靶基距离的作用。为此我们可以降低腔室的工作气压来减少粒子之间的碰撞。一般长距（long throw）PVD 的工作压力比标准 PVD 降低了一个数量级。在能够维持稳定等离子体的前提下，尽量降低工作压力，比如在低于 0.5 毫托的腔室压力下工作。同时我们也可以考虑增加单位面积的磁场强度和溅射功率，以减少溅射粒子的散射分布。

直流电源在恒功率的模式下，增加电源功率会导致电流和电压的增加。图 5.20 和图 5.21 分别是电压在 300V 和 500V 的离子通量的模拟分布。当电压从 300V 增加到 500V 时，离子通量在靶材下等离子轨道区域的最大值增加了两个数量级，不仅提高了溅射沉积速率，而且也会增加金属离子产生的概率，有利于提高台阶覆盖率。

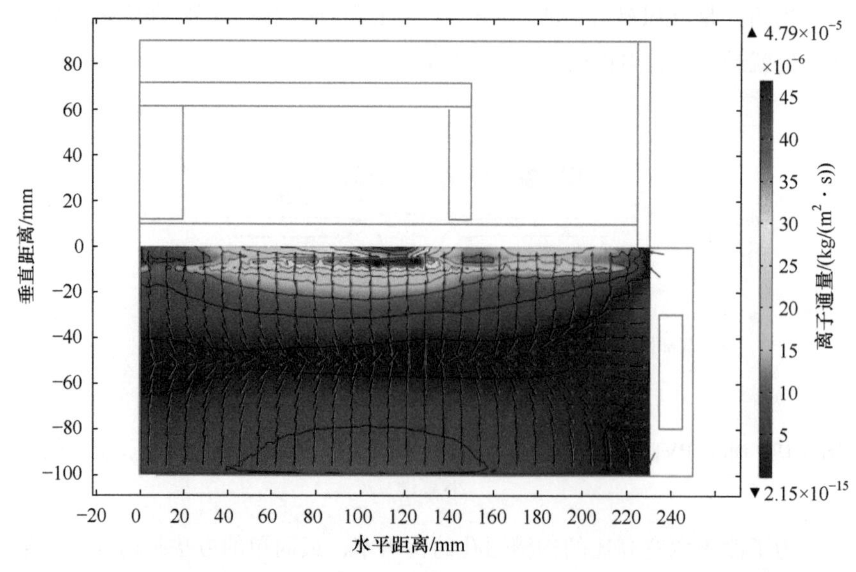

图 5.20　离子通量在溅射直流电源电压为 300V 的分布，流向靶材的离子通量在等离子体轨道处的峰值为 4.79×10^{-5}kg/(m^2·s)

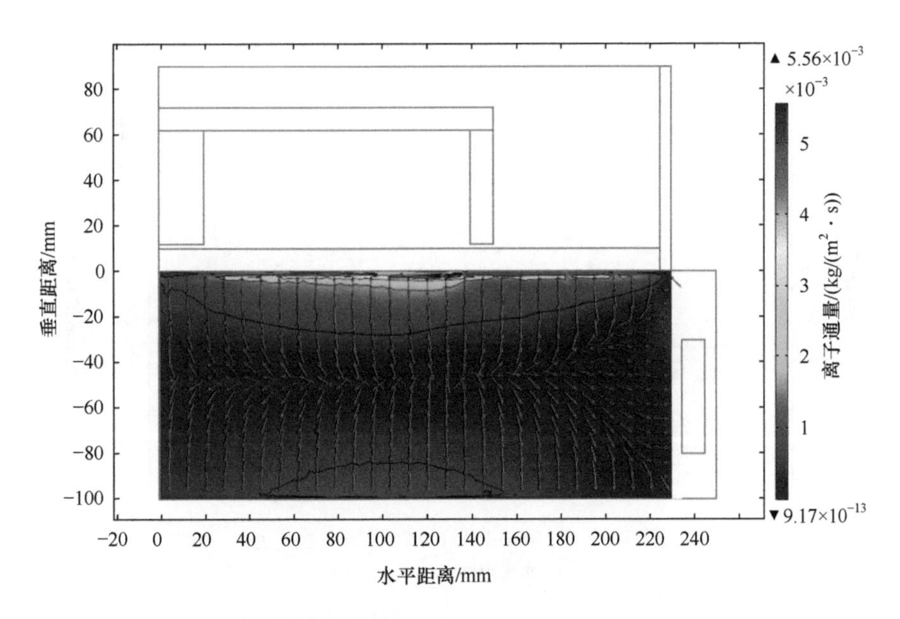

图 5.21 离子通量在溅射直流电源电压为 500V 的分布，流向靶材的离子通量在等离子体轨道处的峰值为 5.56×10^{-3}kg/(m^2·s)

增加腔室等离子体的密度还可以通过增加磁控管单位面积的磁感应强度来实现。假设磁控管磁柱的矫顽力 H_{cc}（中心区域）和 H_{ce}（边缘区域）相等，即 $H_{cc}=H_{ce}$。当矫顽力从 30kA/m 增加到 90kA/m，离子通量往靶材和晶圆的方向都增加了两个数量级。而且在晶圆上的离子通量也更均匀，如图 5.22 和图 5.23 模拟仿真所示。这样不仅可以在溅射靶材时增加金属离子的产生概率，而且金属离子在晶圆上的沉积也会比较均匀。

长距 PVD 的工艺还会在晶圆的沉积上带来两个问题：一是在晶圆边缘处的结构在半径方向上的不对称性（asymmetry），即晶圆边缘处的结构在靠近边缘方向的侧面的薄膜沉积要多于靠近在晶圆中心方向的侧面的薄膜沉积；另一个问题是薄膜沉积的不均匀性，即在晶圆中心区域的沉积要多于在晶圆边缘处的沉积。

在靶材和基座之间加上一个准直器（collimator）可以在一定程度上解决结构上不对称的问题。准直器是个等六边形蜂窝状的圆盘。六边形尺寸的大小和深度（准直器的厚度）和晶圆结构的尺寸相关。晶圆上的沟槽通孔深宽比越高，所选用的准直器结构的深宽比也越高。因为尺寸越小的

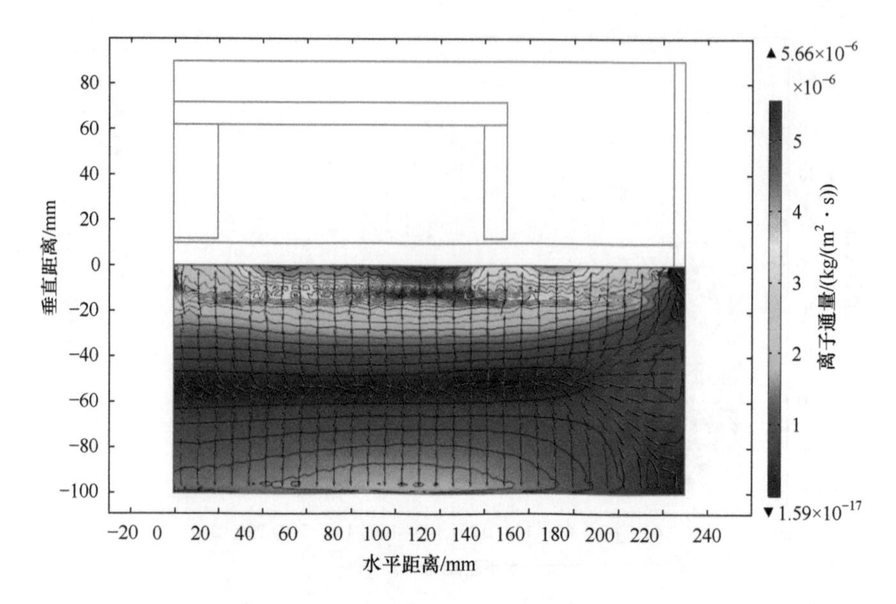

图 5.22 离子通量在中心和边缘磁铁矫顽力 H_{cc}=H_{ce}=30kA/m 的分布，流向靶材的离子通量在等离子体轨道处的峰值为 5.66×10^{-6}kg/(m^2·s)，离子通量在晶圆处的分布变化比较大

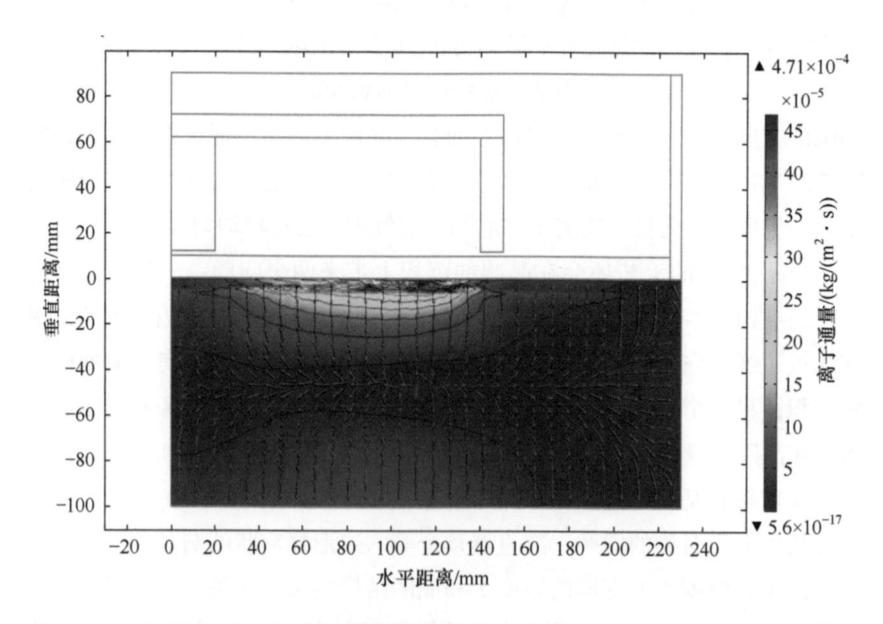

图 5.23 离子通量在中心和边缘磁铁矫顽力 H_{cc}=H_{ce}=90kA/m 的分布，流向靶材的离子通量在等离子体轨道处的峰值为 4.71×10^{-4}kg/(m^2·s)，离子通量在晶圆处的分布比较均匀

内六角形和越厚的准直器更能够挡住更多溅射粒子的散射，而和准直器厚度平行方向的入射粒子就能够无阻挡地到达晶圆上结构的底部。准直器不仅增加了沟槽通孔的底部薄膜的覆盖率，而且降低了晶圆边缘处结构侧面覆盖的不对称性。因为从靶材任意区域到晶圆边缘处结构的路程越长被准直器遮挡的部分也越多。

在靶材与基座之间和腔体的周围布置辅助磁场可以和非平衡磁控管的磁场发生交互作用，从而加强在腔体边缘处的等离子分布，使等离子体在腔室半径方向的分布比较均匀。比较图 5.24 和图 5.25 模拟仿真结果，腔室的电子浓度（一定程度上反映腔室等离子体浓度）在具有腔体辅助磁场的状态下，能够调节等离子体在腔体中的分布，使等离子体在整个腔室中的分布更为均匀。对于等离子体的调节程度，取决于辅助磁场的密度和磁控管中非平衡磁场的交互作用。在一定范围内磁场的强度越大，腔体边缘处的等离子体浓度越高，沿半径的浓度梯度变化也越小。这样就弥补了因靶基距离的加大而造成在晶圆边缘处沉积的损失，从而改善了薄膜厚度的均匀性。

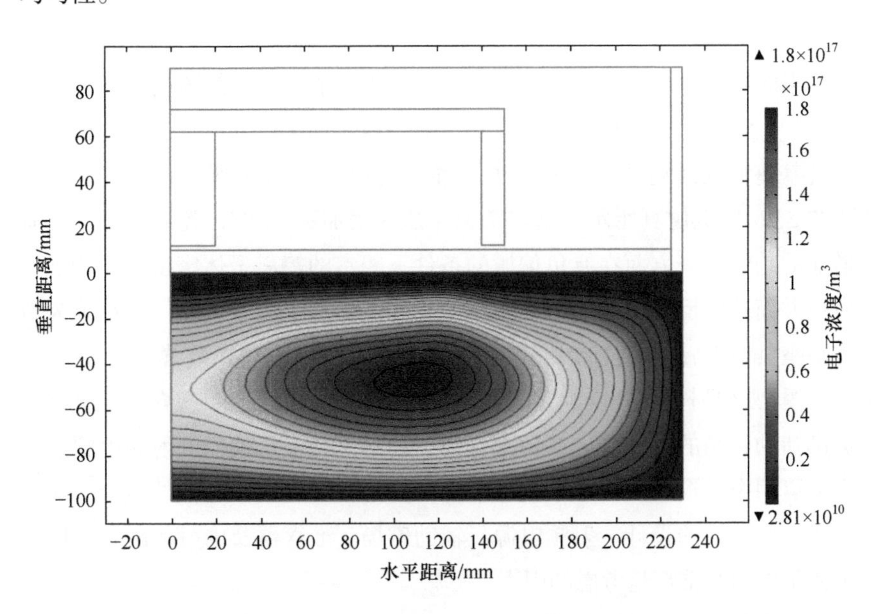

图 5.24 PVD 磁控溅射腔室的电子浓度在没有腔体周边辅助磁场的分布状态，电子浓度分布区间为 0.2~1.8 × 10^{17}（1/m^3）

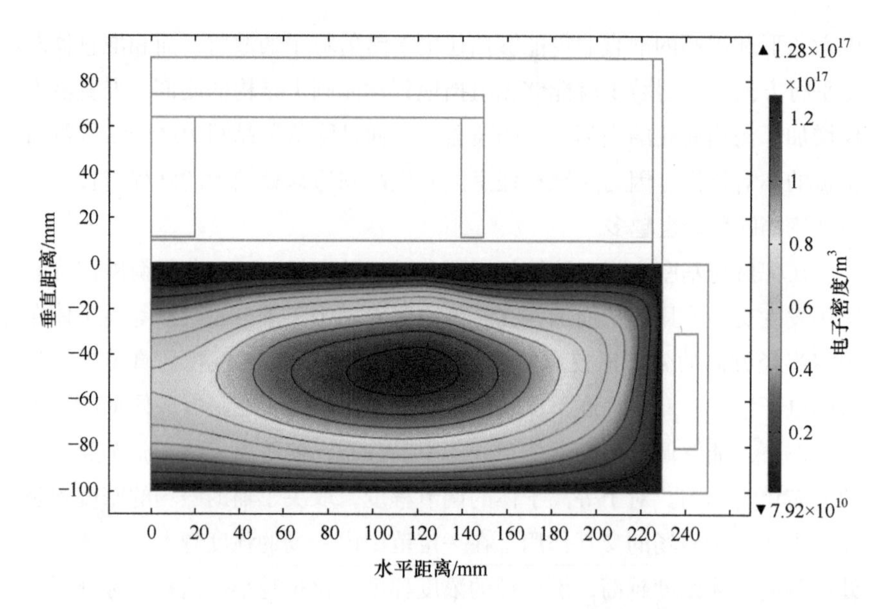

图 5.25 PVD 磁控溅射腔室的电子浓度在腔体周边辅助磁场和磁控管磁场相互作用下的分布状态，电子浓度分布区间为 0.2~1.2 × 10^{17}（$1/m^3$）

当腔室等离子体有了金属离子的分量时，在基座 / 晶圆上施加射频电源而产生比较大的基座负偏压有利于吸引金属离子进入晶圆结构的内部。而且基座的反溅射功能也有利于改善长距 PVD 沉积薄膜的厚度均匀性。如图 5.26 模拟仿真所示，基座负偏压从 0 增加到 250V，腔室电子浓度有增加的趋势。一方面在有负偏压的条件下腔室的等离子体密度有所增加，另一方面基座反溅射的能力在基座中心区域要高于边缘区域。其结果为引入基座负偏压后，薄膜的中心厚、边缘薄的原始状态得以改善。

图 5.27 是长距 PVD 腔室配置比较齐全的结构示意图，包含了准直器、提供辅助磁场的电磁铁（或者永磁体）和提供基座负偏压的射频电源。在实际运用中，根据晶圆上结构和器件的要求，可以选择配件的组合。如前所述，磁控管的设计、射频电源、辅助磁场、准直器及内衬的配备，以及工艺条件的调整都是考虑的因素。

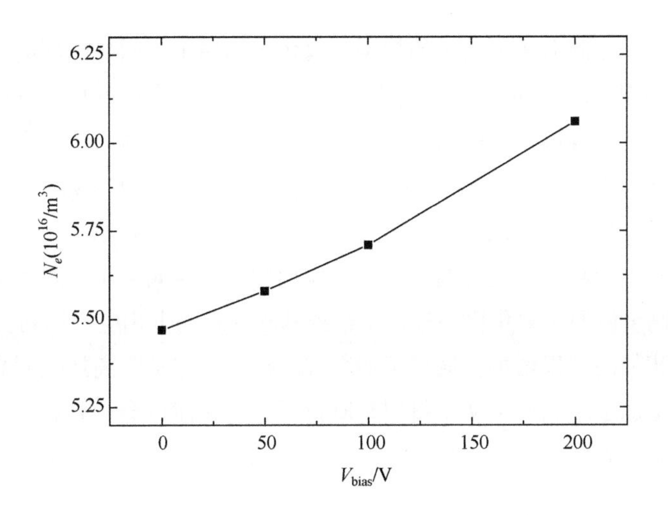

图 5.26 腔室电子浓度和基座负偏压的关系

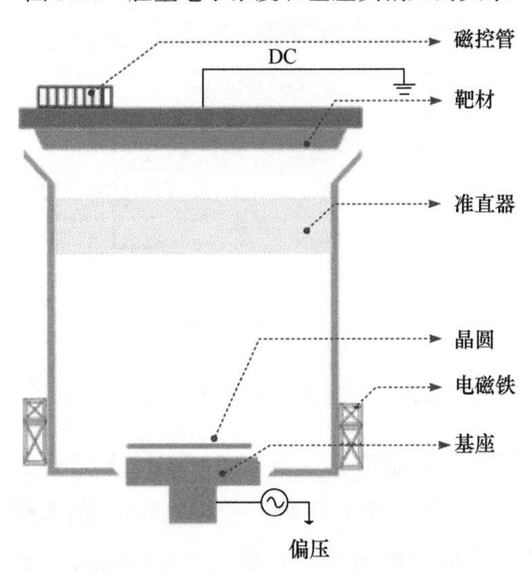

图 5.27 长距 PVD 腔室结构示意图

5.3.4 金属离子化 PVD 腔室

随着沟槽通孔深宽比的进一步提高，长距 PVD 腔室也很难满足一些先进制程应用的需要。进一步提高溅射金属离子的比例，掌控金属离子的运动轨迹成为先进 PVD 设备工艺发展的方向。金属离子化 PVD 腔室的产生就是为了提高对溅射粒子的控制，离化金属原子和引导金属离子的入射沉积。如图 5.28 所示，在腔室中加上一组线圈和导入 2MHz 射频功率用于加强腔室氩等离子体的密度。氩等离子的密度随着射频功率和工作气压的增加而增加，因此溅射沉积过程中的工作压力比标准 PVD 工艺高出一个数量级（从几毫托提高到几十毫托）。溅射出的金属原子在从靶材到晶圆的路径中与高密度氩等离子体相互作用而形成金属离子。除了增加工作压力提高金属原子离化概率外，靶材到基座的距离也相应增加到长距 PVD 腔室的相似高度以增加金属原子的行程。拉长的靶基距离加上调高的工作气压，增加了金属原子从靶材到基座行程中的碰撞机会，有利于增加金属原子离化的概率。

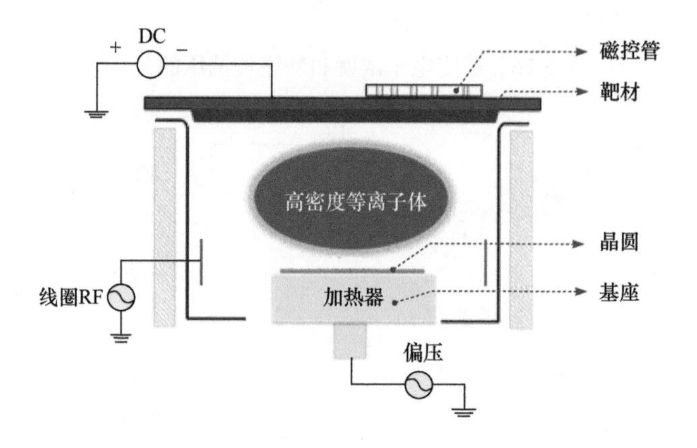

图 5.28　金属离子化 PVD 腔室示意图

此外在基座的电极上施加另一组 13.56 MHz 射频功率使晶圆上的负偏压比标准 PVD 工艺高出一个数量级，带负偏压的晶圆表面就能吸引金属正离子到达晶圆结构的沟槽通孔的底部。一方面金属离子流的入射方向平行于电场方向，在到达晶圆表面时获得了电场提供的入射沟槽通孔的能量，增加了底部的沉积比例；另一方面施加在晶圆上的负偏压能够产生晶圆表面薄膜的反溅射，降低薄膜的表面沉积速率，从而提高薄膜对沟槽通孔底部的覆盖率。适当提高线圈的射频功率对靶材的直流功率的比例，可以进一步降低沉积速率和提高反溅射的功能。这样可以减弱在沟槽通孔结构上拐角处的倒挂堆积，以及加强在结构底部薄膜的反溅射并向下拐角处侧壁的沉积，而增强了最薄弱处的薄膜覆盖。这些金属离子化，金属离子流在负偏压下的引导以及反溅射的功能有利于高深宽比沟槽通孔的整体薄膜覆盖。

图 5.29 和图 5.30 比较了无射频线圈功率和加载 1000W 射频线圈功率

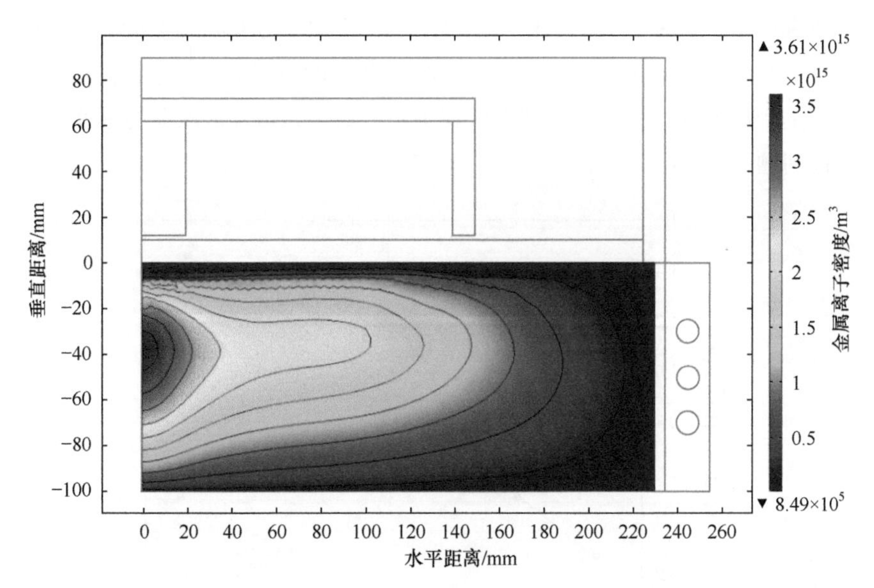

图 5.29 射频线圈功率为零的金属离子分布状态，金属离子密度的峰值达到 3.61×10^{15}（$1/m^3$）

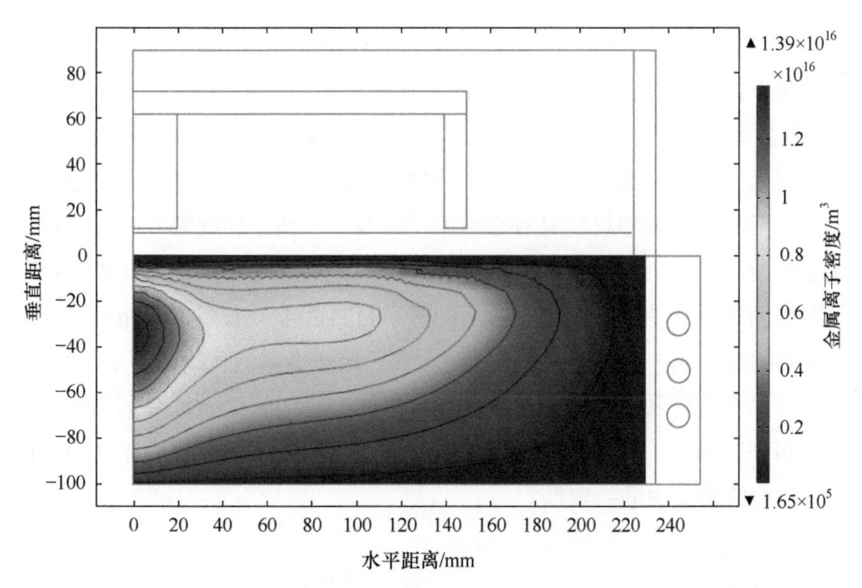

图 5.30 射频线圈功率为 1000W 的金属离子分布状态，金属离子密度的峰值达到 1.39×10^{16}（$1/m^3$）

的金属离子模拟分布的状况。加载射频功率后，金属离子密度提高了近一个数量级，而且金属离子流随着射频线圈的功率增加而增加，如图 5.31 模拟仿真所示。但是金属离子密度沿晶圆半径方向的分布状态保持不变，都呈现中心高边缘低的分布。这和长距 PVD 腔室的金属原子分布状况相近，当靶基距离增加后会产生晶圆薄膜在中心区域厚、边缘区域薄的厚度不均匀性问题。

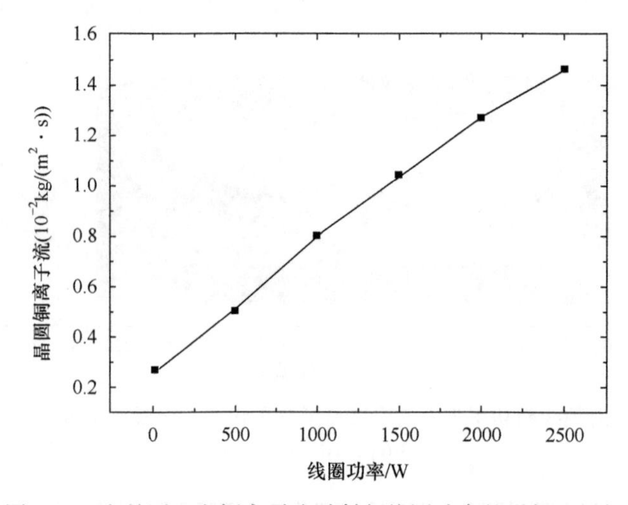

图 5.31　在晶圆上方铜离子流随射频线圈功率的增加而增加

对于纯金属溅射和内置式线圈（线圈装置在内衬里面），提高线圈 DC 功率可以获得金属线圈的辅助溅射。由于线圈处于晶圆的周边上方，从线圈入射的辅助溅射可以加强晶圆边缘区域的沉积，提高薄膜的厚度均匀性。金属线圈和靶材的材料必须保持一致，显然金属线圈和靶材一样也成了消耗品。另一方面，线圈配置在内衬内，缺乏磁场和冷却，难以提高线圈辅助溅射的功率和效率。适用的溅射材料就十分有限，例如只能采用易溅射的纯金属，很难应用于金属氮化物。对于金属氮化物的离子化溅射，我们可以用靶材和基座之间永磁体或电磁体产生的辅助磁场来调整腔室中电子和金属离子沿径向的分布，进而改善在晶圆上沉积薄膜的厚度均匀性和结构台阶覆盖率的一致性。

5.3.5　DC/RF PVD 腔室

直流和射频功率可以同时加载至靶材，如图 5.32 所示。为了避免这两种电源之间的相互干扰，在直流电源和靶材之间加上了射频滤波器。利用在射频电场中，电子与中性气体多次碰撞产生 α 放电的特征来实现氩气和金属原子的离子化。这样就替换了在腔室中使用线圈加射频功率而产生金属离子的做法。在基座上加载第二组射频电源或者控制基座对地的电抗来调节在晶圆上的负偏压的大小，达到控制晶圆结构上的台阶覆盖率，同时还可以控制金属正离子到达晶圆表面上的能量和沉积薄膜的应力水平。

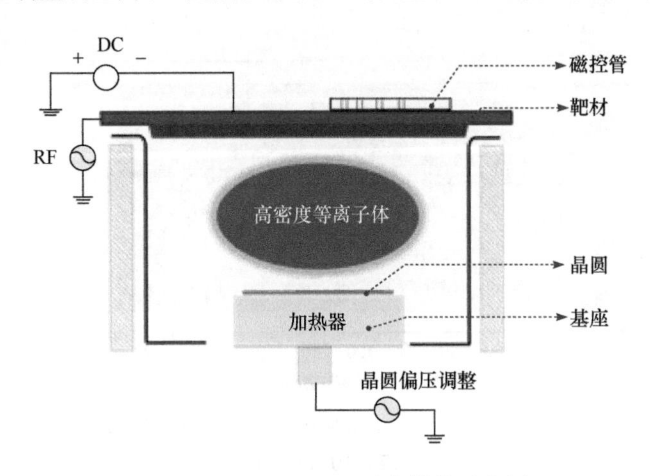

图 5.32　DC/RF PVD 腔室结构示意图

保持射频溅射等离子体正常工作的周期时间是 1~10μs，所对应的使用频率在 100kHz 至 1MHz[2]，所以通常使用的射频频率在 13.56MHz 或以上。相对于直流溅射而言，在稳定状态下射频溅射的靶材电压比较低，轰击到靶材上的氩离子被加速的动能就比较小，溅射出的靶材原子动能也相应较小。在薄膜沉积时，不仅速率比较低，而且可以在一定程度上避免衬底损伤。尤其在沉积金属栅的工艺中同时使用直流和射频加载，可以通过调整直流和射频功率的比例来调节和获得比较低的靶材电压以避免对金属栅器件造成损伤。同时也获得工艺所需求的薄膜沉积速率，达到精确控制薄膜的厚度（增加射频对直流的功率比例），还能兼顾所需要的产能目标（适当增加直流对射频的功率比例）。

直流电源溅射沉积的薄膜比较容易实现晶圆中间区域厚、边缘区域薄的分布状态，而射频电源溅射沉积所形成的薄膜厚度分布正相反，比较容易实现晶圆中间区域薄、边缘区域厚的分布状态。这两种薄膜厚度分布状态可以适当调整和互补，得到厚度均匀性比较理想的状态。

图 5.33 是仅用直流电源 300V 溅射的模拟离子通量。图 5.34 是用直流

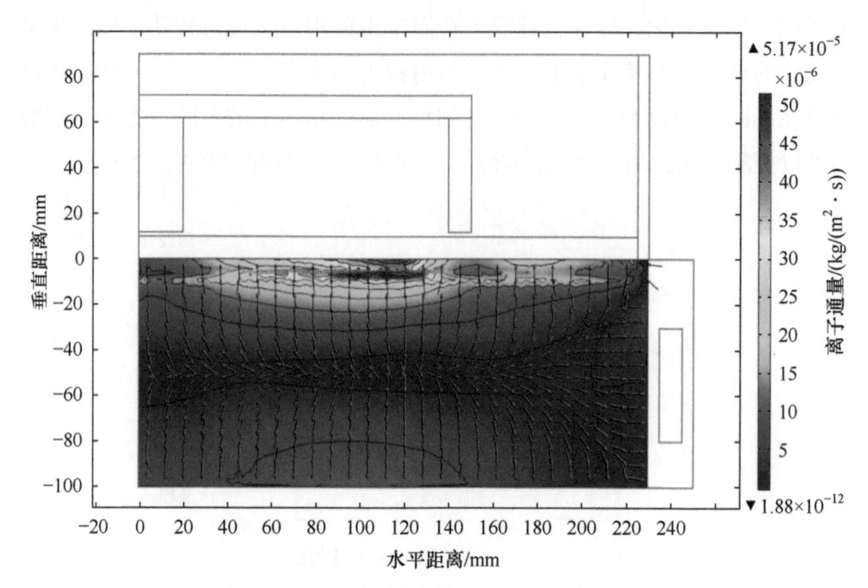

图 5.33　DC 溅射离子通量分布，流向靶材的离子通量在等离子体轨道处的峰值为 5.17×10^{-5}kg/(m^2·s)

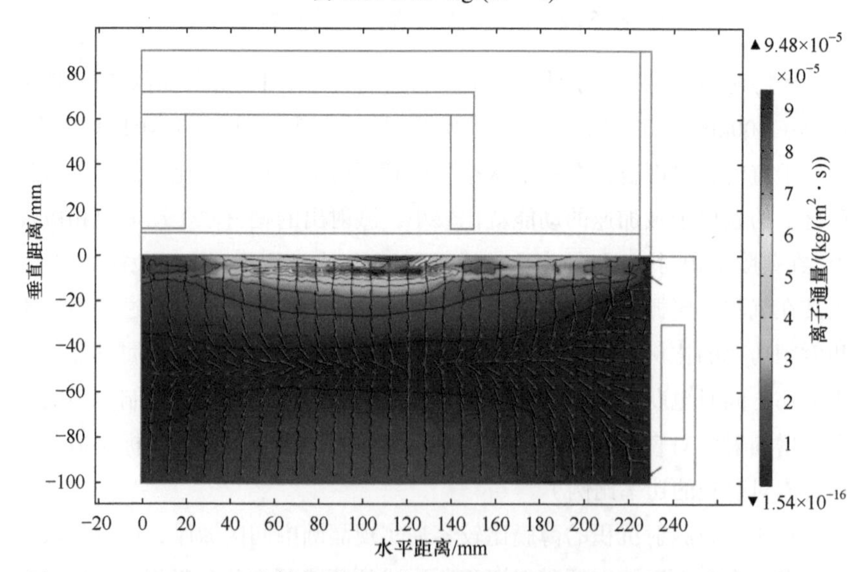

图 5.34　DC/RF100V 溅射离子通量分布，流向靶材的离子通量在等离子体轨道处的峰值为 9.48×10^{-5}kg/(m^2·s)

电源 300V 和射频电源 100V 溅射的模拟离子通量，射频频率是 13.56MHz。加上射频电源后，往晶圆方向的离子通量更均匀，往靶材方向的离子通量的峰值高出近一倍。金属离子的占比也从 1% 增加到 16%。

5.3.6 MCVD/ALD 腔室的集合

随着集成电路技术代的更新发展，金属互连在前端沟槽通孔的尺寸不断缩小，PVD 工艺在覆盖这些不断增高的深宽比结构时遇到了挑战。金属化学气相淀积（metal chemical vapor deposition，MCVD）以及原子层沉积（atomic layer deposition，ALD）和 PVD 的结合集成技术就有了新的应用前景。MCVD 是通过化学气体的传输，在一定温度下发生化学反应，从而在衬底表面沉积薄膜的一种工艺。MCVD 薄膜应用最广泛的是钨塞（W-Plug）。PVD 和 MCVD 结合应用的典型范例是粘附阻挡层（liner barrier），由 PVD Ti 和 CVD TiN 所组成的 Ti/TiN 膜组。其反应前驱物是金属有机物 (metal organic， MO)。通过载气（惰性气体）携带至腔室和反应气体相混合，在被基座加热的晶圆上表面发生化学分解反应和形核生长而形成的 TiN 薄膜，通常也称为 MOCVD TiN。表面化学反应还会有副产物的生成，副产物及未反应的反应物会随着气流的流动被干泵抽走。在 MOCVD 腔室中的分子泵（T），如图 5.35 所示，是不参与 CVD 工艺的。分子泵的作用仅用于晶圆在 MOCVD 腔室和传输腔室之间的传输。每当晶圆进出 MOCVD 腔室时，分子泵必须使工艺腔室达到和传输腔室相接近的本底真空后才能开启之间的隔离阀门。

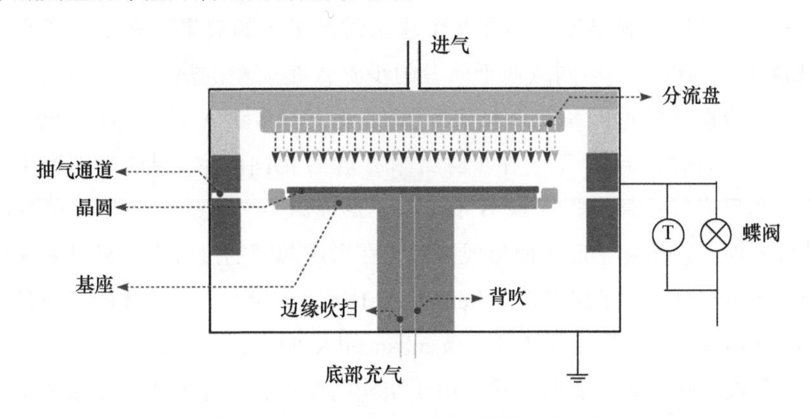

图 5.35 CVD/ALD 腔室结构示意图

MOCVD 原始沉积的金属薄膜里杂质比较多，因此电阻率也比较大，所以在沉积一定厚度后需要进行等离子体处理（在分流盘或者基座上加射频电源）。在等离子体处理过程中，氢气和氮气组成的混合气体在电容耦合式的电场中发生离化，直接产生等离子体（direct plasma），对薄膜进行物理处理（轰击致密化）和化学处理（轰击之处去除碳氢化合物）。如果原始薄膜太厚，处理效果不到位，电阻率降低的程度有限；原始薄膜太薄，处理频繁会影响产能。一般原始的厚度在处理后以 25~50Å 为宜，重复 MOCVD 的原始沉积和等离子体处理的循环次数就能得到所需要的薄膜厚度。薄膜的致密性和导电性虽然不如 PVD 薄膜，但物理化学性能（如薄膜的密度、电阻率、晶体结构、杂质含量）都可以在一定范围内得到优化提升并达到 IC 制程的标准。

由于等离子对晶圆的轰击方向和电场方向基本一致，因此垂直于电场方向的薄膜，如在晶圆的表面或在结构的底部，等离子处理后的薄膜致密度提升比较显著。但在和电场方向垂直结构的侧面，等离子处理后的效果就比较差。为此我们引进了远程等离子体的装置（remote plasma），产生氢氮自由基对薄膜进行处理。自由基的活动轨迹没有定向性，处理出来的薄膜具有各向同性的特征。由于自由基能量远低于离子能量，每次处理的原始薄膜厚度就需降低一个数量级，所以显著增加了薄膜的原始沉积和自由基处理的循环次数。虽然降低了产能，但最终产生的薄膜对于高深宽比结构的台阶覆盖率的一致性和均匀性都大为提升。

当我们把这种金属热化学气相沉积（步骤 A）和氢氮自由基处理（步骤 B）的每层薄膜厚度控制在几个埃米时，工艺的效果就和传统意义的 ALD 工艺相近了。不同点在于前者的步骤 A 是完整的热化学气相沉积的过程，步骤 B 是远程等离子体所产生的自由基对步骤 A 薄膜的物理化学的后处理。而后者 ALD 工艺在步骤 A 和步骤 B 都向腔室 / 晶圆表面提供反应源和反应气体，步骤 A 或 B 本身并不形成薄膜。而是在步骤 A 和 B 的结合界面上发生化学反应而形成薄膜。在形成薄膜的过程中如果没有等离子体的参与是热原子层沉积（thermal ALD），如果有等离子体的参与是等离子体增强的原子层沉积（plasma enhanced ALD）。

集成电路进入纳米时代后，由于结构的变化、尺寸的变小和深宽比的变大，对金属薄膜，如形核层和隔离阻挡层的膜厚的精确控制和台阶覆盖率要求也随之提高。如前所述，ALD是一种以原子层为单位周期性生长的薄膜沉积技术。ALD工艺中用两种前驱物交替进入腔室到达晶圆表面发生化学反应而形成薄膜。在两种前驱物交替间隔中使用惰性气体吹扫去除未反应的前驱物，避免两种前驱物在气相中混合相遇，发生不必要的化学反应从而形成颗粒。基座的温度一般设置在CVD同类前驱物反应温度的下限，即前驱物在晶圆表面的化学反应处在表面反应自我限制的范围内（surface reaction limited）。在每个原子层沉积周期中，当化学反应完成生成一层薄膜后，即使再通入过量的前驱物也无法使薄膜继续生长。这种工艺机制使得原子层沉积工艺在每一周期中生长的薄膜厚度都处在原子层量级，而且是各向同性的均匀生长。因此，原子层沉积工艺具有厚度控制精确、薄膜台阶覆盖完整的优点。

同样，ALD腔室可以整合到PVD系统中，比如ALD Ta腔室集合到铜阻挡和籽晶层的系统中去取代部分的PVD Ta阻挡层，使阻挡层更完整和均匀。但由于ALD工艺量产的成本比较高，生长速率比较低，薄膜电阻率比较高，因此金属ALD沉积技术的应用需要有针对这些缺陷的处理方式，并局限在一些前道纳米集成电路的制程中。

5.4　金属薄膜沉积工艺评价指标

导电薄膜常用的测试方法是厚度及厚度均匀性、电阻及电阻均匀性。电阻率对于纯金属薄膜来说是个恒定常数，薄膜的电阻及均匀性就取决于薄膜厚度及厚度均匀性。对于金属氮化物薄膜来说，由于氮化程度的差异，薄膜电阻率在整个晶圆表面上的分布并不一致，所以薄膜厚度的测量不能准确地用电阻的测量来替代。

根据薄膜的应用需求，比较常用的薄膜测试还有薄膜应力和薄膜反射率。比如硬掩膜氮化钛（hardmask，TiN），如果应力太大，刻蚀后掩膜就会扭曲，所以薄膜的应力控制和检测就非常必要。又比如钛/氮化钛/铝/氮化钛薄膜组（Ti/TiN/Al/TiN Film Stack）的反射率需要掌握在一定范围内才能顺利地通过下一道光刻制程，所以薄膜反射率的控制和测量也必不可少。

同半导体集成电路的其他制程一样，金属互连薄膜沉积的颗粒控制和测量对于芯片的最终良率至关重要。随着 IC 制程从微米级步入纳米级，所能接受的颗粒尺寸的维度和限度也相应地调整严控了。一般颗粒的测试分成两大类：机械颗粒（mechanical particle）和薄膜颗粒（in-film particle）。机械颗粒是在没有沉积工艺的过程中所能测得的颗粒。薄膜颗粒测试完全覆盖了沉积的整个工艺过程，几乎涵盖了所有产生颗粒的因素。

沉积薄膜测量的方式有在线测试和离线测试两种。在线测试指晶圆可以不离开晶圆盒（foup or cassette），从薄膜沉积设备直接导入薄膜测试专用设备（在产线上不离开净化室）。以上所述的薄膜厚度、电阻、应力、反射率及颗粒都可以通过在线测试完成，这样就大大提高了产线的工作效率。离线测试指晶圆需从晶圆盒取出测量，也往往伴随晶圆被分割取样及样品制备的过程。薄膜的阶梯覆盖率测试就是一个典型的离线测试方法。有图形的晶圆被沉积后会从晶圆盒取出，分割切样，并制成样品，使用扫描电镜或者透射电镜来进行成像分析和计算。

从测试沉积薄膜的复杂程度而言，可以分为薄膜在平毯式晶圆 / 薄膜上的测试和薄膜在有图形晶圆 / 薄膜上的测试。以上所述的薄膜厚度、电阻、应力、反射率，以及一部分颗粒的测试都是以平毯式晶圆 / 薄膜为基础进行测量。部分颗粒和所有薄膜台阶覆盖率的测试是以有图形的晶圆 / 薄膜为基础而进行的测量，这里还包括结构电性能的测试，比如线电阻、单塞电阻（single via resistance）、塞线链电阻（via chain resistance）、电迁移阻抗（electron migration resistance）等性能的测试。

5.4.1 薄膜厚度和电阻

对薄膜厚度测量使用比较多的方法是 X 射线反射光谱仪（X-ray reflectometry，XRR）、Meta Pulse 和四点式电阻测试。这些测试设备都具备在线测试的能力，适合量产需求。边缘非测量区域在无压环的条件下，一般为 3mm，在有全周压环的条件下为 5~6mm。测试点一般为 49 点，测试点的多少可根据需求调整。

XRR 不仅可以测量薄膜厚度，也可测试薄膜的密度和表面粗糙度。射线测量的共性是一束光源以一定角度射入薄膜的表面，射线在薄膜或者薄膜的界面发生作用后被另一端的探测器所接收，经过处理得出结果。XRR的光源是X射线，经过薄膜界面反射后的X射线被探测器接收而生成薄膜厚度的信息。XRR可测量的薄膜材料种类包括金属、氮化物和氧化物。薄膜晶体结构可以是晶态和非晶态。薄膜沉积状态可以是单层、双层或多层的组合薄膜。通常用于平毯式薄膜无损伤无接触的厚度测试。

Meta Pulse是一种皮秒超声技术。光源是脉冲激光，在薄膜界面上反射后的激光被探测器接收，通过对光干涉震荡周期的计算，和光速往返薄膜的时间而得到薄膜厚度。激光可以在薄膜和晶圆的界面往返从而测量单层薄膜的厚度，也可以在薄膜和薄膜之间的界面往返测量多层薄膜或组合薄膜的厚度。测量单点的时间只需几秒，是一种通常用于平毯式薄膜无损伤无接触的厚度测试。

四点式电阻测量可以直接测量薄膜的电阻，在直线均衡分布的四个测试点中，直流电流通过外侧的两点，电压从内侧两点获取，通过欧姆定律得出电阻值。同时也可以通过计算得到薄膜的厚度。对于电阻率恒定的纯金属薄膜来说，薄膜的电阻和厚度有着一一对应关系，是一种通常用于平毯式金属薄膜无损伤有接触的厚度测试。

扫描电镜（scanning electron microscopy，SEM）用来测量薄膜厚度。光源是电子束，被激发的区域产生的二次电子用于成像，产生的X射线可做成分分析（energy dispersive x-ray， EDX）。这种直观测量薄膜厚度的技术适用于任何种类的薄膜。但对于绝缘材料，样品需要被镀上一层导电膜在检测中使电子流通成像，SEM是一种离线破坏晶圆完整性的测试方法。

透射电镜（transmission electron microscopy，TEM）用来测量薄膜厚度。光源是电子束，通过穿透样品的电子束成像，电子的衍射斑点图案可做晶体结构分析，产生的X射线可做EDX成分分析，适用于任何种类的薄膜，尤其适用于纳米级的超薄薄膜，是一种离线破坏晶圆完整性的测试方法。透射电镜测量需要专用设备来制备样品，如离子减薄、聚集离子束（focused ion beam，FIB）。在样品的制备中还需要用树脂材料支撑样品，在样品减薄后还需镀上一层导电碳膜。

5.4.2　薄膜应力

在晶圆上薄膜的应力是用激光沿着晶圆的直径扫描，激光反射后获得晶圆弯曲的曲率半径。需要先后测量裸晶圆和沉积上薄膜的晶圆的曲率半径。根据薄膜沉积前后对晶圆弯曲造成的差异、薄膜和晶圆的厚度，以及晶圆的机械性能可以计算出薄膜的应力。薄膜沉积后曲率半径变化越大，薄膜的应力也就越大。晶圆的曲率半径还有方向性，当薄膜沉积在晶圆上后造成晶圆边缘往上翘曲，薄膜的应力为正的拉应力；反之当薄膜沉积在晶圆后造成晶圆边缘往下翘曲，薄膜的应力为负的压应力。

薄膜应力不是机械拉伸压缩实验中的瞬时应力，而是薄膜沉积后的残余应力。这种应力也不是 X 衍射（X-raydiffraction，XRD）测得的微观区域的局部应力，而是整片晶圆上薄膜的宏观平均应力，是在薄膜沉积的工艺过程中，由于加热和冷却以及晶圆和薄膜热膨胀系数不同而造成的应力。比如在沉积铝膜中温度为 200℃，当沉积后冷却到室温时，由于铝膜的热膨胀系数比硅片高，冷却时铝膜收缩得比硅片快，就形成了硅片对铝膜的拉伸效应，即铝膜呈现拉应力状态。薄膜溅射沉积过程中工艺参数的变化也有可能影响薄膜的应力状态。比如对薄膜施加反溅射，往往会形成薄膜的压应力。使用高气压溅射往往会导致薄膜的拉应力，溅射沉积的环境变化也有可能会造成薄膜应力状态的变化。比如在标准 PVD 腔室中溅射钛薄膜，正常的沉积环境下，钛膜呈现拉应力。如果腔室真空条件偏离正常状态，腔室氧分压的增加会造成钛薄膜的微量氧化，使钛薄膜的应力反转为压应力。

5.4.3 薄膜反射率

测量薄膜的反射率通常使用光源为可见光或者紫外光的光谱仪。光的入射和反射路径与薄膜的平面垂直。光源的波长一般选择为 436nm（g-line）和 365nm（i-line）。

薄膜反射率可以用绝对值进行表征，即反射光对于入射光的占比。因为有一部分光会穿透薄膜，有一部分光会被薄膜吸收，所以绝对反射率一般小于 100%。薄膜反射率也可以用相对值表征，即所测薄膜的反射率和裸硅片的反射率比较。相对反射率有可能大于 100%，比如铝膜的反射率是裸硅片的两倍，那么它的反射率就是 200%。

在铝互连的填充或回流制程中，对于铝薄膜（通常是 AlCu、AlCuSi 的合金）的反射率和台阶覆盖率的综合要求比较高。工艺温度低，薄膜的反射率高，但对沟槽和通孔填充的流动性差。反之工艺温度高，填充效果好，但薄膜的反射率低。当基座加热器的温度升高时，腔室的整体温度也随之升高。大气比较容易穿透腔室密封圈和接触面，以及腔室部件在真空中的吐气率会增高，从而使金属薄膜表面的氧化层的含量有所增加，导致薄膜发雾，使反射率下降。铝膜的反射率的下降一般还能用视觉做定性的分析。

5.4.4 颗粒和缺陷控制

颗粒度的测试原理和方法和薄膜反射率和应力的测试有相同之处，都是无损伤、无接触平毯式薄膜的测量。激光照射在薄膜表面，没有缺陷的区域就反射，有缺陷的区域就散射。这些反射和散射的光都会被探测器系统所接收，通过对反射和散射激光角度的处理得出缺陷的种类（颗粒、划痕、雾区）、数量的多少、颗粒的大小和尺寸区间分布，以及缺陷在晶圆上的分布。颗粒的测量也需要比较晶圆的原始状态和经过工艺后的状态。颗粒数是前后测量值的差值，也就是经过工艺后的表现。

机械颗粒测量的是没有生成薄膜只有气流以及晶圆传输过程中所收集的颗粒。由于没有薄膜的沉积，在工艺前后值的比较中所获得的颗粒差值，如实反映了工艺表现的实际颗粒数量。而薄膜颗粒也有例外的情况，当原始的裸硅片或者经过前道制程处理的晶圆已经存在小颗粒，因为处在颗粒测试仪的下限之下而未被发觉，经过薄膜颗粒的工艺后被沉积上一层薄膜使原始的颗粒直径增大而被发现。这种颗粒显然不是沉积工艺造成的，但却被错误地算在薄膜颗粒的测量结果中。

一般薄膜颗粒的数目会多于机械颗粒，除了以上的原因外，主要还是薄膜颗粒涵盖了所有产生颗粒的可能性。所以我们需要做到全靶侵蚀，消除薄膜在靶材表面上沉积剥落的片状颗粒，避免靶材和腔室部件打火后所产生的球状颗粒。我们也需要防止晶圆和传输系统及工艺腔室部件的不必要接触，因为任何晶圆边缘和腔室部件接触的点都有可能产生硅基颗粒。晶圆背面不可避免地会和机械手的承载表面及基座卡盘表面接触，但应尽可能减少接触面积，比如静电卡盘表面和晶圆的接触面积需要控制在晶背整体表面积的一定比例之下，来满足对晶背颗粒的控制要求。对于腔室内衬等被沉积到的部件，都需要经过喷砂处理，或者喷砂加铝熔射处理以加强沉积物和被沉积物之间的结合。腔室部件的棱角处需用倒角和圆滑面过度，防止电场中的尖端放电及沉积物在尖端处的剥落。

颗粒的形状和表面特征以及化学成分还可以用专用的 SEM/EDX，如 Semvison 颗粒扫描电镜，做进一步分析。根据颗粒的坐标位置，可以分析所有颗粒的形貌和成分。选择一部分具有代表意义的颗粒进行系统分析可以帮助找出颗粒的来源和产生的机理。

减少颗粒等缺陷是一项系统工程，对颗粒的控制和减少是整个 IC 制程中提高良率的重要环节。

5.4.5 薄膜组织结构

对于薄膜成分分析常用的方法是 X 射线荧光反射（X-ray reflection fluorescence， XRF）。当 X 射线入射到薄膜表面会产生二次 X 射线的特征能谱。射线的能量与元素种类对应，射线的强度与元素含量对应。薄膜的化学成分在一定程度上取决于靶材的成分。尤其在溅射稳定的状态下，靶材和沉积薄膜的化学成分有紧密的对应关系。XRF 是无接触无损伤的在线测试。全 X 射线荧光反射（total X-ray reflection fluorescence， TXRF）是用来检测晶圆表面的金属污染。晶圆上的器件对于重金属的污染很敏感，对于和晶圆直接接触的基座，机械手相关部件的清洗和检测就十分重要。

二次离子质谱仪（secondary ion mass spectrometer， SIMS）和卢瑟福背散射光谱仪（rutherford backscattering spectroscope，RBS）都是使用离子束的射入和射出获取薄膜的化学成分，而且探测成分的范围非常广泛。SIMS 能探测所有的化学元素，RBS 也能探测除氢、氦以外的所有化学元素。SIMS 能探测浓度很低的元素含量，且薄膜表面的空间灵敏度高。与 FIB 配合，能得到沿薄膜深度的化学成分分布（depth profile）。RBS 无需标准样品校准[2]，能精确地标定金属氮化物或金属氧化物的分子量。同样 SIMS 和 RBS 的样品制备和测试都属于损伤晶圆的离线式测量方法。

薄膜晶粒尺寸的分析常用原子力显微镜（atomic force microscope，AFM)、光学显微镜（optical microscope， OM）、SEM 和 TEM。AFM 样品的制备没有特殊要求。它是用精细探头接触薄膜表面的测试方法，探头的尺寸和薄膜表面状态相匹配。薄膜表面粗糙度和实际的晶粒尺寸相对应时，可以得到晶粒的尺寸信息。如果需要测出晶粒的宏观形貌，如区分等轴晶和柱状晶，就需要制备薄膜样品具有其他维度上的信息和应用 OM 和 SEM 的观察设备。在溅射过程中，增加工艺温度和降低工艺气压，能够改变晶粒的形态，从疏松的柱状晶、致密的柱状晶到致密的等轴晶均能获得。图 5.36 是薄膜晶粒形貌与工艺温度和气压的关系图[5]。第一区（Zone 1）为疏松的柱状晶(如图高压低温 2E-2F 区域)，第二区（Zone 2）为长大的致密柱状晶（如图低压甚高温 2C-2D 区域）。这两区之间为过渡区域。第三区（Zone 3）为长大的致密等轴晶（如图高温 3D 区域）。一般致密的薄膜可以起到增强隔离防止扩散的作用，以及降低薄膜电阻率的作用，但薄膜应力会因此而升高。所以要根据薄膜的应用需求来采用不同工艺去获得相对应的薄膜性能，比如隔离层比较强调致密的薄膜，而硬掩膜比较强调低拉应力的薄膜。

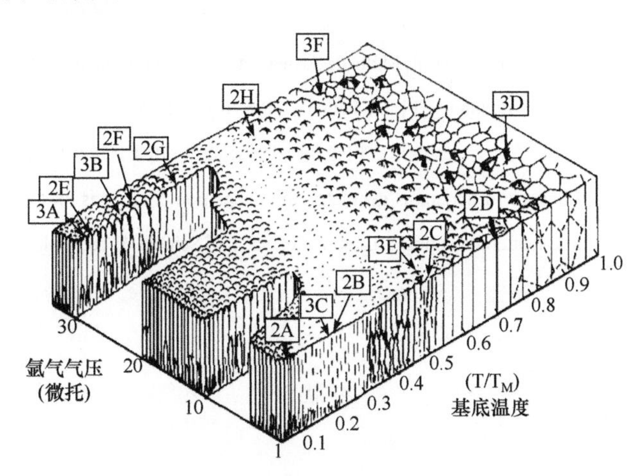

图 5.36 薄膜晶粒形貌与工艺温度和气压的关系

对于薄膜晶体结构分析的仪器有 XRD。通过对 X 射线在一定角度范围的衍射可以得到沿衍射角度的一系列衍射峰值（晶态）或者在整个衍射角度中没有任何特征峰值（非晶态）。绝大多数的金属薄膜和金属氮化物薄膜是晶体，从 XRD 的分析中可以得到晶体的结构及晶体的择优取向。由于 X 射线往往能够穿透沉积的表面薄膜，进入下层的薄膜或者基底硅片，衍射峰不仅有来自表面的薄膜层，也可能来自下层的薄膜或基底。对于面心立方晶体的铝和铜薄膜，晶体结构的择优取向为密排面（111）晶面，溅射工艺条件的变化通常难以改变这种择优取向的状态，但还是可以调节择优取向晶面的相对比例。在薄膜沉积过程中加上晶圆射频负偏压可以造成晶体取向的变化。但是在多数情况下，增加晶圆的负偏压是为了增加薄膜台阶覆盖率，而不是为了改变晶体的取向。XRD 分析往往会用在薄膜的晶体结构的相对比较上。XRD 通常是离线测试，可以是整个晶圆（专用设备），也可以破片取样（通用设备）。

参考文献

[1] 王阳元 . 集成电路产业全书 [M]. 北京：电子工业出版社，2018.

[2] Wolf S, Tauber R N. Silicon Processing for the VLSI Era [M]. California Lattice Press, 1986: 351-352.

[3] Yang H S, Gung T J, Lei J X, et al. Multi-track magnetron exhibiting more uniform deposition and reduced rotational asymmetry [P]. US Patent：7186319B2, 2007.

[4] 杨玉杰，李强，邱国庆，等 . 螺旋形磁控管及磁控溅射设备 [P]. CN104810228B, 2014.

[5] Thornton J A. Influence of apparatus geometry and deposition conditions on the structure and topography of thick sputtered coatings[J]. Journal of Vacuum Science & Technology, 1974, 11(4): 666-670.

第6章

等离子体增强化学气相沉积工艺与装备

6.1 化学气相沉积和等离子体增强化学气相沉积

6.1.1 化学气相沉积简介

化学气相沉积（chemical vapor deposition，CVD）是一种高效的真空生长技术，用于制备高纯度、高性能材料，尤其在半导体行业的薄膜生长中得到广泛应用。19 世纪晚期，化学气相沉积作为一种镀膜技术首次被认可。当时，在照明产业中为了在灯丝上进行镀膜，人们使用汽油蒸气在反应器中通过加热的灯丝分解烃类分子，从而形成薄膜 [1]。

如图 6.1 所示，化学气相沉积的工艺过程通常为将一种或多种前驱气体导入到加热的晶圆基底上，通过加热、等离子体电离或光辐射等多种方法使反应器中的气态或蒸气状态的化学物质在气相或气固界面上发生化学反应或分解，从而实现薄膜的沉积 [2,3]。通常在反应过程中会产生不同的气态副产品，这其中大部分会被气流带走而不会留在反应腔室中。关于化学气相沉积技术应用首次在集成电路被报道的时间，以及一些早期常见器件的应用列于图 6.2 中 [4-18]。

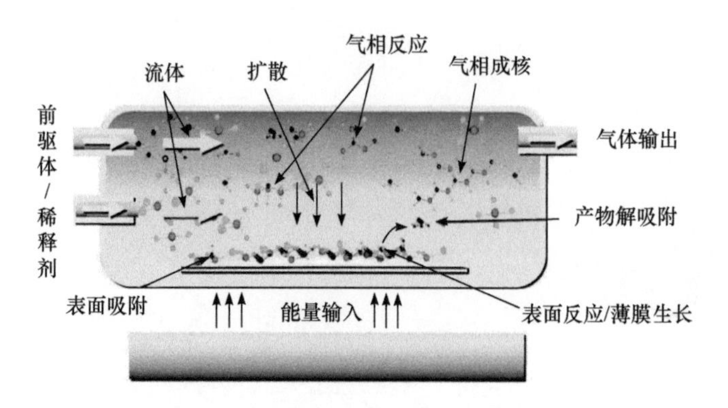

图 6.1　化学气相沉积工艺基本过程

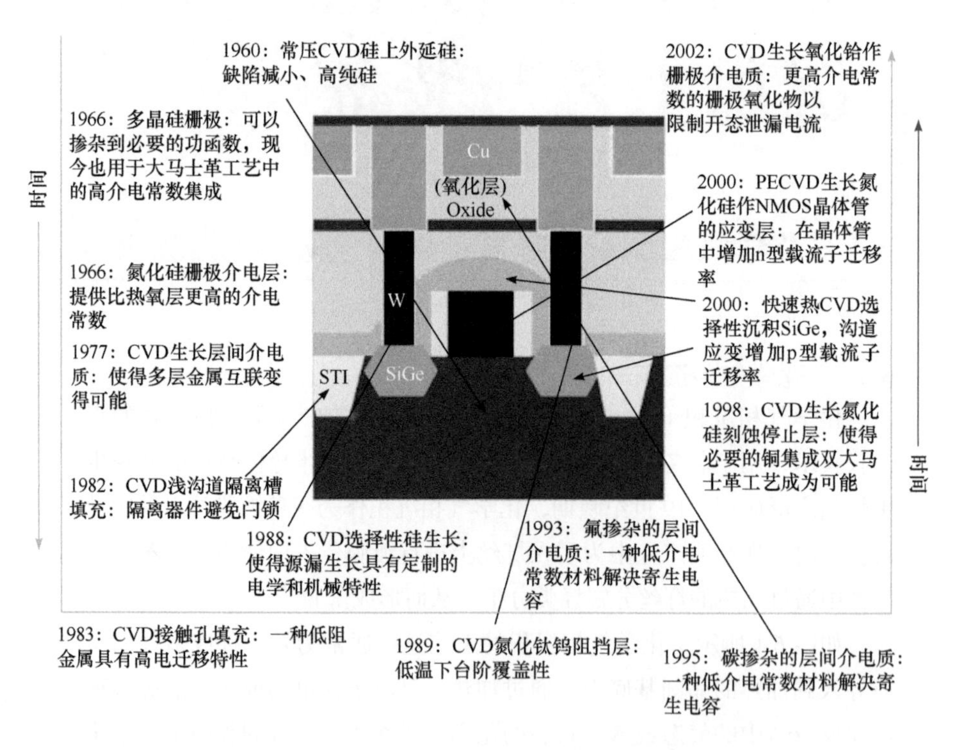

图 6.2　CVD 在集成电路上的一些常用应用、所在器件位置和首次报道时间

6.1.2　等离子体增强化学气相沉积简介

等离子增强化学气相沉积（plasma enhanced chemical vapor deposition，PECVD）是 CVD 技术的一种。这项技术的开发可以追溯到 20 世纪

50年代，当时研发人员首次观察到有机化合物在电子束作用下分解并形成薄膜[19-21]。大约十年后Buck等人提出，这种成膜机制非常适用于绝缘薄膜的应用[22]。PECVD最早的应用实例可以追溯到1962年，当时通用电气公司电子实验室使用了直流辉光放电系统制备薄膜[23]。1965年，Evans、Sterling和Swann在曼彻斯特的物理学会展览会上展示了他们在标准电信实验室（Standard Telecommunication Laboratories）设计和制造的辉光放电设备，引起了广泛的关注[24-26]。Evans博士后来加入到美国加利福尼亚州旧金山湾区的ITT Shockley实验室，并继续进行辉光放电研究，这为集成电路技术的发展做出了重要的贡献。1971年，Reinberg使用平行板反应腔结构的PECVD在较低温度下利用射频电容耦合完成了半导体封装和光学镀膜的沉积，并得出了反应气体在基板上的径向层流有助于薄膜均匀性的结论[27, 28]。

PECVD设备被广泛应用于集成电路和显示行业，是最常用且核心的薄膜沉积设备。本章将介绍一些与集成电路相关的PECVD应用。其中一个大规模应用是在电视、电脑、手机等OLED和LCD工艺生产领域中，PECVD被用于生长核心薄膜晶体管（thin film transistors，TFT）的关键介质和半导体膜层。世界上体积最大的PECVD设备（图6.3）就是应用于显示行业的，其重量和最大型号的波音747-800型飞机相当[29]。近年来，美国应用材料公司生产的应用于显示行业的新型PECVD设备所消耗的航空

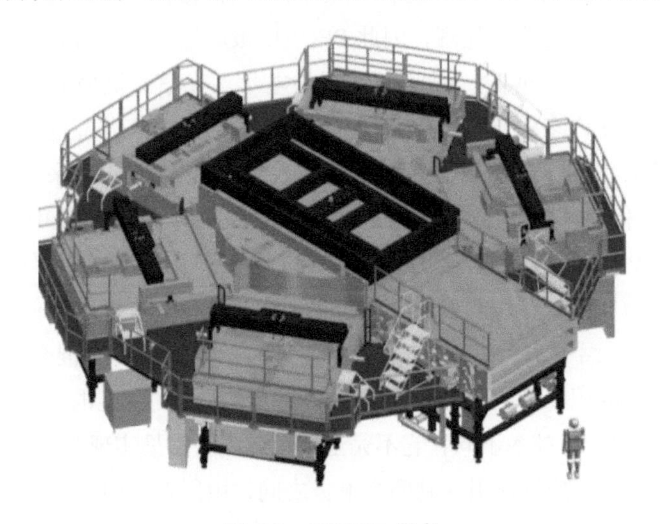

图6.3　PECVD设备

用铝量已超过最大的飞机制造商波音公司同期生产新飞机所需使用的铝量，成为全球最大的航空用铝用户。

PECVD 相对于传统 CVD 的主要技术优势之一是能够在较低温度下实现薄膜生长，从而制备出高性能、高致密度的薄膜，且不会破坏已有的膜层和底层电路。同时，PECVD 还可以实现更快的薄膜沉积速度，这在主流集成电路中使用铜等扩散速度快的金属时显得尤其重要。例如，很多器件使用氮化硅（Si_3N_4）作为最终封装材料，传统的等离子 CVD 通常需要约 900℃的高温才能制备 Si_3N_4 薄膜，而在广泛应用的集成电路量产制造过程中， PECVD 只需在约 300℃的低温下就能获得同样的薄膜生长效果。表 6.1 列举了一些常见材料在热 CVD 和等离子 CVD 中生长所需的温度。

表 6.1　加热方式化学气相沉积和等离子体增强化学气相沉积中的典型沉积温度

材料	加热方式化学气相沉积 /℃	等离子体增强化学气相沉积 /℃
多晶硅	650	200~400
氮化硅	900	300
氧化硅	800~1100	300
氮化钛	900~1100	500

随着 PECVD 技术的广泛应用和逐渐成熟，它在对多种材料的性能调节和控制上的优势逐渐显现，因此 PECVD 被广泛用于制备各种介质绝缘体、半导体和导体薄膜，以实现不同的电学、光学、机械和材料性能控制。此外，在许多关键的光刻和刻蚀工艺中，PECVD 设备也能沉积必要的辅助薄膜，以实现理想的光刻和刻蚀效果。自 2020 年以来，全球每年 PECVD 设备销售额已超过 50 亿美元，并且仍在持续快速增长中。

由于 PECVD 的工艺温度比普通 CVD 技术低很多，因此仅依靠热活化无法实现薄膜生长。PECVD 工艺是通过引入等离子体技术降低反应活化能，从而在低温下实现薄膜生长。简单来说，PECVD 是一种混合薄膜工艺，其中的化学沉积步骤是通过辉光放电产生等离子体的高能电子激活来实现的。与传统 CVD 技术不同，它不完全依赖热能。常见实现 PECVD 低温沉积的方法是将反应气体引入到两个电极之间，由射频（RF）交流或直流电通过电极，以电容耦合放电的方式产生等离子体。等离子体在射频的驱动下加速分子在表面的扩散，并使气体分子发生电离或激发，从而获得部分能量。与 CVD 不同，PECVD 还可以沉积多层不同热膨胀系数的薄膜层，构成超过 10 微米厚的薄膜层，但不会在冷却期间产生强应力。此外，由于相对高真空度和表面化学反应机理的作用，PECVD 成膜具有更均匀的质量和薄膜厚度以及更好的表面平整度。尤其是由于引入了等离子体技术，PECVD 可以通过调节多个工艺参数，如多种馈入方式（单频或多频射频）、不同偏压控制模式、HCE（hollow cathode effect）和 HCG（hollow cathode gradient）梯度设计、电容耦合的距离和气压等，来独立调节和薄膜质量有关的各个参数（如折射率、应力、化学键和刻蚀速率等），以满足器件整合所需的特定膜层要求。这种多维度的高度工艺可调性是其他薄膜工艺所不具备的。

在实际使用中，PECVD 设备还在生产和维护方面具有一些优势。一方面，PECVD 薄膜沉积腔室本身具备原位等离子体预处理的能力，可以在沉积腔室内去除表面氧化物和残留物等，从而在镀膜之前直接进行原位等离子体预处理，所以无需额外的预清洗腔室。因此，PECVD 薄膜通常具有良好的附着力。其次，PECVD 腔室内壁的沉积清洗也很方便，通过配置远程等离子体源（remote plasma source, RPS）可以在不频繁开腔更换内衬套件的情况下，有效地清除沉积在腔室内壁上的 PECVD 薄膜，延长设备的维护周期，提高使用的便利性。综合考虑这些优势，PECVD 在许多工业领域都有重要的应用，如表 6.2 所示[30]。特别是在集成电路芯片领域，随着内部立体结构日益复杂，PECVD 薄膜层数也在快速增加。在先进鳍式场效应晶体管（FinFET）微处理器工艺中，前道部分的关键制程超过了 500 道，有些 PECVD 薄膜制程甚至超过了 100 道。在固态硬盘中，3D NAND 工艺的堆叠化是提高存储密度的重要因素之一，其中堆叠化即是通过 PECVD 膜层的堆叠来实现的。例如，PECVD 中 SiO/SiN 叠层可以达到数百层，总厚度甚至超过 10 微米。PECVD 沉积的薄膜具有良好的电学性能、优良的衬底附着性和良好的台阶覆盖性，在微处理器和存储等多种应用中发挥着重要的作用。先进集成电路对 PECVD 介质材料薄膜具有很高的要求，例如 PECVD 各种硬掩膜材料需要高的刻蚀选择比（etch selectivity），在多步刻蚀需求方面也需要刻蚀选择比差异化的硬掩膜材料，甚至在光刻方面也对 PECVD 抗反射膜有更高的光学需求。这些需求正在推动着越来越多种类、越来越高性能的 PECVD 材料和设备的开发和产业化应用。

表 6.2　PECVD 在不同工业界的常用应用

应用	器件或者薄膜系统实例
微电子和微系统	晶体管、微机械系统
光学、光子、通信和信息技术	光学干涉滤光片、眼科透镜、光波导、显示器、保护层涂覆、塑料上的光学薄膜、存储介质的保护膜
航空航天和外太空	固体腐蚀保护膜、空间环境保护膜
汽车	引擎组件保护膜、灯组件保护膜、燃油分布保护膜
产能和储能	光伏、燃料电池保护膜、防腐蚀保护膜、自清洁表面、智能玻璃
生物医学和药学	植入物保护膜、外科工具保护膜、生物适用性膜
传感器	小型化麦克风、气体和蒸汽检测器
生产制造	切削工具保护膜、防粘连保护膜
纺织	疏水性膜、防腐纺织品
封装	柔性基底上对抗气体和蒸汽的永久保护膜

6.2　PECVD 工艺原理

PECVD 技术是利用低气压下的适量工艺气体，在工艺腔体的电极之间产生辉光放电的低温等离子体，再通过一系列化学反应和等离子体反应，在样品表面形成固态薄膜。具体步骤如下：反应气体通过进气口进入反应腔，扩散至样品表面。在射频源产生的电场作用下，反应气体被分解成带电的电子、离子、分子、原子团等粒子，还有高度化学活性的中性原子和自由基。这些分解物与样品表面发生化学反应，生成膜的初始成分和副产物，这些生成物以化学键的形式吸附到样品表面，形成薄膜的晶核。晶核逐渐生长成岛状物，岛状物继续生长形成连续的薄膜。在薄膜生长过程中，副产物逐渐从膜的表面脱离，并通过真空泵排出。

6.2.1 PECVD 冷等离子体特点和电子能量分布函数

PECVD 是一种在真空环境下进行的沉积工艺，通常在几毫托到几托的压力范围内进行。PECVD 中的等离子体工艺基本原理如图 6.4 所示，它是在射频电场的作用下，激发电子并与反应气体发生碰撞，产生电子 - 中性粒子、电子 - 电子、电子 - 离子碰撞以及反应腔壁损失等方式来维持等离子体的稳定。射频电场能量输入和非弹性等离子体电子能量损失之间的相互作用会产生高能电子，其电子能量分布由电子能量分布函数（electron energy distribution function，EEDF）描述，如图 6.5 所示[30-32]。

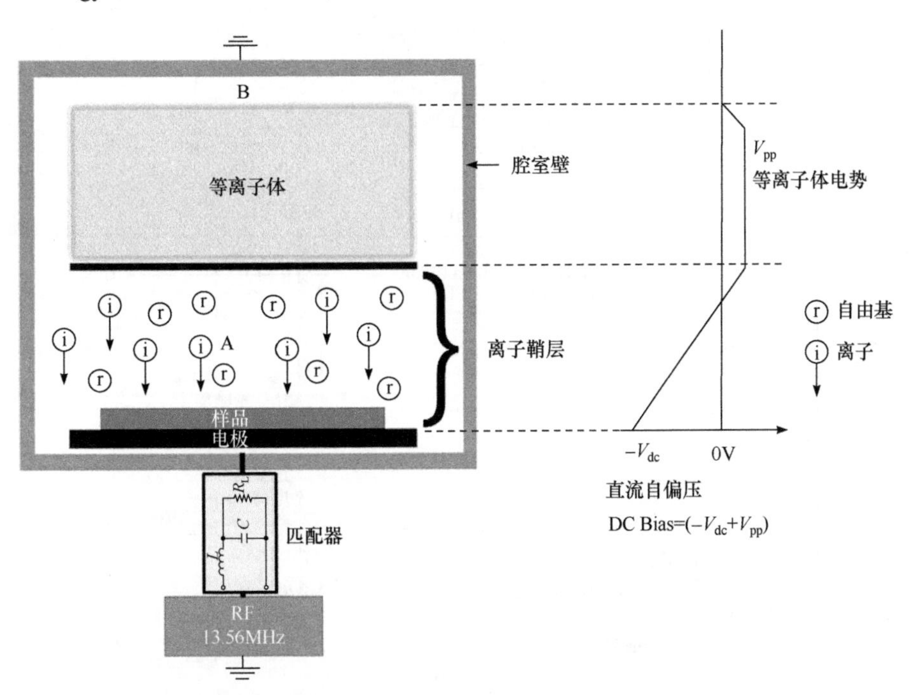

图 6.4 等离子体化学气相沉积工艺中的等离子体示意图，CCP 单射频下电极馈入例子

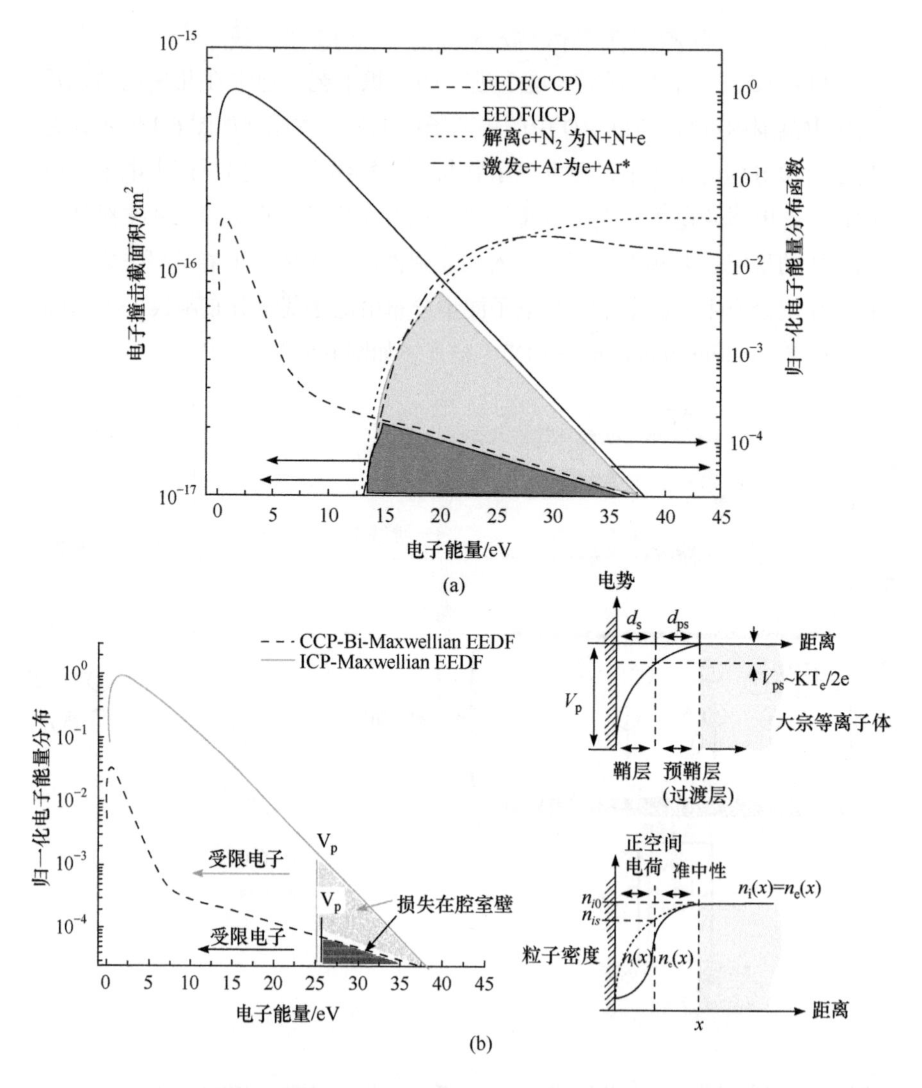

图 6.5 （a）PECVD 中的等离子体电子能量分布函数（EEDF）示意；（b）PECVD 等离子体和壳层之间过渡层存在和粒子电子以及离子密度示意

在 PECVD 中通常等离子体状态是冷等离子体，即电子具有较高的温度而粒子的能量较低。等离子体可以简单地分为热等离子体和冷等离子体两种。热等离子体中的各种粒子处于基本的热平衡状态，通常温度高于 5000K，并且当粒子能量增加到一定程度时，会容易失去电子。而 PECVD 中的冷等离子体状态指的是电子温度较高而粒子能量远远小于离子化能量的状态，或者指的是气体温度远低于电子温度的状态。这是因为在低气压下，电子与中性气体碰撞产生的能量损失很小，与从电场获得的能量相比差别很大（相差近 5 个数量级[33]）。因此，电子可以保持在非常高的等效温度下，相当于数万开尔文或几个电子伏特的平均能量，而气体温度仍然相对较低，接近于环境温度。在用于沉积和材料加工的等离子体中，电离率可以在典型的电容放电约 0.01% 到高密度电感等离子体的 5%~10% 之间不等。具有较低电离率的等离子体对于材料加工非常有帮助，高能电子可以诱导许多在低温下不太可能发生的反应，例如前驱气体分子的解离和大量自由基的产生。

PECVD 等离子体还具有另一个优点，由于电子具有较高的移动性，所以等离子体通常比与之接触的任何物体的电势要高，这不会使大量电子迅速从等离子体流向物体。等离子体与接触物体之间的电势差通常在壳层（plasma sheath）区域。在壳层边缘扩散的电离原子或分子在静电力的作用下会加速到邻近表面，因此，暴露于等离子体的所有表面都会受到高能离子的轰击。壳层的电势差通常只有 10~20V，但通过调整反应器的几何形状和配置可以实现更高的壳层电势差。因此，在沉积过程中，薄膜可以承受高能离子的轰击。这种轰击能够增加薄膜的密度，并有助于去除污染物，改善薄膜的电性和机械性能。当使用高密度等离子体（high density plasma，HDP）时，高离子密度足以使沉积的薄膜发生溅射，这种溅射可用于平坦化薄膜并填充沟槽或孔洞。

6.2.2 PECVD 等离子体 α-mode 和 γ-mode

需要指出的是，即使是最简单的电容耦合等离子体 (capacitively coupled plasma，CCP) 单频 PECVD 也存在两种代表性的等离子体工作模式，即 α-mode 和 γ-mode。这两种模式在等离子体密度和能量分布等特征上存在很大差异。在兆赫兹频率附近，只有电子能够匹配外部交变电场，而较重的正离子基本上只能匹配时间平均电势场。因此，大量电子在两个电极之间快速振荡，且阴极和阳极壳层的相位差为 180°。在这种情况下，两个电极的壳层电场直接加热电子以维持稳定的电子能量概率函数（electron energy probability function，EEPF），这可以简单地描述为欧

姆加热或 α-mode 等离子体模式。一般在欧姆加热的 α-mode 等离子体状态下，电子密度相对较低，通常在 $10^{10}cm^{-3}$ 以下，而 EEPF 中的电子温度主要分布在 3~5 电子伏特（eV）附近。常用的 PECVD 应用主要建立在 α-mode 的基础上。

相比之下，γ-mode 是 PECVD 中一种完全不同的等离子体工作模式，具有相对较高的电子密度。在某些合适的条件下，例如变化的工作压力、RF 电压、电流和相应的直流自偏压（DC self-bias），可以使用 γ-mode 等离子体模式。γ-mode 的加热机制不能用简单的欧姆加热模型描述，而需要使用功率电极随时间和空间变化的高电势场壳层电场加热模型。图 6.6 展示了从 α-mode 到 γ-mode 转换区域附近测得的 EEPF 曲线 [34-40]。在γ-mode 的PECVD等离子体状态下，电子密度可以在 10^{10}~$10^{11}cm^{-3}$ 之间，而主要的 EEPF 电子温度通常集中在 1~2eV 附近。γ-mode 等离子体模式的应用相对较为复杂，较新的 PECVD 也开始使用一些 γ-mode 等离子体模式。

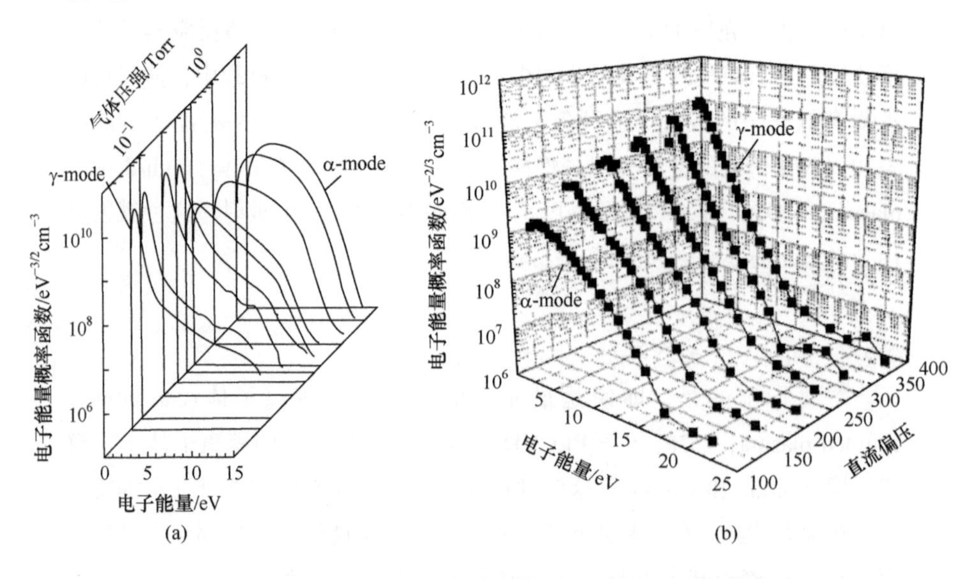

图 6.6 α-mode 和 γ-mode 两种有代表性的等离子体工作模式

除了使用常用射频频率的 PECVD 外，还有一种 PECVD 方法是微波等离子体辅助化学气相沉积（microwave plasma-assisted chemical vapor deposition，MPCVD）。该方法通常使用2.45 GHz的微波源工作频率，可以用于沉积多晶、纳米晶和超晶金刚石薄膜。

常规PECVD缺乏对反应中反应物的独立控制，某些制程需要减少离子轰击，因此采用远程或下游等离子体可以解决这两个问题。远程等离子体增强化学气相沉积（remote plasma-enhanced chemical vapor deposition，RPCVD或REPECVD）利用离晶圆表面较远的等离子体放电。如果等离子体离晶圆较远（“远”取决于激发物质的速度，但大致为数十厘米，与流速成反比），则只有具有长寿命的自由基物质能够到达沉积区域。因此，可以选择特定的自由基来合成所需的薄膜，并避免由于离子轰击而导致的衬底损伤。从工艺过程角度来看，使用远程等离子体可以将等离子体生成与薄膜沉积两个反应分离，从而可以达到单独优化每个过程的效果。高密度等离子体可以通过在富电子环境中进行直流放电的方式来产生，例如加热细丝进行热离子发射。电弧放电所需的电压约为几十伏，从而产生低能量的离子。低能等离子体增强化学气相沉积通常采用高密度、低能量的等离子体，能够在高速率和低温下进行外延沉积。使用远程系统时，可以通过非常高功率的射频产生其他难以得到的物质（如原子氧或氮），这些“活化物质”会向下游扩散并与晶圆反应。通过将晶圆置于高能等离子体的范围之外，能够减少晶圆与高能等离子体的直接接触，从而实现减少高能离子轰击可能导致损伤的效果。远程等离子体的一个缺点是，在放电区域产生的激发态粒子可能会在到达晶圆之前重新组合。因此，沉积速率可能比标准PECVD的速率要低一个数量级。此外，RPCVD通常在较低压力（约0.1托）下进行，所以沉积方向性更好但是台阶覆盖率相对较差。

另外，等离子体增强原子层沉积（plasma enhanced atomic layer deposition, PEALD）实际上也是一种PECVD方法。类似于原子层沉积（atomic layer deposition, ALD），它也是一种CVD方法。与传统的ALD相比，PEALD每个周期的生长速率更高（特别是在<100℃等温度下），表面反应更有效，并且可以降低杂质浓度。

6.3 PECVD 设备

20 世纪 70 年代，工业微电子等领域开始广泛使用介质 CVD 设备。早期使用的 CVD 设备结构多为冷腔室壁（cold wall），包括垂直气流或水平气流的卧式炉管多片式架构常压化学气相沉积（atmospheric pressure CVD，APCVD）。然而，由于压强原因，这种结构的沉积速率较低，产能也较低，厚度均匀性不理想。为了改善这些问题，工业界开始降低压强，并出现了多种多片式、热腔室壁（hot wall）架构的低压化学气相沉积（low pressure chemical vapor deposition，LPCVD）腔室结构。随着等离子增强技术的引入，由射频激发的 PECVD 展示出了均匀性和膜质上的优势，并且具有较大的温度优势，使得 PECVD 在微电子领域得到了广泛应用。早期的 PECVD 腔室多为多片式的 CCP 架构，包括水平气流的热壁多片式和垂直气流的冷壁多片式结构，同时也有少量垂直气流冷壁单片式腔室，但其应用较少。现代量产的集成电路中，主要有两种 PECVD 反应腔结构：垂直气流的冷壁单片式结构和垂直气流的冷壁多片式结构。在关键应用中，热壁架构已经非常少见。

其中，应用较多的冷壁单片式反应腔结构由两个单片反应腔腔体连接而成，由一整块铝材加工而成作为共同的射频接地极，通常被称为双反应腔（twin chamber）。与多片式反应腔相比，双反应腔具有许多优势。对于沉积的晶圆来说，反应腔上下电极腔室的 RF 回路基本上是 360° 旋转对称的，气流分布也是 360° 旋转对称的，因此薄膜的均匀性和性能控制非常理想。但与多片式相比，成本相对较高。大部分使用双反应腔的结构还是两个真空反应腔共用一组真空气压控制和抽气系统，抽气系统位于双反应腔的中间位置。尽管气流稍微偏心一点点，并非严格的 360° 旋转对称，但仍然具有较好的均匀性和性能控制。此外，双反应腔还共用一组腔室内壁薄膜清洗系统和一组气流控制系统（MFC）。而较新的 PECVD 双反应腔则基本上只有腔室壁共用，其他方面都是单独控制。这种设备成本更高，但在先进制程中对 PECVD 薄膜的厚度均匀性和性能均匀性要求更高的情况下，实在是一种无奈之举。尽管如此，基本独立控制的双反应腔仍然具有在传输平台效率上具有一定优势。晶圆可以通过双手臂并行的方式进入双反应腔并行沉积，再通过双手臂传出。相比之下，早期的单反应腔单手臂效率更低（在很多情况下，真空机械手的传输是效率瓶颈）。

目前较新的设计也会采用冷壁多片式反应腔，在一个大空间内同时沉积 4 片晶圆（也有 6 片等设计，但量产较少）。这种设计在成本和产能上具有很大优势，但对于单个晶圆来说，下电极回路和气流分布都难以实现 360° 旋转对称（并非 4 个独立的真空腔，晶圆之间可以通过设计来弥补这种对称性缺失，但是仍然会有一些非对称性的问题存在）。多片式 PECVD 设计通常会使用 4 片晶圆共用一组射频系统、气流控制系统、腔室内壁薄膜清洗系统以及真空抽气系统等。在很多多片式的量产反应腔中，上下电极之间的间距通常是固定的，目前也有新设计出现，可以同时调节 4 个间距或各自独立调节间距，但是复杂的设计也削弱了一些多片式结构的成本优势。在 4 片反应腔架构下，还有许多设计在一定程度上改善了均匀性需求或相对提高了薄膜性能，以满足新器件对更高要求的需求，同时依然保持产能优势。

在现代量产的集成电路中，无论是单片式还是多片式 PECVD，基本上都是单独的上下电极结构用于沉积晶圆。图 6.7(a) 为直接平行电极板 CCP 反应腔架构示意图，多片式架构中上电极或下电极是连接在一起的。除了直接平行电极板 CCP 反应腔结构，还有非直接或远程平行电极板 CCP 反应腔（indirect/remote CCP），如图 6.7(b) 所示，该结构通常利用接地的“半透明”下电极。RPCVD 中的晶圆不直接放置在等离子体放电区域，而是放在距等离子体较远的地方。将晶圆远离等离子体区域可以将工艺温度降至室温。实际上，Remote CCP 在集成电路生产中的应用相对较少。另外，如图 6.7(c) 所示，还有非直接或远程 ICP 反应腔结构，其中 HDP CVD 是一种常见的远程 ICP 反应腔的 PECVD 结构，其与 Remote CCP 的主要区别在于使用 ICP 作为远程等离子源而不是 CCP。第 7 章将详细介绍 HDP CVD 的特点和应用。此外，还有一些使用电子回旋共振（electron cyclotron resonance CVD，ECR CVD）结构的 PECVD 设备，其等离子体原理和前面章节中的类似。与其他结构相比，ECR CVD 的优势相对较小，且反应腔设计和使用不利于投入量产，因此目前在集成电路生产中的使用较少，本章不再具体介绍。

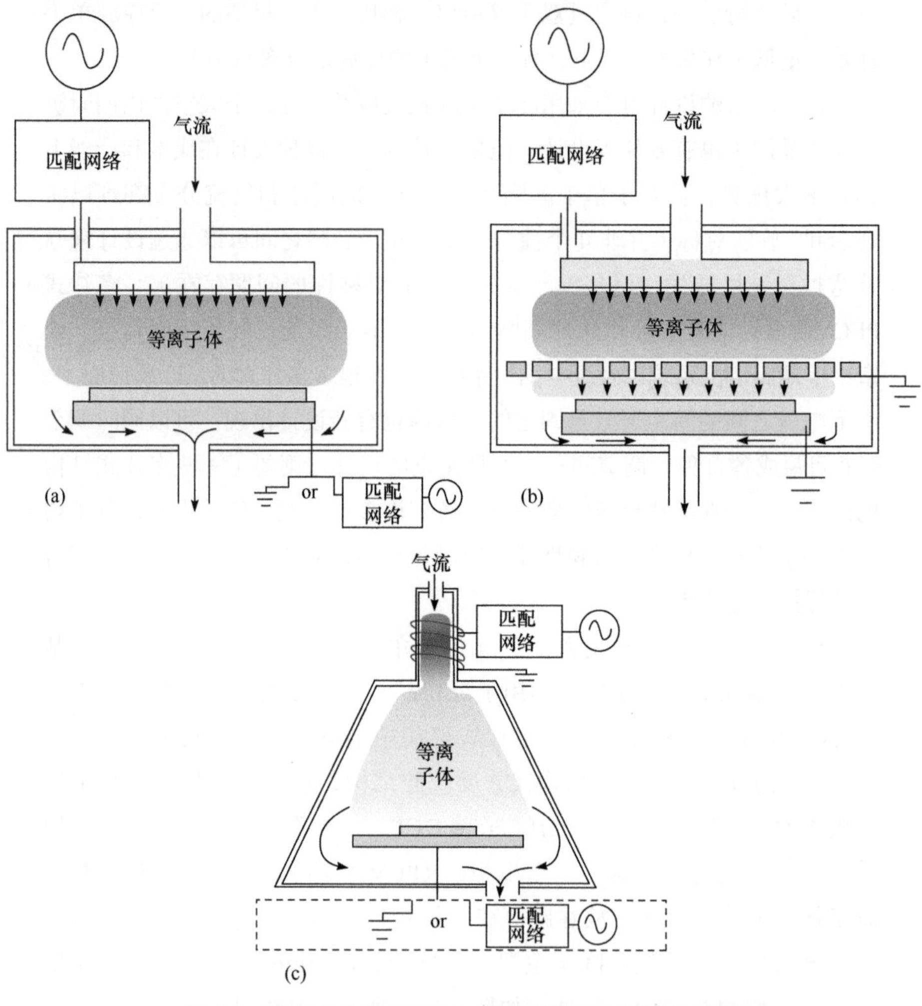

图 6.7　常用的几种 PECVD 等离子体反应腔设计原理

在实际应用中，为了使 PECVD 的电极结构发挥更大效果，通常采用非对称电极结构，所以电极的有效面积很难相同。为了增加接地电极的有效面积，常采用反应腔壁接地的方式。由于有效电流相同，较小电容的壳层电极一般不接地，而是作为射频馈入电极使用。因此，壳层电势差增大，从而增强了正离子轰击效应。

对于需要降低轰击损伤的 PECVD 制程，通常选择使用上电极射频馈入结构。而对于希望获得更多离子轰击以获得更致密薄膜的制程，则选择下电极射频馈入（powered pedestal）。下电极通常采用电阻类温度控制也起到晶圆加热器（substrate heater）的作用，以满足工艺要求的温度，并去除样品表面水汽等杂质，提高薄膜与样品的附着力。某些制程在一定应力和膜厚结合条件下需要静电卡盘（electro-static chuck，ESC）保证晶圆不因翘曲（warpage）影响离子体和温度状态。对于温度较为敏感的 PECVD 材料生长，加热器甚至需要多个分区（multi-zone heater）来更好地控制晶圆面积内材料性质和厚度的分布。在个别厚度对性质不敏感的情况下，可以优先满足厚度均匀性并主动设置加热分区的温差。

上电极通常被称为喷淋板（showerhead），在 PECVD 中起着非常重要的作用，其设计种类繁多，通常也兼具分布气流的作用。在某些材料的生长过程中，喷淋板需要采用空阴极效应（hollow cathode effect，HCE）结构，在空阴极局部空间两侧的壳层帮助下，额外的电子振荡能够激发出很高的等离子体浓度，如图 6.8 所示[41,42]。喷淋板一般具有两层或多层结构，并且在等离子体一侧的面板(face plate)背后还有一层或多层的挡板(blocker plate)。根据需要面板可以有 HCE，甚至是非均匀的有梯度的空阴极梯度（hollow cathode gradient，HCG）设计。喷淋板气流也可以是多分区喷

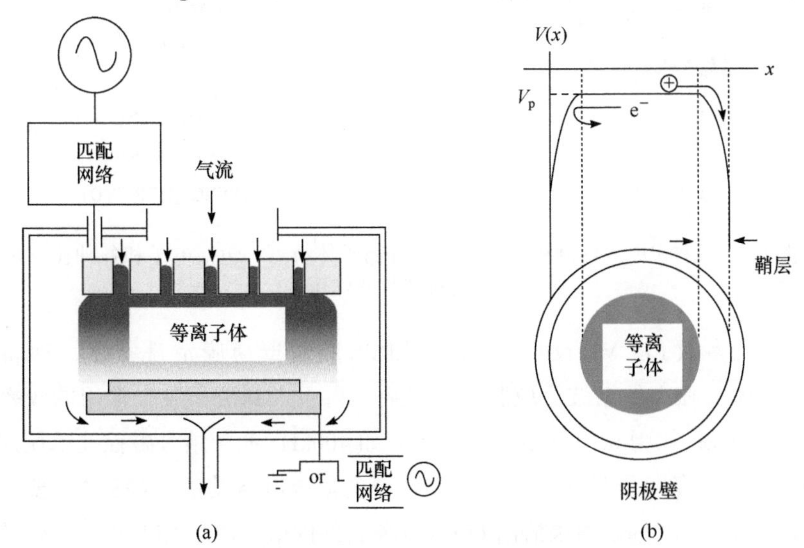

图 6.8　HCE 原理和 HCE Enhanced CCP 反应腔结构

淋板（multi-zone showerhead）的设计，非均匀的气流有时可以提高薄膜的厚度均匀性。同时，某些喷淋板结构需要内部分层隔离，以确保相互反应的气体在出喷淋板之前不会提前混合。一些新的喷淋板结构具有温度控制功能，可以设置较高的工作温度，以提升结构和工艺的长期稳定性，并且可以加快表面薄膜清洗的速度。

图 6.9 概述了各种 PECVD 设备的结构，包括直接 CCP、远程 CCP、HCE-CCP 和远程 ICP（HDP CVD）。此外，还总结了这些设备的基本等离子体特性、电子和其他粒子的特性及其对晶圆的影响[32]。

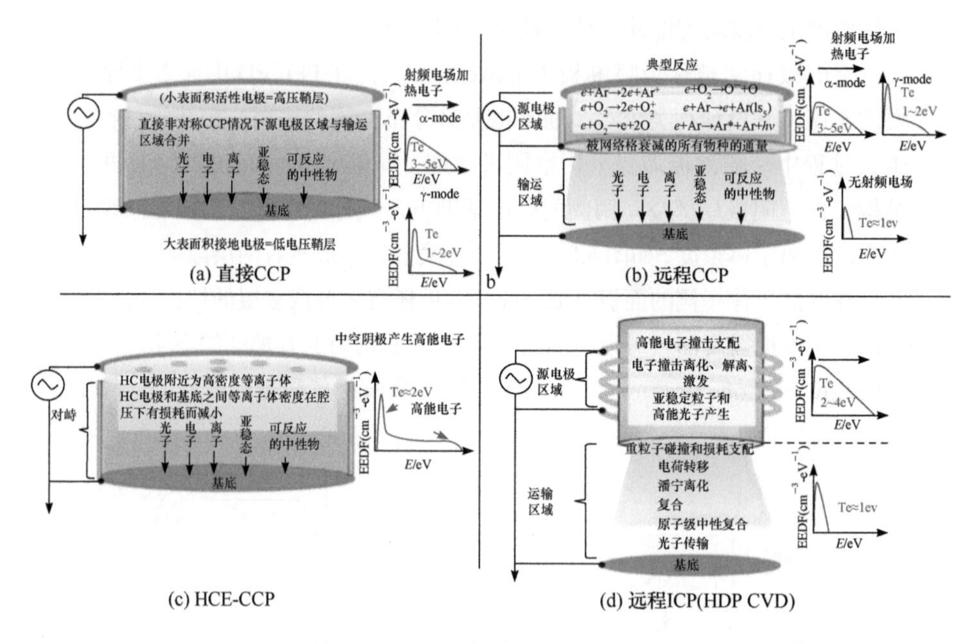

图 6.9　几种 PECVD 结构的一些基本等离子体特点，包括电子和各种粒子特性及对基片的作用

大多数 PECVD 反应腔都采用 RPS 腔室壁薄膜清洗技术，即将特定气体在独立的微波反应腔中解离后，再引入到沉积腔。常用的频率是 2.45 GHz，如图 6.10 所示；同时也有如 400kHz 低频结合磁控技术使用。PECVD 设备可能是使用 RPS 源最广泛的集成电路设备。RPS 的主要应用是利用如 NF_3 的解离来清洁 PECVD 薄膜的内壁。使用 RPS 进行清洁的一

个显著优点是不会产生高能离子轰击，从而减少对腔室内部件的损伤，有助于延长腔室的使用寿命。

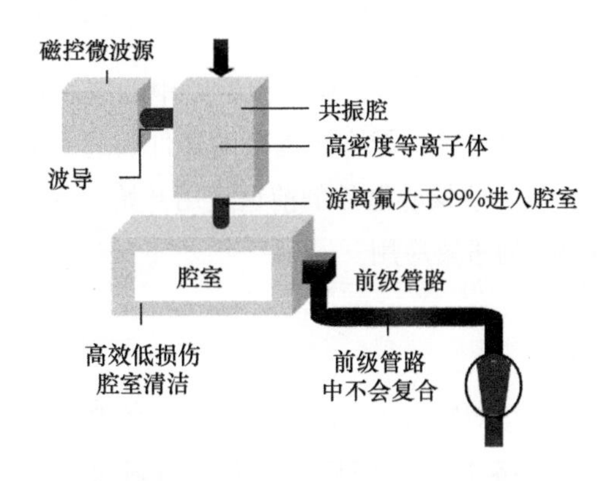

图 6.10 微波远程等离子体源（microwave remote plasma source）示意图

值得一提的是，还有一种独特的 PECVD 应用，称为可流性化学气相沉积（flowable CVD，FCVD），它也使用了远程的等离子体源结构。FCVD 的反应腔架构还衍生出了选择性去除工艺（selective removal process，SRP），该工艺可在关键尺寸底部实现各向同性的刻蚀。该设备已经量产，并应用于先进芯片的前道制程中。FCVD 主要 用于目前最先进制程的前道浅槽隔离关键尺寸（critical dimension，CD）填充工艺中，其中 CD 小于 30nm，深宽比大于 7。最初，TEOS PECVD 用于填充这类较深的空隙，之后使用 HDP CVD。然而，当 CD 小于 60nm 时，HDP CVD 无法有效填充，所以引入了次常亚化学气相沉积（sub-atmospheric CVD，SACVD）。当 CD 约为 30nm 时，甚至 SACVD 也无法有效填充，此时 FCVD 成为量产的最终解决方案。FCVD 可以填充任何 CD 尺寸，深宽比可达到约 30。然而，由于 FCVD 需要一些特殊的前后处理和紫外线固化等工艺，因此存在制程复杂、设备昂贵的问题。尽管如此，FCVD 是近些年小于 28nm 工艺技术节点量产中手机、电脑 CPU 等主流芯片不可或缺的前端关键制程设备。

6.4 PECVD 设备在集成电路制造中的应用

近年来，PECVD 传统介质薄膜在集成电路中的应用越来越广泛，而高性能的 PECVD 新薄膜材料在越来越复杂的器件制造中更是起着不可或缺的作用。接下来，从一些核心器件的前道应用开始，我们简要介绍几种新型薄膜在集成电路中的重要应用。

6.4.1 刻蚀硬掩膜

在精密复杂的器件结构制备中，PECVD 刻蚀硬掩膜（etch hard mask）变得越来越重要，也是最近应用膜层数量和新材料研发种类增长最多的 PECVD 应用之一。重要的刻蚀制程通常需要特定的硬掩膜薄膜，在集成电路中，高性能的硬掩膜通常由 PECVD 制备完成。在较新的制程中，重要的光刻步骤（如 EUV 和 DUV 等）通常会使用到非常薄的光刻胶，该光刻胶具有优异的光学成像性能但抗刻蚀性能相对较差，因此无法直接作为掩膜版进行刻蚀。特别是近几年，在 DRAM 和 NAND 存储领域不断更新的高密度器件对结构制造的要求更加精细，例如要求刻蚀关键尺寸（critical dimension，CD）、刻蚀线边缘粗糙度（line edge roughness，LER）、高深宽比（high aspect ratio，HAR）和高方向性刻蚀等。这些要求极大地推动了新型具有更高性能和刻蚀选择比（etch selectivity）的 PECVD 刻蚀硬掩膜材料和设备的开发。

目前，在较新的集成电路制程中，对不同的单层或多层刻蚀目标材料一般选择使用不同的 PECVD 做硬掩膜材料。首先，选择光刻胶图案对硬掩膜进行刻蚀，然后使用硬掩膜进一步刻蚀目标材料。通常，更高性能的硬掩膜材料对目标刻蚀材料有更高的刻蚀选择比。这样，即使能够对目标材料进行更深的刻蚀，也能保持甚至减少硬掩膜的厚度，以减少 CD/LER 损失，确保图案的忠实度（patterning fidelity）。在一些常见的应用中，当刻蚀硅材料时，可以使用 PECVD 制备介质材料如 SiN、SiO 等作为硬掩膜；而当刻蚀 SiO 等一些介质材料时，简单情况下可以使用 CVD 制备无定形硅（amorphous silicon）作为硬掩膜。一些高性能硬掩膜会使用高温甚至高度掺杂的无定形硅（doped amorphous silicon），以达到更高的刻蚀选择比。对于一些复杂的刻蚀情况，例如如果需要刻蚀多种材料或进行多步骤刻蚀，有时会使用 PECVD 制备无定形碳（amorphous carbon）作为硬掩膜，并通过提高 PECVD 温度甚至采用几种不同的掺杂无定形碳（doped amorphous carbon）来进一步提高刻蚀选择比。有些重要的集成电路器件结构甚至需要使用连续 2 层或 3 层不同 PECVD 材料的硬掩膜来实现复杂器件结构的制造。

一些刻蚀深度相对较浅且对刻蚀选择比、CD 和 LER 等要求不高的硬掩膜可以采用低成本的碳基 SOH（spin on hard mask）来替代 PECVD 制备的硬掩模材料。而刻蚀选择比较高时仍需使用 PECVD 制备较厚的关键制程硬掩膜，尽管这样成本要高得多。

许多用来制备硬掩模的PECVD腔室需要经过特殊设计，以适应高温（如 550℃甚至 700℃）的环境，特别是当材料本身导电如无定形碳系列的硬掩膜时，打火风险非常大。由于 CCP 平行电极板结构的 PECVD 工艺距离通常非常近（可达到约 5mm），所以在高温和高射频功率下容易发生打火事故，因此 PECVD 腔室在硬件上需要有特殊防打火设计。

图 6.11 展示了一种 DRAM 存储制造过程中需要使用连续 3 层不同 PECVD 硬掩膜的例子，这在先进 DRAM 制造中非常关键。因为在这部分制造过程中，这几种 PECVD 硬掩膜将和刻蚀的情况一起决定电容蜂窝网络阵列（capacitor honeycomb structure）的密度，最终决定了 DRAM 存储密度。随着器件密度的增加，先进存储制造中使用 PECVD 硬掩膜制程的数量也增加，有时在约 500 道工艺步骤中有几十道 PECVD 制程专门用于制备各种硬掩膜膜层。

6.4.2 光刻抗反射膜

在集成电路中，PECVD 光学膜主要用于作为光刻辅助的抗反射膜涂层（anti-reflective coating，ARC）。在先进集成电路制造中，大多数关键光刻工艺（CD 小于 250nm 时）都需要与 PECVD 抗反射薄膜涂层制程结合使用，以实现最佳的光刻图案准确性，并减少光刻光反射和衍射可能导致的相关问题或产生伪像（artifact）。例如，光刻前的不平整结构或台

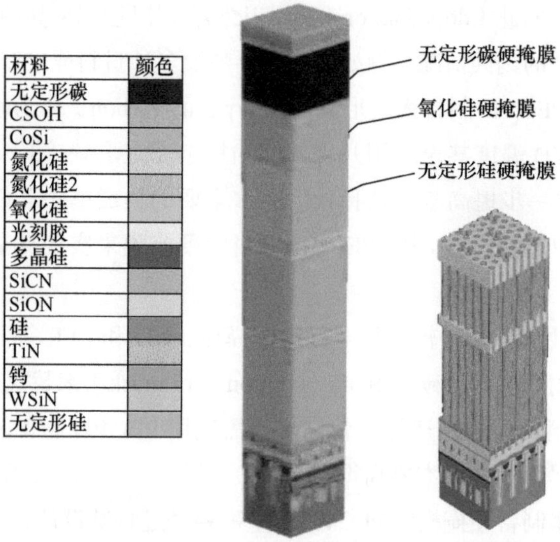

材料	颜色
无定形碳	
CSOH	
CoSi	
氮化硅	
氮化硅2	
氧化硅	
光刻胶	
多晶硅	
SiCN	
SiON	
硅	
TiN	
钨	
WSiN	
无定形硅	

无定形碳硬掩膜
氧化硅硬掩膜
无定形硅硬掩膜

图 6.11　3 层硬掩膜叠层制作 DRAM 关键的存储电容阵列 Honeycomb 结构①

阶位置可能会由于光反射而导致光刻后图案的局部偏移。在某些特定情况下，光刻反射光与入射光的叠加会产生驻波效应（standing wave effect），导致波纹状图案边缘的出现。抗反射膜涂层可以由顶部抗反射涂层（top ARC，TARC）或底部抗反射涂层（bottom ARC，BARC）两种涂层组成。在集成电路中，SiO_xN_y 材料的 PECVD 薄膜被广泛应用于 BARC，也被称为电介质抗反射涂层（dielectric anti-reflective coating，DARC）。在某些情况下，需要制备没有 N_2 的 PECVD 前驱气体的 DARC 制程（nitrogen-free DARC 或者 NF-DARC）。制备 DARC 时需要考虑 n/k 特性、光刻波长和 PECVD 膜层的厚度。DARC 薄膜的厚度均匀性和光学性质分布均匀性以及对颗粒的控制要求较高。由于光学膜具有较高的敏感性，因此需要较高的 PECVD 膜层厚度均匀性，通常要求薄膜均匀性在 0.5% 左右甚至更好。另外，薄膜在晶圆内的光学性质分布均匀性要求也较高。

① Tech Insights. https: //www. techinsights. com。

6.4.3 关键尺寸空隙填充

关键尺寸间隙填充例如鳍式场效应晶体管（FinFET）中的鳍间填充是一种非常典型的化学气相沉积应用，它影响了晶体管的电学特性。现代先进 CPU 芯片的鳍尺寸仅有几纳米大小，业界已经开发出了几代技术路线完全不同的 CVD 技术，并且这些 CVD 技术目前仍然广泛应用在不同工艺制程节点的量产之中。

这类应用的本质是为了在高深宽比的关键尺寸的空隙填充高质量材料，通常被称为间隙填充（gap fill）或关键尺寸间隙填充（CD gap-fill）。每一代间隙填充的新 CVD 技术的开发主要受到 CD（critical dimension）和 AR（aspect ratio）要求最高的浅沟槽隔离（STI）需求的驱动。之后，这些技术还逐渐应用到了其他一些间隙填充要求稍低的应用，比如金属沉积前的介电层（pre-metal dielectric，PMD）、介质层间电介质（inter-layer dielectric，ILD）和金属层间电介质（inter-metal dielectric，IMD），以及保护层（passivation）。

表 6.3 简要总结了几种应用较多的间隙填充 CVD 技术。在这几种先进 Gap Fill 的 CVD 技术中，HDP CVD 是填充能力较差的一种，当 CD 小于 60 纳米时，一般需要使用 SACVD 或者 HARP（high aspect ratio process）来进行填充。而近些年，在小于 28 纳米工艺技术节点以后的主流手机、电脑 CPU 等 FinFET 芯片中，鳍间 STI 关键填充普遍采用 FCVD 来进行生产。

表 6.3 间隙填充中的典型 CVD 技术

CVD 技术	关键尺寸	深宽比	共形性	真空	温度
PE TEOS	>130 nm	<5	<50%	中等 (Torr)	中等 (300~450 °C)
HDP CVD (ICP)	>60 nm	<4	<50%	高 (mTorr)	高 (350~650 °C)
SACVD	>30 nm	<7	>90%	低 (100 × Torr)	高 (400~550 °C)
FCVD	无限制	<30	>75%	中等 (Torr)	低 (<100 °C)

6.4.4 3D NAND 栅极堆叠

目前主流的 NAND 制造工艺已经从 2D 发展到了 3D 结构。其中，存储单元晶体管的关键参数——栅极长度（gate length）不再通过光刻技术来决定，而是采用 PECVD 交替沉积两种不同材料的薄膜厚度来控制。为了增加存储密度，NAND 闪存通过在垂直方向堆叠存储单元的方式来实现，主要采用垂直方向栅极堆叠（gate stack）结构[43]，如图 6.12(a) 所示，而采用沟道堆叠（channel stack）结构的应用已经较少。

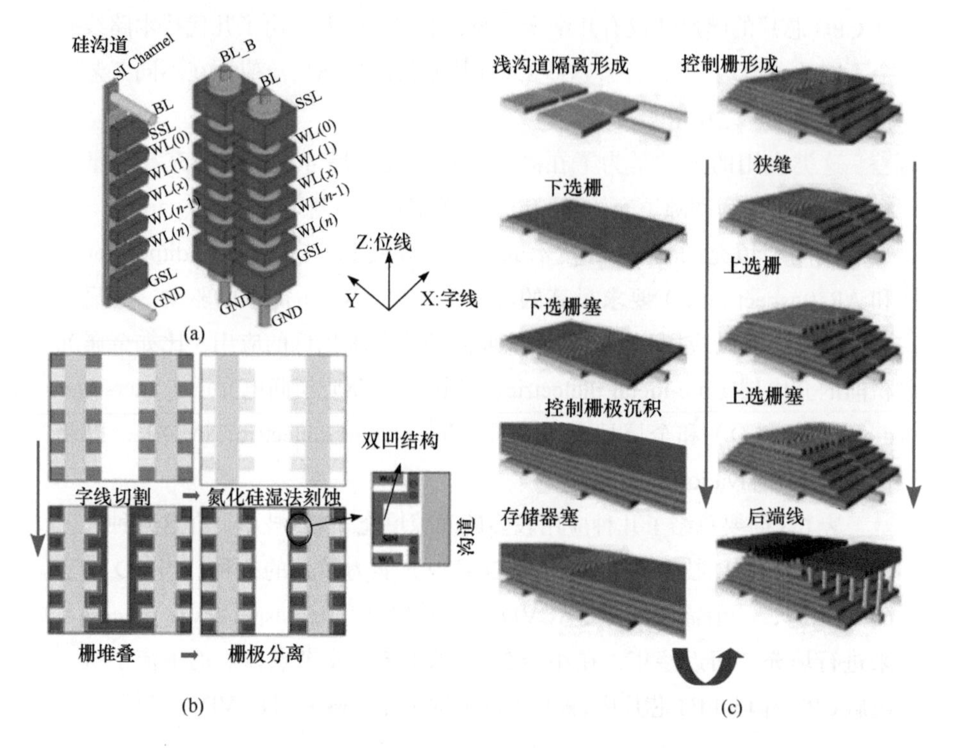

图 6.12　NAND 制造走向 3D 化结构，其中关键的存储单元晶体管的 CD（栅极长度）不是由光刻制定，而是由两种 PECVD 材料交替沉积而制定

在 PECVD 沉积栅极堆叠的过程中，根据不同器件的要求，需要交替沉积两种不同材料。对于电荷俘获（charge trapping, CT）NAND 器件来说，需要 PECVD 交替沉积氧化物 / 氮化物（oxide/nitride，ONON...）；而对于浮动栅极（floating gate, FG）NAND 器件来说，需要 PECVD 交替沉积氧化物 / 多晶硅（oxide/polysilicon，OPOP...）。CT NAND 制程相对简单且制造成本较低，虽然器件稳定性不如 FG NAND，但已经能够满足一般应用。FG NAND 具有超高的稳定性，但制程较为复杂且成本较高，主要面向高端市场中的部分用户。目前，两种栅极堆叠的 NAND 已经超过 200 层，并且以每年增加几十层的速度不断发展。未来可能会增加到接近 1000 层，

直到遇到瓶颈。

PECVD沉积栅极堆叠的关键在于需要交替沉积两种性质不同的材料。在相对简单的CT架构下，交替沉积两种刻蚀速率差异较大的介质 SiO_x 和 SiN_x 如几十层后再刻蚀垂直深孔，将 SiN_x 横向刻蚀比 SiO_x 更深一些，再将这部分空间填充金属做栅极，如图6.12（b）所示。而局部 SiN_x 的厚度则决定了对应存储单元晶体管的栅极长度。为了达到总的ONON层数，如232层，通常需要多次重复沉积。由于厚度不能过厚，每个阶段内部的ON叠层沉积通常也需要分批完成，而且还需要使用不同的PECVD腔室。目前，累积的总ONON栅极堆叠厚度已经达到约10000nm或10μm左右。

因此，更精确的栅极长度控制要求将栅极堆叠PECVD单层厚度的一致性提升到一个新的水平。一致性不仅体现在同一片晶圆内，而且在不同层之间的厚度变化一般也要小于0.5nm。这还包括不同的PECVD腔室和不同的时间点（例如第一道ON PECVD沉积和第六道沉积之间可能相隔很多天，并且会在不同腔室完成）。此外，栅极堆叠PECVD还需要有更高的颗粒控制要求，因为经过几百层沉积后，颗粒的影响会被放大。因此，栅极堆叠的PECVD反应腔设计对沉积过程有更精确的控制要求，并且不同腔室之间一致性的要求更高。即使是同一个腔室在同一个清洗周期内，也需要保持一致性，同时长期使用后的喷淋板等部件也要保持一致性（如积累 NF_3 清洗氟化表面变化影响二次电子激发和等离子体）。此外，由于使用PECVD工作量较大，一般会采用设计为2个或3个传输平台腔的PECVD机台，以提高产能密度（throughput density），同时也可以减少栅极堆叠层破真空的机会。

6.4.5 应力工程和结构应用

PECVD在应力工程或应变工程（strain engineering）中的一个应用实例是应力记忆技术（stress memorization technique，SMT），用于制造性能更高的三极管，同时不改变特征尺寸（图6.13）。该技术的原理是利用PECVD在低温等离子体生成条件下 Si_3N_4 中的一种Si-H键，通过高温热处理将薄膜应力从压应力（compressive stress）切换到拉应力（tensile stress）。具体过程是先非晶化晶体管的源极、漏极和一部分栅极，然后低温生长一层特定厚度的压应力 Si_3N_4 薄膜，之后高温热处理再结晶化后等离子体以去除 Si_3N_4 薄膜，这一系列制程的结果是制备出再结晶化后晶体管沟道（channel），利用两边源极、漏极附近晶格错位（stacking fault dislocation）所产生的拉应力帮助提升晶体管的电子迁移率等性能。由于其他方式生成的 SiN 没有这种应力模式切换的特性，无法达到 SMT 的效果。

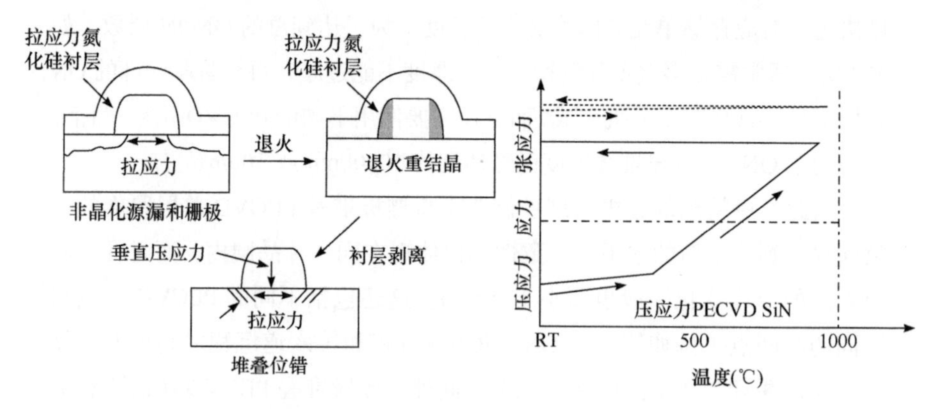

图 6.13　应力记忆技术在不改变特征尺寸条件下制造更高性能的三极管

另一个 PECVD 应力的应用是在 3D NAND 的背面镀 PECVD 应力膜。这样可以解决由于正面总的 PECVD ONON 或 OPOP 堆叠造成的晶圆翘曲的问题，使翘曲的晶圆重新平整，直到正面不必要的 PECVD 叠层被去掉而不再翘曲再清除背面 PECVD 应力膜。

此外，在前面 DRAM 器件例子关键的电容结构制造中，连续 3 层 PECVD 硬掩膜之下的连续 4 层通常也是由 PECVD 制备的薄膜。其中分开的相对较薄的两层使用硬度和杨氏模量较好的碳掺杂的氮化硅 SiN:C 有助于提升细长柱电容（pillar capacitor）结构的稳定性，也被称为 MESH SiN 或者 Support SiN。另外两层相对厚一些接近微米量级的薄膜一般是 SiO_x 或者为结合 B，P 掺杂的 SiO_x（BPSG）作模塑（mold）用，也是一种结构薄膜，可用来刻蚀高深宽比的深孔镀 MIM 结构，形成柱电容。MESH 上在 Pillar 孔外另外用掩膜刻蚀孔，在 MIM 等结构完成后再将 SiO_x 和 BPSG 这两层薄膜去除。在很多集成电路中 PECVD 制备的薄膜在完成刻蚀硬掩膜、光刻抗反射、应力工程等的功能后，会被清除掉，在最终得到的结构上不会被观察到。

6.4.6　电介质膜

下面两种 PECVD 应用主要用于集成电路的前道后端（back end of line，BEOL）部分，与金属互联结合使用。PECVD 在集成电路制造中，相对更常见的应用主要是用作电绝缘和导热作用的介质绝缘薄膜，以防止金属或半导体之间的导通或漏电。由于集成电路的复杂度和集成度的不断提高，BEOL 的金属线受到线宽等设计限制，无法同步缩小。同时，晶圆表面也无法提供足够大的面积来制作金属互联。为了降低电阻并缩短通信时间，金属互联需要拆分成多层甚至十多层金属层。因此，金属层之间需要有多层 PECVD 制备的介质层起到绝缘作用。同时，还需要金属间电介质（inter metal dielectric，IMD）绝缘来保护同层金属连线之间的侧壁间隔，并起到热传导的作用。最后，在完成金属互联之后，还需要钝化层或保护层（passivation）来提供保护。

PECVD 介质主要可以简单分为 SiH_4 基和 TEOS 基两大类，其中以 a-SiOx:H 薄膜应用较多，也有用 a-SiN_x : H 薄膜作为金属杂质扩散阻隔层（diffusion barrier）或钝化层来使用。此外，还有 a-SiO_xN_y : H 和 a-SiC : H 以及 a-SiC_xN_y : H。根据具体需求，这些 PECVD 材料中可能掺杂硼元素和磷元素，以制备磷酸硅酸盐玻璃（PSG）或硼磷硅酸盐玻璃（BPSG），以改善一些性质，并帮助降低回流工艺温度，改善阶梯覆盖率和平整度，或用于预防扩散或层间过渡。介绍 PECVD 介质的各种资料相对较多，这里不进行具体介绍。

6.4.7　低介电和扩散阻挡

随着摩尔定律缩小法则的进一步发展，总体金属互连导线间的电阻电容延迟时间（RC Delay）不断增长，而这一不良趋势与提升集成电路工作频率的需求背道而驰。为了减小 RC Delay，在电阻方面使用铜替代铝的方式能够非常有效地降低电阻，并已经在量产中广泛应用；而在电容方面，主要通过持续开发新的 PECVD 低介电常数（low κ）介质材料作为 IMD，以减少耦合电容。低介电和低电容的特性不仅可以缩小延迟时间并提高传输速度，还可以起到改善耦合信号噪声的作用（噪声基本上与运行频率成正比），这是仅通过降低电阻无法实现的效果。因此，从电路设计的角度来分析，低介电以及低电容的方式相对于降低电阻更为有效。即使已经采用了铜来降低电阻，但持续开发和应用 low κ 介质仍然是芯片制造商面临的主要挑战之一，尤其是 low κ 材料还需要满足许多性能要求，例如在电学方面需要具备高击穿电压、低漏电、低损耗和非各向同性；在力学方面需要高附着力、高硬度、高机械强度和低残余应力；在化学方面需要低气释放量、不与金属发生反应、低吸水性；在热学方面需要高热稳定性、低热膨胀系数和高热导率等。

在生长 low κ 介质之前，需要在底层铜表面生长一层扩散阻挡层（low κ barrier），并且还需要使 κ 值尽可能低。此外，用于铜互连的双大马士革（Dual Damascene）工艺通常还需要 PECVD 制备刻蚀阻挡层（etch stop layer）和硬掩膜（hard mask），以及 ARC 或 DARC 和用于机械强度的覆盖层（CAP，因为之后需要进行化学机械抛光），如图 6.14 所示。根据具体的集成需求，一些薄膜层可以进行组合以减少薄膜层数量，例如有时候 low κ barrier 也可以用作刻蚀阻挡层或 CAP；但在某些情况下，需要增加薄膜层以改善膜间的粘合力。近年来，工业界已经开发了一系列高性能的 PECVD 材料和设备解决方案，以满足不同 low κ 器件整合需求，并广泛应用于不同技术工艺的集成电路生产中。

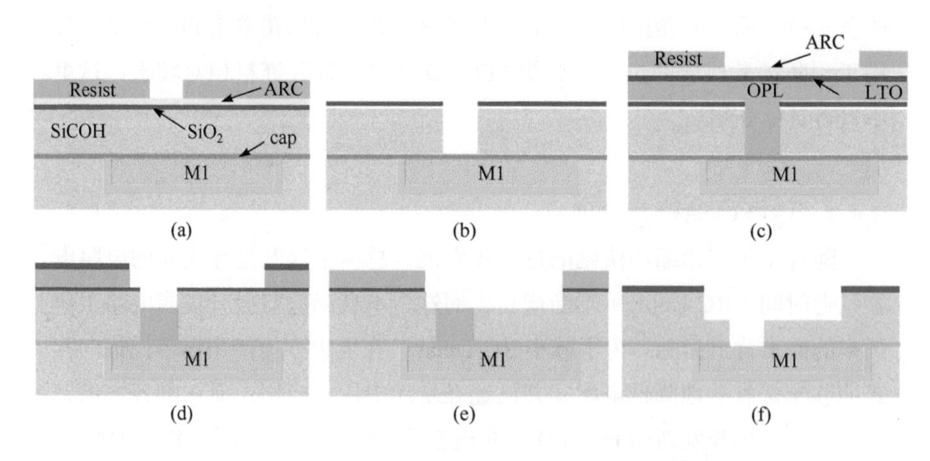

图 6.14　一个 low κ 和 Cu 结合的双大马士革互联制程例子

在 low κ 介质方面，传统 IMD 多年来一直使用 PECVD 制备的 SiO_2 薄膜，其介电常数约为 4 左右。为了降低介电常数，通常有两种方法：一种是降低极性（polarity），另一种是降低材料密度（density）或引入空隙。目前最简单的降低介电常数的方法是在标准 PECVD 制程中掺杂氟，例如引入 C_2F_6、CF_4 等氟源，得到的材料被称为氟化硅玻璃（fluorinated silicon glass，FSG）。FSG 的介电常数随着 F 掺杂比例的增加而降低，但实际应用中 FSG 的最低 κ 值只能达到约 3.5 左右，因为过高的 F 掺杂会导致产生吸水性、不稳定性和腐蚀金属等问题。

后来，人们开始使用掺杂碳的 SiO 来将 κ 值降低到约 3.0 左右，其原理也是降低极性。近年来，主流的低 κ 介质主要为使用 PECVD 制备的有机硅酸盐玻璃材料（organosilicate glass，OSG），为了获得更低的 κ 值，在特定的网络状 PECVD 氧化硅介电材料中引入了人工孔隙来降低密度。通常在 PECVD 生长氧化硅基质时，会引入有机孔剂（organic porogen），然后通过紫外线辅助热固化（UV curing）并去除有机孔剂，形成孔隙。值得注意的是，孔隙的尺寸、密度和分布对于低 κ 材料的性能有很大影响，因此需要进行精细优化。引入孔剂需要 PECVD 设备根据不同的孔剂分子源配置不同的液态单分子源（liquid monomer source）。这些基于 SiCOH 材料的 PECVD 薄膜系列包括 SiCOH、Porous SiCOH、Ultra-porous SiCOH，通常被称为 low-κ I、low-κ II 和 Ultra-low-κ（ULK）。

高碳含量和多孔特性虽然降低了薄膜的 κ 值，但也使薄膜更加脆弱易损。此外，刻蚀、灰化去胶、湿法清洗等工艺步骤也可能会损坏低 κ 材料，并导致吸湿或碳丢失等问题，为了增加有效 κ 值，还需要使用紫外线固化工艺来提高薄膜的强度，移除孔隙产生的前体物质，确保 ULK 薄膜的完整性。利用紫外线固化工艺还可以提高前端工艺（FEOL）的氮化物层的应变，从而增强器件性能。根据制程集成度的不同，目前大多数不超过前 10 层铜的部分需要使用超低 κ 材料，后续层次可以使用普通的低 *k* 或 TEOS、SiH_4 介质。这样不仅可以降低成本，还可以增强整体机械强度。

而在 low κ barrier 方面，早期使用的是 SiN_x，其 κ 值约为 7 左右。之后常用的是掺氮的碳化硅（nitrogen doped silicon-carbide，NDC），可以将 κ 值降低到约 5 左右。先进工艺的 low κ barrier 需要先进行非原位预处理，然后使用 ALD 生长 AlN 层，最后再生长掺氧的碳化硅（oxygen doped silicon-carbide，ODC），可以将介电常数降低到约 4 左右。

随着金属互联密度的增加，对低介电介质的电学性能提出了更高的要求。在图 6.15 的（a）图中，展示了电介质击穿（dielectric breakdown）对多孔 low κ 材料带来的挑战，尤其是依时性电介质击穿（time-dependent dielectric breakdown），这已经接近了材料的极限[4]。（b）图示意了低介电介质与铜互联相关的各种工艺整合问题[44]。总体而言，超低介电常数多孔材料在电学击穿性能、可靠性、杨氏模量、低介电常数和导热性等方面已经接近极限，在近几年的进展相对较小。想要实现量产还需要对超低介电常数解决方案进行精细的优化和整合。

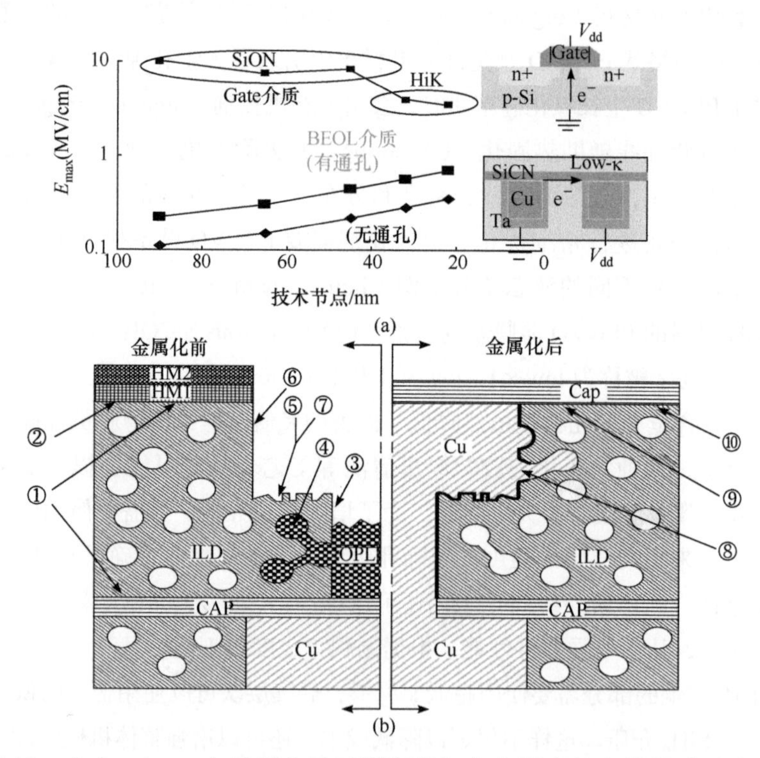

图 6.15 （a）：low κ 介质随金属互联密度加大有更高的电学性质要求，主要是电介质击穿，特别是依时性电介质击穿（time-dependent dielectric breakdown）。（b）：low κ 和 Cu 互联整合与工艺相关的各种问题：①粘合（Adhesion）失败，② ILD 等离子体损坏，③过孔蚀刻和 PR 条带造成的侧壁 ILD 损坏，④ OPL 穿透期间通孔填充，⑤ 不均匀蚀刻前部的 LBR 和点蚀，⑥线蚀刻造成的侧壁 ILD 损坏和 PR 条，⑦由于盖打开而加剧了 LBR 和点蚀，⑧不连续的屏障由于大而相互连接的孔隙而产生的层，⑨ CMP 造成的 ILD 损坏，⑩铜预清洁 / 盖子沉积等离子体损伤

目前先进制程中，量产的ULK材料主流的介电常数仍然在2.2左右，进一步提高超低介电常数的性能一直是工业界的研发方向。从理论上讲，材料中最低可达到的介电常数是1，就是空气间隙（air gap）。然而，由于强度间断和可能需要更多光刻步骤造成的成本问题等，主流的半导体制造商尚未实现量产。

6.5 PECVD 工艺性能评价

表6.4列举了一些PECVD常用的工艺性能评价指标，包括光学性能（通过激光反射投射测量）、机械性能（通过AFM、SEM、应力测试仪等测量）、摩擦学性能、电学性能（通过电阻测试仪等测量）、热学性能以及阻碍特性等方面。为了评估这些性能指标，需要进行一系列的量测和检测，这些表征技术在其他章节已经详细介绍，因此本章将不再赘述。

表6.4 PECVD工艺评价指标

功能性质	器件或者薄膜系统实例
光学	折射率、消光系数、光损耗、吸收系数、色度
机械	附着物（临界负荷）、应力、硬度、韧性
摩擦学	摩擦系数、耐刮擦性、磨损系数
电学	侵蚀率、耐腐蚀性、开路电势、腐蚀电流、电阻率、介电损耗、载流子密度、电荷迁移率
热学	热膨胀系数、导热系数
阻碍	透气性、水汽渗透性

6.5.1 变角度光学椭圆偏振仪

变角度光学椭圆偏振仪（variable-angle spectroscopic ellipsometry, VASE）在测量PECVD等薄膜的厚度、均匀性和光学性能方面被广泛地应用，特别是3D NAND等新器件的出现带来了测量更复杂的结构的需求，甚至出现了一步测量数百层薄膜的VASE设备逐年更新迭代（图6.16（a））。一些国际领先的测量公司已经研发出能够一步直接量测完整256层PECVD SiO/SiN反复堆叠的3D NAND ONON器件结构，通过拟合算法可以得到每一层薄膜的厚度、n 值和 κ 值，并且能够敏感地识别出 256 层 PECVD 膜中具体哪一层存在问题（图 6.16（b））。对于测量如 256 层 PECVD 叠层的情况，由于薄膜厚度和 n–k 变量较多，因此需要增加不同入射角度和不同波长下光强和相位的数据冗余度，以便通过复杂的算法同时拟合 256 层厚度，其中算法部分尤为关键。而在测量一两层薄膜的简单情况下，通常只需要固定角度入射即可。

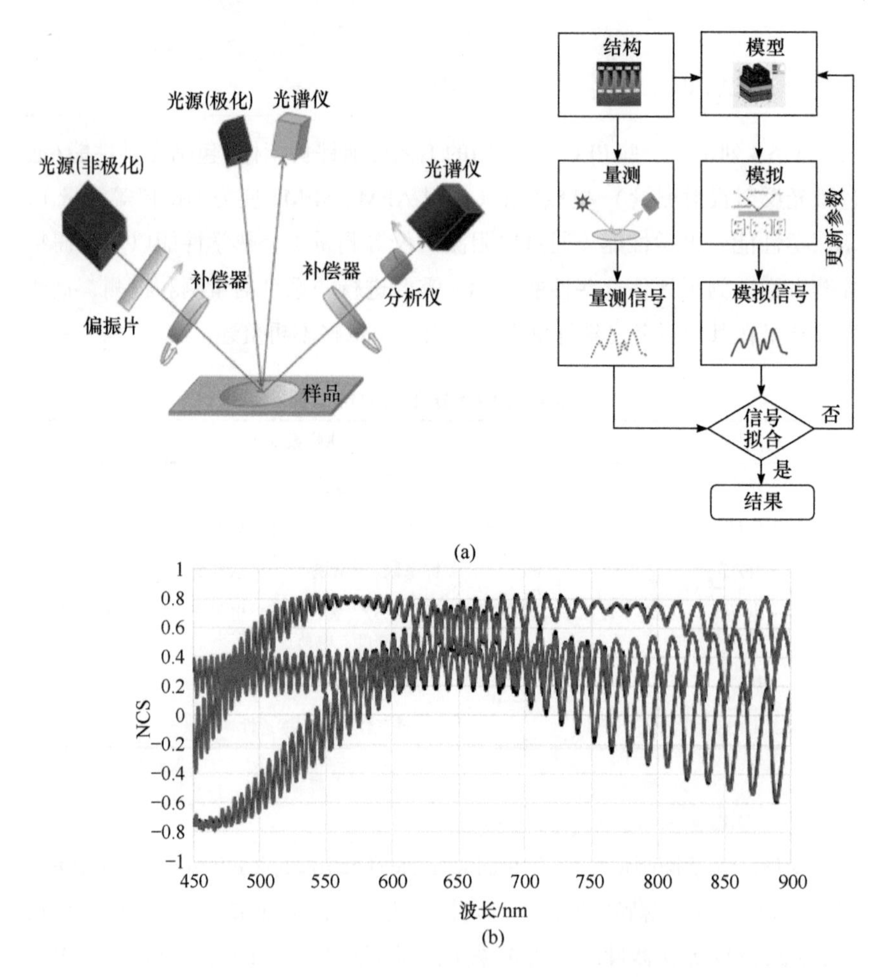

图 6.16　（a）：变角度椭圆偏振仪原理；（b）：个别领先量测公司已可直接量测整体 ~300 层的 NAND 结构得到每层 SiO 和 SiN 的厚度以及 n 值和 κ 值，并识别出哪一层有问题 ①

① Angstrom Excellence(埃芯半导体). http: //www. angstrom-e. com。

6.5.2　光谱反射计和棱镜耦合器

光谱反射计（spectro reflectometry 或 spectroscopic reflectometry）的原理与椭圆偏振仪类似，只是固定了垂直入射角度并只保留光强度，忽略了相位信息，因此无法测量较复杂的多层膜信息，也无法获取单层膜的一些光学性质如 k 值。不过光谱反射计具有测量简单快捷、成本低的特点，因此经常用于快速测量 PECVD 薄膜的厚度和晶圆内的厚度均匀性。在建立简单模型时，通常会忽略部分材料虚部的光学信息，甚至假定全晶圆使用同一的固定折射率。

棱镜耦合器（prism coupler）的原理是：在固定波长的激光入射下，通过旋转棱镜和样品台到某一角度，一部分光会经过空气狭缝进入薄膜传播，并且在探测器上形成凹陷或泄露膜，通过确定泄露膜的位置可以确定折射率，通过确定泄露膜间距可以确定膜厚。使用棱镜耦合器可以快速测量 PECVD 薄膜的折射率。需要注意的是，样品的厚度需要超过一定阈值，例如几百纳米。

6.5.3　傅里叶红外光谱仪

傅里叶变换红外光谱仪（Fourier transform infrared spectrometer，FTIR spectrometer）是一种快速、无接触、非破坏性的分析仪器。其原理是，使用迈克尔逊干涉仪对连续波长的红外光源进行调频后，照射到样品上。样品中的分子会吸收部分波长的光，未被吸收的光会透射或反射到达检测器。通过对检测器信号进行傅里叶变换和模数转换，可以得到包含材料信息和背景信息的光谱。通过扣除不经过样品测量的背景光谱，可以生成代表材料分子结构特征的红外光谱，也被称为红外光谱的“指纹”。FTIR 可以分析 PECVD 材料中 Si、O、H、N、C、B、P、F 等元素之间的各种化学键的对称或非对称性振动模式（vibration mode），例如拉伸（stretching）、摇摆（rocking）、扭转（twisting）和弯曲（bending）等联合起来进行分析，从而了解 PECVD 生长的材料含有哪些具体的化学键，并可以定量检测其中重要化学键的含量。FTIR 对于 PECVD 材料的性能研究和开发非常有帮助。具体参见图 6.17。

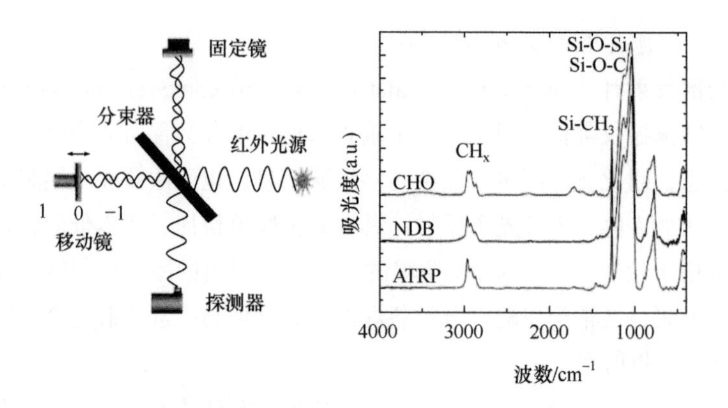

图 6.17 傅里叶变换红外光谱仪的原理（左）和 PECVD 不同 Ultra Low-k 材料的不同化学键的 FTIR 吸收光谱例子（右）

6.5.4 C-V 和 I-V 电学性质测量

电容 – 电压（capacitance-voltage，C-V）测量被广泛用于表征半导体 MOSCAP、MOSFET 等器件以及 PECVD 材料中介质和界面的性质。C-V 测量理想情况下需要制备金属 – 绝缘体 – 金属（metal-insulator-metal，MIM）三明治微器件结构来测量中间 PECVD 绝缘膜的性质。此外，也可以使用掺杂一定电阻值区间的半导体晶圆制成 MOS 器件结构，或者简单粗略地使用汞探针（mercury probe）装置。C-V 测量原理和 PECVD 薄膜的 C-V 特性的例子如图 6.16 所示。通过合理的 C-V 结果分析，可以获得 MOS 平带电压（flat-band voltage，V_{fb}）、介电性质、是否存在介电滞后现象（hysteresis）、界面陷阱电荷密度（density of interface trap，DIT）和活动离子（mobile ion）等重要信息。在测量 PECVD 薄膜时，需要注意 AC 源高频和低频的使用，以及 C-V 结果与高频离散效应（frequency dispersion，通常与化学键的极化程度高度相关）的关系。此外，PECVD 薄膜的退火与否、预处理和后处理，尤其是与金属和半导体接触界面的洁净度对器件来说也非常重要。

漏电流密度（leakage current density）和击穿电场（breakdown field）特别是时间相关的电介质击穿（time dependent dielectric breakdown，TDDB），对于很多 PECVD 介质和低介电常数等薄膜来说非常重要，一般需要电流 – 电压（current-voltage，I-V）来表征。测量 PECVD 薄膜的 I-V

和 TDDB 特性的例子如图 6.18（b）所示。在 I-V 测量中，理想情况下也需要制备 MIM 三明治微器件结构来测量中间 PECVD 绝缘膜的性质。此外，也可以使用掺杂一定电阻值区间的半导体晶圆制成 MOS 器件结构，或者使用简单快速的汞探头装置。测试样品时，一般通过逐级增加电压（Vstress）的方式，持续监测流过样品的电流。当待测样品击穿导致电路短路时，量测机台会观察到突然跳变的大电流，并在此后停止测试。在表征 PECVD 薄膜时，需要注意硬击穿（hard breakdown）和软击穿（soft breakdown）等细节。特别是在漏电流密度分析中，需要根据具体情况区分是 FN 隧穿（Fowler-Nordheim tunneling）、肖特基发射（Schottky emission）还是 PF 导电（Poole-Frenkel conduction）等几种情况[45-50]。

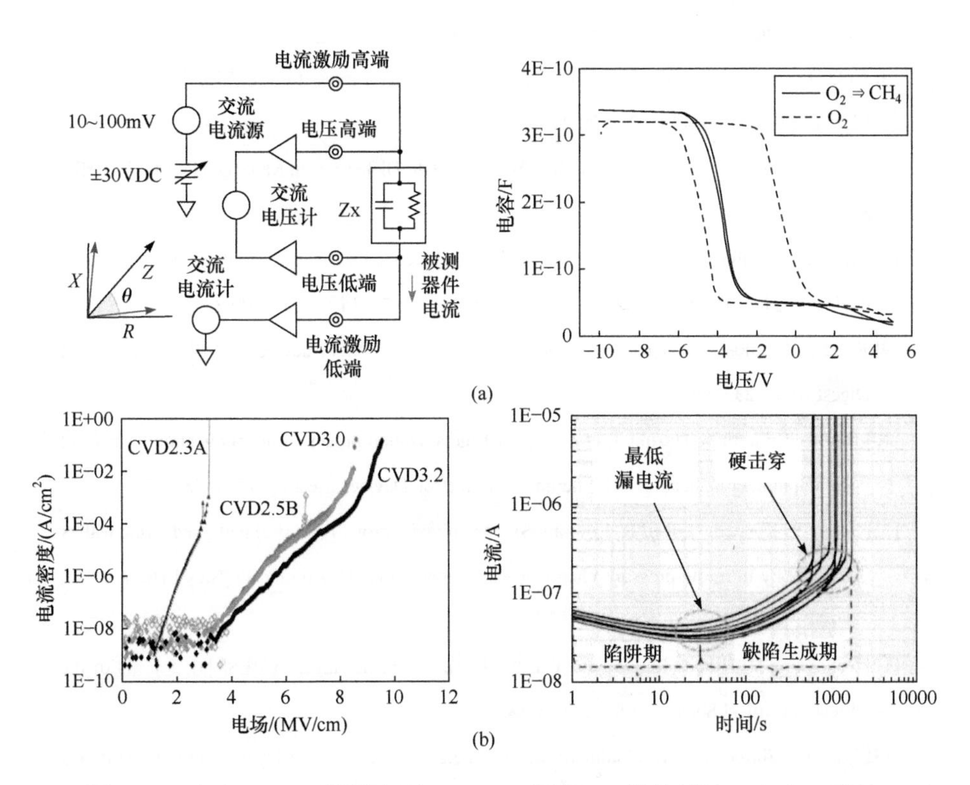

图 6.18 （a）：C-V 测量原理和 PECVD 薄膜 C-V 特性例子；（b）：测量 PECVD 薄膜 I-V 和 TDDB 特性例子

参考文献

[1] Kingery W D. Ceramic materials science in society [J]. Annual Review of Materials Science, 1989, 19: 1-21.

[2] Hitchman, M L. Chemical Vapor Deposition: Principles and Applications [M]. London: Academic Press, 1993.

[3] MKS. MKS Instruments Handbook Semiconductor Devices and Process Technology[M/OL]. www. mks. com.

[4] Seshan K, Schepis D. Handbook of Thin Film Deposition [M]. Norwich: Willian Andrew, 2018.

[5] May J E. Kinetics of epitaxial silicon deposition by a low pressure Iodide process [J]. Journal of the Electrochemical Society, 1965, 12(7): 710-713.

[6] Fa C H, Jew T T. The poly-silicon insulated-gate field-effect transistor [J]. IEEE Transactions on Electron Devices, 1966, 13(2): 290-291.

[7] Kooi E, Schmitz A. Brief Notes on the History of Gate Dielectrics in MOS Devices [M]. Berlin: Springer, 2005.

[8] Amick A, Shnable G L, Vossen J L. Deposition techniques for dielectric films on semiconductor devices [J]. Journal of Vacuum Science & Technology, 1977, 14(5): 1053-1063.

[9] Rung R, Momose H, Nagakubo Y. Deep trench isolated CMOS devices [R]. IEDM Technical Digest, 1982: 237-240.

[10] Moriya T, Shima S, Hazuki Y, et al. A planar metallization process & its application to tri-level aluminum interconnection [R]. International Electron Devices Meeting, 1983: 550-553.

[11] Yew T R, Kenneth O, Reif R. Erratum: Silicon epitaxial growth on (100) patterned oxide wafers at 800C by ultralow-pressure chemical vapor deposition [J]. Applied Physics Letters, 1988, 52(24): 2061-2063.

[12] Yokoyama N, Hinode K, Homma Y. LPCVD TiN as barrier layer in VLSI [J]. Journal of the Electrochemical Society, 1989, 136(3): 882-883.

[13] Usami T, Shimokawa K, Yoshimaru M. Low dielectric constant interlayer using fluorine-doped silicon oxide [J]. Japanese Journal of Applied Physics, 1994, 33: 408-412.

[14] Nara A, Itoh H. Low dielectric constant insulator formed by downstream plasma CVD at room temperature using $TMSiO_2$ [J]. Japanese Journal of Applied Physics, 1997, 36: 1477-1480.

[15] Yota J, Hander J, Saleh A A. A comparative study on inductively-coupled plasma high-density plasma, plasma-enhanced, and low pressure chemical vapor deposition silicon nitride films [J]. Journal of Vacuum Science & Technology A, 2000, 18: 372-376.

[16] Gannavaram S, Pesovic N, Ozturk C. Low temperature (800C) recessed junction selective silicon germanium source/drain technology for sub-70 nm CMOS [R]. IEDM Technical Digest, 2000: 437-440.

[17] Ito S, Namba H, Yamaguchi K, et al. Mechanical stress effect of etch-stop nitride and its impact on deep submicron transistor design [R]. IEDM Technical Digest, 2000: 247-250.

[18] Lee S J, Jeon T S, Kwong D L, et al. Hafnium oxide gate stack prepared by in situ rapid thermal chemical vapor deposition process for advanced gate dielectrics [J]. Journal of Applied Physics, 2002, 92: 2807-2809.

[19] Kingery W D. Ceramic materials science in society [J]. Annu Rev Mater Sci, 1989, 19:1-21.

[20] Poole K M. Electrode contamination in electron optical systems [J]. Proceedings of the Physical Society Section B, 1953, 66(7): 542.

[21] Ennos A E. The source of electron-induced contamination in kinetic vacuum systems [J]. British Journal of Applied Physics, 1954, 5(1): 27-31.

[22] Alt L L, Ing S W, Laendle K W. Low-temperature deposition of silicon oxide films [J]. Journal of the Electrochemical Society, 1963, 110(5): 465.

[23] Christy R W. Formation of thin polymer films by electron bombardment [J]. Journal of Applied Physics, 1960, 31(9): 1680-1683.

[24] Sterling H F, Swann R C G. Perfectionnements aux methods de formation de couches [P]. French Patent. 1442502, 1966.

[25] Sterling H F, Swann R C G. Improvements in or relating to a method of forming a layer of an inorganic compound [P]. British Patent 1 104 935, 1968.

[26] Sterling H F, Swann G C G. Method of forming a silicon nitride coating [P]. US Patent. 3,485,666, 1969.

[27] Reinberg A R. Extended Abtracts. The Electrochemical Society Meeting, San Francisco, CA, May 12-17, 1974.

[28] Reinberg A R. Radial Flow Reactor [P]. US Patent US3757733A, 1973.

[29] Cui Y, Park B S, Furuta G, et al. Advances in large PECVD processing technology up to Gen

11 for TFT LCD and OLED [J]. 6th International Conference ULSIC vs TFT, ECI Symposium Series, 2017.

[30] Martin P M. Handbook of Deposition Technologies for Films and Coatings—Science, Applications and Technology [M]. 3rd Edition. Amsterdam: Elsevier, 2000.

[31] Godyak V A, Electron energy distribution function control in gas discharge plasmas [J]. Physics of Plasmas, 2013, 20: 101611.

[32] Boris D R, Wheeler V D, Nepal N, et al. The role of plasma in plasma-enhanced atomic layer deposition of crystalline films [J]. Journal of Vacuum Science & Technology A, 2020, 38:040801.

[33] Lee M H, Lee H C, Chung C W. Comparison of pressure dependence of electron energy distributions in oxygen capacitively and inductively coupled plasmas [J]. Physical Review E, 2010, 81: 046402.

[34] Godyak V A, Piejak R B. Abnormally low electron energy and heating-mode transition in a low-pressure argon rf discharge at 13.56 MHz [J]. Physical Review Letters, 1990, 65: 996.

[35] Hopkins M B. Langmuir Probe Measurements in the Gaseous Electronics Conference RF Reference Cell [J]. Journal of Research of the National Institute of Standards Technology, 1995, 100: 4.

[36] Kechkar S, Swift P, Kelly S, et al. Investigation of the electron kinetics in O_2 capacitively coupled plasma with the use of a Langmuir probe [J]. Plasma Sources Science and Technology, 2017, 26: 065009.

[37] You S J, Ahn S K, Chang H Y. Driving frequency effect on electron heating mode transition in capacitive discharge [J]. Applied Physics Letters, 2006, 89: 171502.

[38] Chen Z, Donnelly V M, Economou D J. Measurement of electron temperatures and electron energy distribution functions in dual frequency capacitively coupled CF_4/O_2 plasmas using trace rare gases optical emission spectroscopy [J]. Journal of Vacuum Science & Technology A, 2009, 27: 1159.

[39] Graham W G, Mahony C M, Steen P G, Electrical and optical characterisation of capacitively and inductively coupled GEC reference cells [J]. Vacuum, 2000, 56: 3.

[40] Tatarova E, Stoykova E, Bachev K, et al. Effects of nonlocal electron kinetics and transition from α to γ regime in an RF capacitive discharge in nitrogen [J]. IEEE Trans. Plasma. Sci.

1998, 26: 167-174.

[41] Knoops H C, Faraz T, Arts K, et al. Status and prospects of plasma-assisted atomic layer deposition [J]. Journal of Vacuum Science & Technology A, 2019, 37: 030902.

[42] Ozgit-Akgun C, Goldenberg E, Okyay A K, et al. Hollow cathode plasma-assisted atomic layer deposition of crystalline AlN, GaN and AlxGa1- xN thin films at low temperatures [J]. Journal of Materials Chemistry C, 2014, 2: 2123.

[43] Lee G H, Hwang S, Yu J, et al. Architecture and Process Integration Overview of 3D NAND Flash Technologies [J]. Applied Sciences, 2021, 11: 6703.

[44] Baklanov M R, Ho P S, Zschech E. Advanced Interconnects for ULSI Technology [M]. New York: Wiley, 2012.

[45] Ogawa E T, Kim J, Haase G S, et al. Leakage, breakdown, and TDDB characteristics of porous low-κ silica-based interconnect dielectrics [C]. Proceedings of the 41st Annual IEEE International Reliability Physics Symposium (IRPS), Monterey, 2019: 166-172.

[46] Zhou H, Shi F G, Zhao B, et al. Temperature accelerated dielectric breakdown of PECVD low-κ carbon doped silicon dioxide dielectric thin films [J]. Applied Physics A: Material Science and Processing, 2005, 81(4): 767-771.

[47] Chen F, Huang E, Shinosky M, et al. A comparative study of ULK conduction mechanisms and TDDB characteristics for Cu inter-connects with and without CoWP metal cap at 32 nm technology [C]. Proceedings of the IEEE 2010 International Interconnect Technology Conference (IITC), Burlingame, 2010: 1-3.

[48] Gischia G G, Croes K, Groeseneken G, et al, Study of leakage mechanism in porous low-κ materials [C]. Proceedings of the 48th Annual IEEE International Reliability Physics Symposium (IRPS), Monticello, 2010: 549-555.

[49] Ngwana V C, Zhu C, Krishnamo A. Dependence of leakage mechanisms on dielectric barrier in Cu–SiOC damascene interconnects [J]. Applied Physics Letters, 2004, 84 (13): 2316-2318.

[50] Ueki M, Yamamoto H, Ito F, et al. Cost-effective and high performance Cu interconnects (κ eff = 2.75) with continuous SiOCH stack incorporating a low-κ barrier cap (κ = 3.1) [C]. IEEE International Electron Devices Meeting, 2007: 973-976.

第7章

高密度等离子体化学气相沉积工艺与装备

7.1 高密度等离子体化学气相沉积工艺

在上一章节中，我们介绍了集成电路中的等离子体增强化学气相沉积工艺与设备，在化学气相沉积设备中引入等离子体的辅助，可以有效降低工艺过程所需要的温度，有利于控制集成电路制造中捉襟见肘的热预算（thermal budget）。但同时我们也看到，在等离子体增强化学气相沉积设备中采用的是电容耦合等离子体的气体放电方式，其启辉工作的腔室压力相对电感耦合等离子体更高，而高腔室压力下等离子体的平均自由程缩短，不利于钻入到间隙结构中去。除了等离子体平均自由程的限制，等离子体增强化学气相沉积还容易在具有深宽比结构的间隙开口处产生封口效应，从而在间隙结构内部形成空洞（void）。因此，等离子体增强化学气相沉积设备只能用于表面结构的沉积，而对于间隙结构中的沉积能力有限（仅能通过沉积和刻蚀交替循环的方式实现有限的间隙填充能力）。针对这一问题，在20世纪80年代末90年代初，逐步发展出一种高密度等离子体化学气相沉积（high density plasma chemical vapour deposition, HDPCVD）新技术。该技术采用电感耦合等离子体的气体放电方式，产生回旋电磁场，

第7章　高密度等离子体化学气相沉积工艺与装备

带电粒子经过回旋加速后运动路程增加，与气体分子碰撞概率也增加，从而增加解离率，形成高密度等离子体。高密度等离子体化学气相沉积设备可以在较低的腔压下（约 10 毫托）工作，并获得较高的等离子体密度（高于 10^{11} 每立方厘米），具有高沉积速率、填孔能力、低温高致密薄膜、原位掺杂等能力。除了高密度等离子体化学气相沉积设备，人们还研发出次常压化学气相沉积（sub-atmospheric chemical vapor deposition，SACVD）和可流动性化学气相沉积（flowable chemical vapor deposition，FCVD）等设备用于更高深宽比的间隙结构填充。虽然次常压化学气相沉积和可流动性化学气相沉积的填孔能力强于高密度等离子体化学气相沉积，但其填充的膜层质量相比于高密度等离子体化学气相沉积更差，膜层密度低，容易吸潮，因此，高密度等离子体化学气相沉积仍然受到工业界的重视并广泛应用。由于高密度等离子体化学气相沉积设备采用电感耦合等离子体的气体放电方式，其等离子体的产生与运动分离（分别受源电极和偏置电极的独立控制，即可以独立控制等离子体的密度和能量），使得高密度等离子体化学气相沉积设备可以在沉积的同时又实现刻蚀，从而在间隙填充工艺中避免由于封口效应而导致的填充出现空洞，如图 7.1 所示。

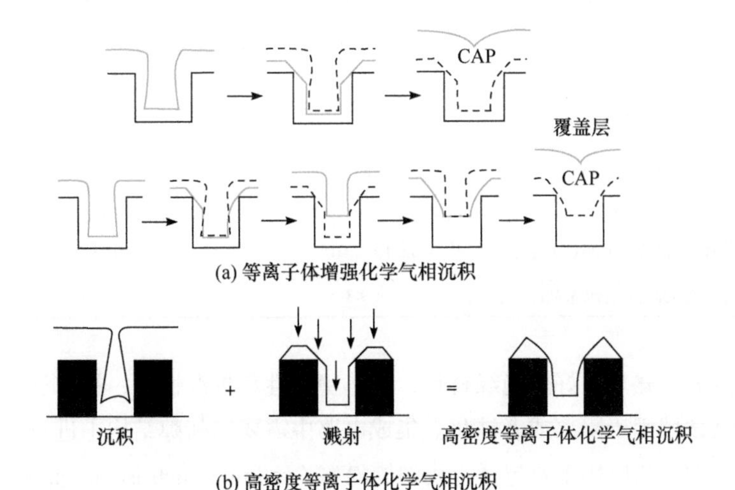

图 7.1　等离子体增强化学气相沉积与高密度等离子体化学气相沉积工艺过程对比 [1]

从图 7.1 中我们可以看出，传统等离子体增强化学气相沉积设备如果要对间隙结构进行填充的话需要采用沉积、刻蚀再沉积的循环方式，而且当间隙结构的深宽比进一步增加时，还需要进一步增加循环数（如图 7.1（a）第一排中所示出的由沉积、刻蚀再沉积变成图 7.1（a）第二排中的沉积、刻蚀、沉积、刻蚀再沉积）。而当间隙结构的深宽比增加到一定程度以后，即使采用沉积刻蚀循环的方式，传统等离子体增强化学气相沉积设备也显得无能为力。作为对比，高密度等离子体化学气相沉积设备则自带溅射功能，即在工艺过程中既包括沉积作用也包含溅射作用，因此，无需将沉积和刻蚀分开就可以实现间隙结构的填充。当然，当间隙结构的深宽比进一步增大时，也会超出高密度等离子体化学气相沉积设备的能力范围，此时也需要类似像传统等离子体增强化学气相沉积设备那样进行沉积刻蚀循环。

更具体地，高密度等离子体化学气相沉积设备与传统等离子体增强化学气相沉积设备的参数对比如表 7.1 所示。

表 7.1　PECVD 与 HDPCVD 参数对照表

参数	PECVD	HDPCVD
腔室压力 /mTorr	100~10000	0.5~50
等离子体密度 cm^{-3}	10^{8}~10^{10}	10^{11}~10^{12}
离子化率 /%	0.01~0.1	0.1~10
解离率 /%	<10	>50
电子温度 /eV	1~5	2~7
离子能量 /eV	200~1000	20（不加偏置电压）
平均自由程 /cm（2eV 电子）	10^{-3}~10^{-1}	0.25~25
可填充的间隙结构深宽比	<3	<5

二氧化硅是良好的绝缘材料，且热稳定性和抗湿性好，被广泛用于集成电路领域用于隔离或者钝化。集成电路中需要向间隙结构中进行二氧化硅填充的工艺应用主要包括：浅沟槽隔离（sallow trench isolation, STI）介电质填充、层间介电质（inter layer dielectric, ILD）填充、金属间介电质（inter metal dielectric, IMD）填充和钝化层（passivation, PV）填充，如图 7.2 所示。

第7章 高密度等离子体化学气相沉积工艺与装备

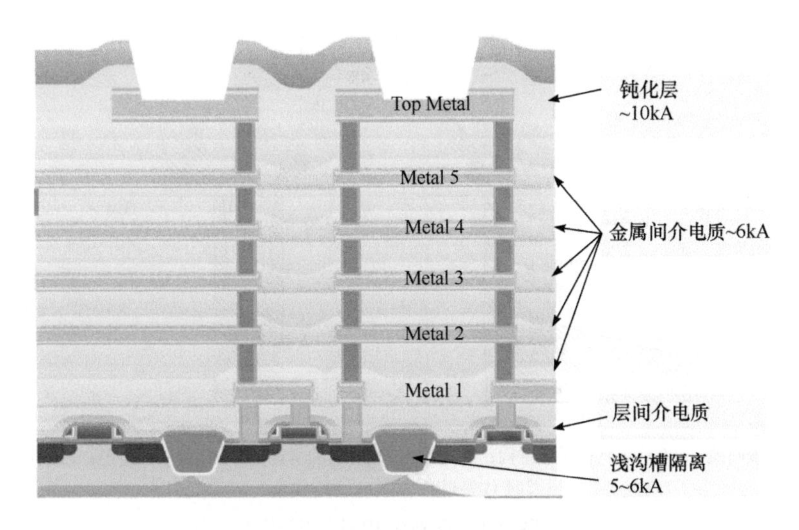

图 7.2 集成电路中需要用到 HDPCVD 的工艺过程示意图

7.1.1 浅沟槽隔离介电质填充

浅沟槽隔离是集成电路工艺过程中比较靠前的步骤，用于隔离器件有源区。得益于工艺技术的不断进步，器件特征尺寸遵循摩尔定律而不断缩小，浅沟槽隔离结构的特征尺寸也逐步缩小，深宽比逐渐增加。不断增加的深宽比，也对高密度等离子体化学气相沉积工艺对浅沟槽隔离的介电质填充提出了挑战。20 世纪 90 年代末，高密度等离子体化学气相沉积工艺开始被用于 0.18 微米工艺技术节点器件的浅沟槽隔离，此时的间隙结构深宽比大约在 3 ∶ 1 左右。而到了 45 纳米工艺技术节点，浅沟槽隔离结构的深宽比超过了 5 ∶ 1（甚至达到 8 ∶ 1），此时，传统的高密度等离子体化学气相沉积工艺也显得有些吃力。为了延续高密度等离子体化学气相沉积工艺在浅沟槽隔离介电质填充应用中的生命力，人们对该工艺进行了很多改进。人们发现，在高密度等离子体化学气相沉积一边进行沉积一边进行刻蚀的工艺过程中，本来溅射作用是用于打开开口处的沉积物以避免封口，但强的物理轰击作用反而会使溅射物反弹到对面侧壁重新形成附着物（Re-deposition），从而影响填充效果。这种作用在高深宽比结构的填充中尤其突出，如图 7.3 所示。

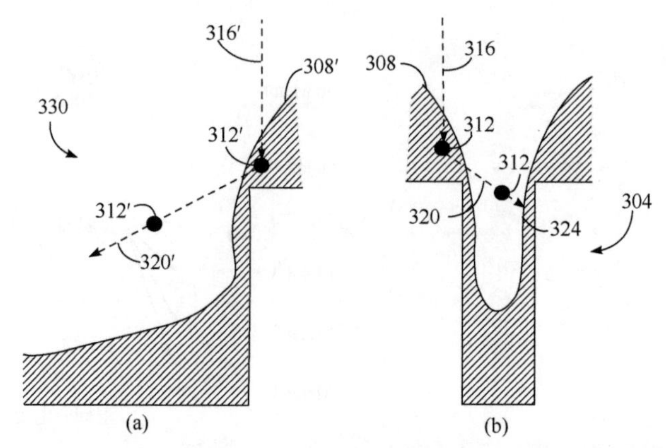

304 代表间隙；308 代表特征尖端结构；312 代表被溅射出的材料；316 代表撞击路径；320 代表反弹后的路径；324 代表侧壁沉积物；330 代表开口区域结构

图 7.3　重新沉积示意图 [2]

因此，需要在高密度等离子体化学气相沉积工艺中降低物理轰击的作用。人们想到了利用氧气来代替氩气的方式，因为氧气的分子量小而氩气的分子量大，分子量小的气体轰击到薄膜表面所产生的溅射作用要弱于分子量大的气体。并且，这个过程还经历了轰击气体从氩气变成氧气、氧气变成氦气、氦气再变成氢气的发展，逐步降低轰击作用，可以满足 0.11 微米至 65 纳米工艺技术节点。但是，如此一来，其封口效应又有所反弹了，如图 7.4 所示，当没有刻蚀作用来消除封口效应时，将会出现空洞（图中的结构标号 420），而当有刻蚀作用时沉积物表面由 412 变化至 416。

因此，人们想到了在工艺气体中引入三氟化氮的方法。三氟化氮对于氧化硅具有较强的化学刻蚀作用，因而可以缓解封口效应又明显不增加重新沉积作用。Radecker 等人 [3] 将这种方法用于 90 纳米工艺技术节点的动态随机存储器（如第 1 章所述，相当于逻辑器件的 45 纳米工艺技术节点）的浅沟槽隔离填充中（深宽比达到 6 ： 1）。进一步地，Wang 等人 [4] 又将工艺步骤拆分成沉积步和刻蚀步交替循环的方式进行，也将浅沟槽隔离填充工艺拓展到了 45 纳米工艺技术节点，如图 7.5 所示。

浅沟槽隔离工艺在离子注入工艺之前，因此无须考虑热预算，也无须考虑对晶圆进行背氦冷却。在实际的高密度等离子体化学气相沉积进行浅沟槽隔离填充工艺时，晶圆的温度一般可以高达 700~800℃。沉积时的工艺温度越高，沉积出的介质层越致密，膜层质量越好。

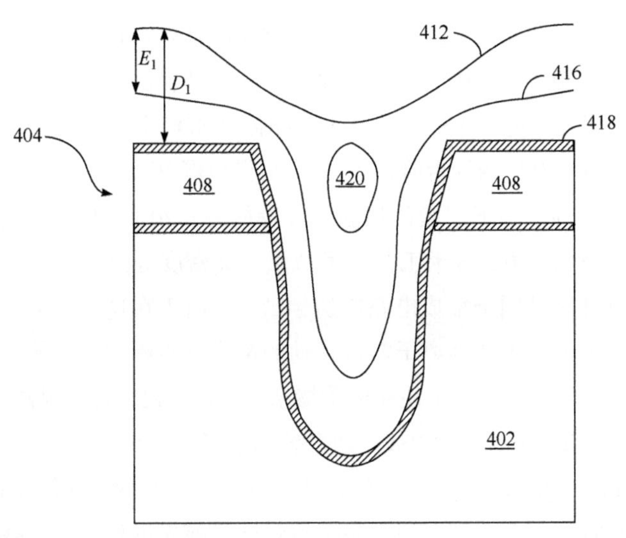

402 代表衬底层（substrate）；404 代表整体的 STI 结构；408 代表衬垫层（pad layer）；412 代表沉积后的沉积层表面截面；416 代表刻蚀后的沉积层表面截面；418 代表衬层（liner）；420 代表中间的空洞

图 7.4　沉积刻蚀交替进行示意图 [2]

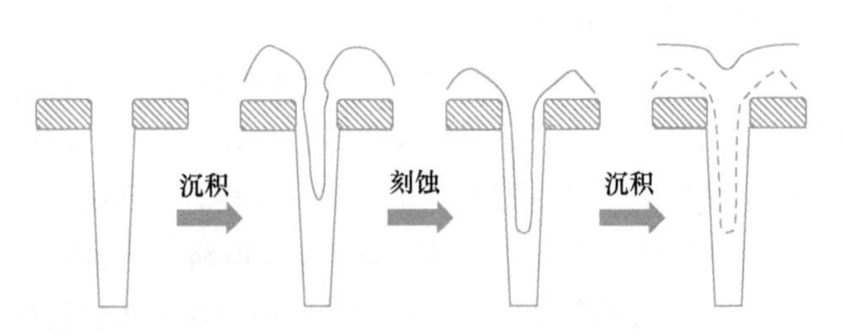

图 7.5　沉积刻蚀交替进行示意图

除了集成电路，在分立器件（如功率器件 [5]、图像传感器件 [6] 等）中也会用到高密度等离子体化学气相沉积设备来实现在浅沟槽隔离中填充介质的工艺。同样，在后续要介绍的层间介质填充和金属间介质填充也是如此，不仅可以用于集成电路，也可以用于分立器件 [7]。

7.1.2　层间介电质填充

层间介电质填充工艺用于隔离晶体管和金属互连层，是有源器件与第一金属层之间的隔离层，也是区分前端线工艺和后端线工艺的重要工艺步骤。而前端线工艺和后端线工艺的一个重要区别是：在前端线工艺中严格管控金属而后端线工艺中有金属连接的工艺步骤，因此，层间介电质填充也被称作金属前介电质（pre-metal dielectric, PMD）填充。层间介电质填充工艺要求设备具有均匀的台阶覆盖性、高深宽比间隙填充、良好的均匀性、优良的电学特性、与下层膜的粘附性好等能力。20 世纪 90 年代中期，集成电路制造进入到 0.5 微米工艺技术节点，高密度等离子体化学气相沉积工艺从这时开始被用于集成电路制造领域[8]。由于在这一时期，集成电路制造企业对于钠离子和钾离子等可移动的金属杂质源的管控能力不强，因此在层间介电质填充工艺中使用硼磷掺杂氧化硅（也被称作硼磷硅酸玻璃，boro phospho silicate glass, BPSG）或者磷掺杂氧化硅（也称作磷硅酸玻璃，phospho silicate glass, PSG）来沉积，以防止金属杂质离子影响晶体管的器件性能。同时，也需要在沉积磷掺杂氧化硅之前先沉积一层未掺杂的氧化硅（undoped silicate glass, USG）或者 TiN 层以防止磷元素扩散到晶体管中。时至今日，由于在先进制程中对钠离子等金属杂质源的管控能力增强，不再需要磷掺杂氧化硅来阻挡金属杂质离子的扩散，因此，目前的层间介电质填充工艺主要以沉积不掺杂的二氧化硅为主。

另一方面，我们都比较熟悉电阻 - 电容延时电路，当电阻和电容串联后形成有源闭合回路时，电容会进行充电，作用在电容器上的电压以及电路中的电流都是缓慢上升的，即有一个延时的过程。电阻越大或者电容越大，都会使得这个延时变得更加明显。而在集成电路（特别是在 0.13 微米及以下的工艺技术节点的器件）中，我们希望通信速度越快越好，否则会降低计算速度，所以我们需要在集成电路中尽可能地降低电路的电阻和寄生电容。由于电容值与材料的介电常数成正比，所以需要尽量使用介电常数低（low κ）的材料。碳掺杂或者氮掺杂的氧化硅是典型的低介电常数（有效介电常数小于 3）材料，但这些材料的制备需要其他的设备才能完成，这里不做进一步的介绍。因此，如果使用高密度等离子体化学气相沉积用于层间介电质填充的话，仍然是以不掺杂的二氧化硅沉积为主。

7.1.3 金属间介电质填充

到后端线工艺后需要制作金属互连线，而金属互连线之间需要相互绝缘，这时就需要用到金属间介电质的填充工艺。由于到了 0.13 微米及以下的工艺技术节点的器件中需要考虑电阻 - 电容延时电路的影响，因此，金属间介电质填充一般是填充氟掺杂氧化硅（也被称作氟硅酸玻璃，fluorinated silicate glass, FSG）这种低介电常数材料，可以将介电常数从不掺杂时的 4 左右降低至掺杂后的 3 左右。由于电容值与材料的介电常数成正比，因此，采用氟硅酸玻璃工艺可以降低大约 25% 的寄生电容。为了避免掺杂的氟扩散，还需要在进行氟掺杂氧化硅层沉积的前后各再沉积一层富硅氧化硅（silicon rich oxide, SiO_{2-x}）保护层[9]。

除了降低寄生电容，前面也介绍了在电阻 – 电容延时电路中，电阻同样是很重要的一个参数，因此，在集成电路中降低电阻也是一个重要考量因素。因此，从 0.13 微米工艺技术节点开始，逐步采用铜连线（电阻率约 $1.7\times10^{-8}\ \Omega\cdot m$）来替代铝连线（电阻率约 $2.9\times10^{-8}\ \Omega\cdot m$），而到了 45 纳米工艺技术节点以下则完全采用铜连线。由于铜较难被等离子体刻蚀机所刻蚀（尽管业界在铜的等离子体刻蚀方面做了大量努力，但目前仍然没有工业量产化的用于刻蚀铜的等离子体刻蚀机出现），只能采用大马士革（Damascene）工艺做铜制程，而在大马士革工艺中介电质作为牺牲层是需要被刻蚀出镶嵌铜的沟槽的，因此，铝制程被铜制程替代后工艺顺序也发生了变化，从先制备并刻蚀铝金属层再进行金属间介电质填充变化为先制备介电质并刻蚀再填充金属铜，也就是在先进制程中不再需要进行金属间介电质的填充了。

由于需要金属间介电质填充工艺的制程是基于金属铝的，而铝的熔点相对较低，因此，需要管控工艺温度在 400℃以下。要实现温度管控的目的，对于高密度等离子体化学气相沉积设备而言，需要加入背氦冷却系统。背氦冷却系统有两个目的：第一个目的是给晶圆提供均匀的冷却散热；另一个目的是监控晶圆与静电卡盘之间的吸附情况是否良好。另外，也需要在静电卡盘上添加红外测温装置，以监控晶圆背面的温度。而对于集成电路之外的一些应用，如分立器件，如果器件中的某些材料对温度敏感，甚至要求比 400℃更低的工艺温度。

7.1.4 钝化介电质填充

后端线工艺中的最后一步是需要在整个器件上制作一层钝化介电质来

保护和隔离芯片，可以防止芯片被划伤，也可以阻挡水汽或者金属扩散。与浅沟槽隔离中随着工艺技术节点越发先进时深宽比也越发增大所不同，钝化层填充工艺随着工艺技术节点越发先进，其填充的深宽比越来越小，以至于到了先进制程后甚至可以使用等离子体增强化学气相沉积就可以完成钝化层介电质的填充工艺。但也如图 7.1 所示，等离子体增强化学气相沉积基本没有刻蚀作用，而高密度等离子体化学气相沉积是一边沉积一边进行刻蚀，溅射作用使得膜层变得致密，就如同建筑工地上的夯土过程一样，因此，如果对钝化层的质量有一定的要求，则即使在深宽比允许的情况下也会使用高密度等离子体化学气相沉积设备来替代等离子体增强化学气相沉积设备，以完成钝化层介电质填充工艺。此时，由于深宽比比较小，而且作为后端线工艺中的最后一道工序，对于颗粒和金属污染的要求也相对更加宽松，所以钝化介电质的填充工艺在上述几种高密度等离子体化学气相沉积工艺中的难度相对较小。

7.1.5 各工艺应用之间的比较

对于浅沟槽隔离，由于还没有做离子注入和高温推进，不涉及热预算的管控，尽管次常压化学气相沉积和可流动性化学气相沉积的膜层质量不好，但可以采用后续高温退火的方式进行改善，所以在先进制程中高密度等离子体化学气相沉积的应用受到其自身无法填充更高深宽比结构的限制。而对于层间介电质填充、金属间介电质填充和钝化层填充而言，由于其位于离子注入和高温推进工艺之后，需要考虑热预算，不能涉及 400 ℃以上的高温加工过程，因此，高密度等离子体化学气相沉积仍然有用武之地。特别是到了先进制程，如 14 纳米和 7 纳米工艺技术节点，尽管采用大马士革工艺后就不再使用金属间介电质填充工艺，但层间介电质填充和钝化层填充对膜层质量有更高的要求：层间介电质填充的后续工艺是化学机械抛光（chemical mechanical polishing, CMP），如果膜层质量不好，将在化学机械抛光工艺中产生更多的颗粒异常；而钝化层填充是集成电路制造的最后一步，如果膜层质量不好，将在后续的封装过程中增加晶圆碎裂的风险。因此，高密度等离子体化学气相沉积将在集成电路制造特别是先进制程中重新焕发活力。另一方面，由于工艺技术的进步，集成电路制造中的金属杂质离子得到较好的管控，硼磷掺杂氧化硅或者磷掺杂氧化硅将没有用武之地，而随着大马士革工艺兴起，金属间介电质填充工艺逐步退出，氟掺杂氧化硅也随之没有用武之地，因此，无论对于哪一种工艺应用，目前的高密度等离子体化学气相沉积工艺都是进行不掺杂的二氧化硅沉积。而除了介质填充工艺，高密度等离子体化学气相沉积也可以用于其他材料（如多晶硅[10]和无定形碳薄膜[11]）的沉积。

7.2　高密度等离子体化学气相沉积设备

如图 7.6 所示，高密度等离子体化学气相沉积设备的工艺腔室主要由顶部射频、侧边射频、偏置射频、顶部进气、侧边进气、穹顶（dome）和卡盘等结构组成[12]。上述结构均具有高度的对称性，以保证工艺的均匀性；中心和边缘分别设置进气口和射频系统，也有利于实现进气和射频功率在中心和边缘这个维度上的可调性，最终有利于工艺的均匀性。由于高密度等离子体化学气相沉积设备需要在高真空环境下才能启辉，还需要机械泵加分子泵进行真空环境的获得和维持，腔室漏率应低于 10^{-10} Torr · L/min。另外，

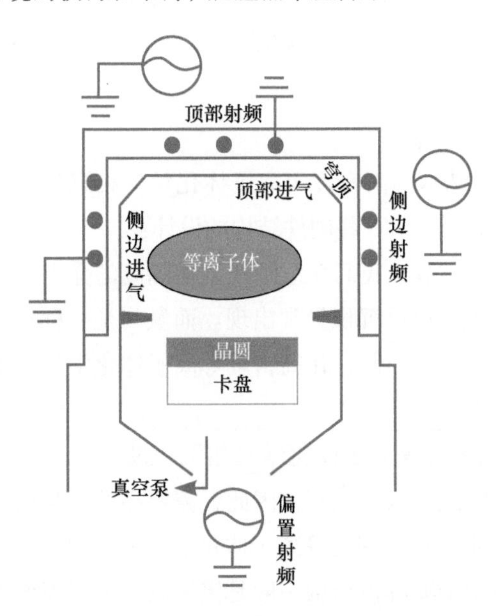

图 7.6　高密度等离子体化学气相沉积设备示意图

卡盘、穹顶结构和腔室都需要冷却液系统进行冷却。而由于硅烷具有可燃性，设备还需要安装尾气处理系统，保障设备运行安全。并且，在前级管道上也最好添加伴温装置，以免尾气在前级管道上生成附着物堵塞前级管道。

7.2.1 设备工艺原理

从工艺原理角度讲，和其他化学气相沉积过程相类似，高密度等离子体化学气相沉积工艺的核心还是依赖于表面反应。例如，在氧化硅的高密度等离子体化学气相沉积中，其成膜依赖于表面反应：

$$SiH^{*}_{4-x} + O^{*} \longrightarrow Si(OH)_n \longrightarrow SiO_2 + H_2O\uparrow + H_2\uparrow \tag{7.1}$$

这是一个两步反应，先生成中间产物 $Si(OH)_n$，然后在下电极功率辅助产生的热效应和离子物理轰击下生成氧化硅。而 SiH^{*}_{4-x} 和 O^{*} 自由基的产生则基于如下的气相反应：

$$SiH_4 \longrightarrow SiH^{+}_{4-x} + SiH^{*}_{4-x} + e^{-} \tag{7.2}$$

$$O_2 \longrightarrow O^{+} + O^{*} + e^{-} \tag{7.3}$$

由于 SiH_4 和 O_2 直接混合容易发生化学反应从而带来颗粒问题，因此需要将 SiH_4 和 O_2 分别从顶部和侧部通入反应腔。

7.2.2 设备硬件设计

图 7.5 示出了基本的高密度等离子体化学气相沉积设备的硬件结构，在此基础之上我们再介绍一些硬件结构的设计：

（1）在 7.1.1 小节中我们介绍了浅沟槽隔离的介电质填充需要使用氢气作轰击气体，以避免再沉积异常出现。而氢气是一种相对分子量非常小的气体，难以被抽走，因此，在高密度等离子体化学气相沉积设备中需要采用大抽速的真空泵。

（2）而在高密度等离子体化学气相沉积设备中需要沉积和刻蚀同时进行，从而进行间隙结构的填充，因此，需要高的射频功率和低的腔室压力[13, 14]。这也决定了在高密度等离子体化学气相沉积设备中不能采用喷淋板结构，一方面由于喷淋板结构一般是接地的，采用喷淋板结构后会湮灭带电粒子，从而降低物理轰击作用；另一方面，喷淋板结构的孔隙也不利于高真空的获得和维持。

（3）要想得到高的产能（高的沉积速率），也是需要高的射频功率，另外也要高的沉积温度。一方面，根据表面化学反应速率公式，当两种反应物发生表面反应时，其反应速率公式满足：

$$r=\frac{k\cdot K_A\cdot K_B\cdot p_A\cdot p_B}{\left(1+K_A\cdot p_A+K_B\cdot p_B\right)^2} \tag{7.4}$$

其中，r代表反应速率，K_A代表能吸附物质A的位点数，K_B代表能吸附物质B的位点数，p_A代表物质A的分压，p_B代表物质B的分压。而根据式（7.2）和式（7.3），要提高参与反应的两种物质的分压，就必须使更多的SiH_4和O_2发生离化，即需要提高射频功率以辅助反应气体离化产生等离子体。另一方面，化学反应速率需要满足阿伦尼乌斯公式（Arrhenius equation）：

$$k=A\exp\frac{-E_a}{RT} \tag{7.5}$$

其中，k代表反应速率常数，A代表指前因子，E_a代表活化能，R代表理想气体常数，T代表温度。要提高化学反应的速率，就必须提高化学反应发生时的温度。因此，要提高产能（提高沉积速率），就需要高的射频功率，另外，还需要承载晶圆的卡盘能耐受高温，但静电卡盘本身可以不带加热装置。

（4）传热方面，数值模拟显示，射频等离子体的能量最终基本都以热量的形式耗散，因此，腔室的冷却散热（包括穹顶的冷却和腔室壁的冷却）显得尤其重要。实验证明[15]，在高密度等离子体化学气相沉积设备中，晶圆的温度与溅射速率呈正比，等离子体的温度与射频功率呈正比，而腔室压强则对温度的影响不明显。由于需要采用高的射频功率以获得高的沉积速率，穹顶的冷却水温度设置在120℃附近是比较合理的。

（5）传质方面，在设备工艺原理部分我们介绍了由于SiH_4和O_2直接混合容易发生化学反应从而带来颗粒问题，因此需要将SiH_4和O_2分别从顶部和侧部通入反应腔，即在硬件上需要设置顶部的进气口和侧边的进气口。进一步的实验结果表明[14]，进气口必须满足轴对称才能保证工艺结果的均匀性。

7.3 高密度等离子体化学气相沉积工艺性能评价

高密度等离子体化学气相沉积工艺的评价指标多种多样，大致可以分为三类：第一类用以表征沉积或者溅射的速率和均匀性等，如沉积速率、溅射速率、沉积溅射速率比、沉积速率均匀性、溅射速率均匀性等；第二类用以表征沉积出的膜层质量，如折射率、应力、湿法刻蚀速率和针孔空洞等；第三类用以表征产生的颗粒或者金属污染。第一类主要影响产能（不严格如此，有的指标也会对器件良率有影响，如均匀性），第二类和第三类则可以用于判断对器件良率的影响。

7.3.1 速率

速率分沉积和溅射两类以及它们之间的比值，同时还包括沉积和溅射速率的均匀性，以下进行详细的介绍。

1. 沉积速率

沉积速率可以由如下公式进行定义：

沉积速率 =（沉积后薄膜厚度 – 沉积前薄膜厚度）/ 沉积时间　　（7.6）

2. 溅射速率

如第 3 章中所介绍，溅射速率可以如下定义：

刻蚀速率 =（刻蚀前薄膜厚度 – 刻蚀后薄膜厚度）/ 刻蚀时间　　（7.7）

3. 沉积溅射速率比

高密度等离子体化学气相沉积设备可以在沉积的同时又实现刻蚀，这是在高深宽比间隙中填充介质材料且无空洞形成的基础，因此，沉积溅射速率比（D/S ratio）被普遍采用作为衡量 HDP-CVD 工艺填充能力的指标[13]。沉积溅射速率比满足以下公式：

$$\text{D/S Ratio} = D/S = (D' + S)/S \tag{7.8}$$

其中，D 表示总沉积速率，D' 表示净沉积速率，S 表示溅射速率。对于一台实际的高密度等离子体化学气相沉积设备，其沉积溅射速率一般在 3~10 之间，该数值越小证明该设备的填孔能力越强，但其净沉积速率也偏小，产能偏低。一般而言，沉积溅射速率比是针对没有间隙结构时而言的，具体到有间隙结构时的情况，在间隙结构的顶端拐角处，若沉积刻蚀比小于 1，则会出现顶部削角（clipping），若沉积刻蚀比大于 1，则会出现封口效应。因此，在间隙结构的顶端拐角处，沉积溅射速率比等于 1 时填充效果最好。在实际进行沉积溅射速率比的测量时，首先，采用正常需要监控的工艺配方在一片空白晶圆上正常进行一次工艺，测试工艺结束后的厚度，记为 T_1（$T_1 = D - S$）；然后，将测量完厚度的晶圆再次传入该高密度等离子体化学气相沉积设备，重复刚才的工艺配方（但不通入硅烷，即此时只有溅射作用，没有沉积作用），测试工艺结束后的厚度，记为 T_2（$T_2 = T_1 - S = D - 2S$），所以求得 $D/S = (2 \cdot T_1 - T_2) / (T_1 - T_2)$，这样就把机台的沉积溅射速率比求出来了。从工艺配方调试的角度，若源射频功率增加、偏置功率减小、腔室压强增大，都会使沉积溅射速率比变大[13]。

除了沉积溅射速率比，还可以用刻蚀沉积速率比（E/D ratio）来表征高密度等离子体化学气相沉积设备的填孔能力[16]，如式（7.9）所示：

$$\text{E/D Ratio} = E/D = (D - D')/D \tag{7.9}$$

其中，D 表示总沉积速率，D' 表示净沉积速率，E 表示刻蚀速率。显然，刻蚀沉积速率比随着溅射作用增强而增加，随着沉积作用增强而减小。沉积溅射速率比与刻蚀沉积速率比之间并不是严格的倒数关系，但是确实存在一些反比例关系，沉积溅射速率比增大意味着刻蚀沉积速率比减小。在实际进行测量时，D 由不加偏置电压时的工艺配方（其余参数与测量 D' 时一致）测得，这与测量沉积溅射速率比时所重复的工艺配方之间的区别为是否通入硅烷有所不同。

4. 沉积速率均匀性

沉积速率均匀性用以表征沉积在整个晶圆上的整体分布情况，沉积速率均匀性有两种表达方式，第一种是半距法（half range），其定义是：

沉积速率均匀性＝（沉积速率最大值－沉积速率最小值）/ 沉积速率平均值

×100%　（7.10）

第二种是标准方差法，其定义如式（7.11）所示：

沉积速率均匀性＝沉积速率平均方差 / 沉积速率平均值 ×100%　（7.11）

5. 溅射速率均匀性

如第 3 章中所介绍，溅射速率均匀性也有两种表达方式，第一种是半距法（half range），其定义是：

溅射速率均匀性＝（溅射速率最大值－溅射速率最小值）/ 溅射速率平均值

×100%　（7.12）

第二种是标准方差法，其定义如式（7.13）所示：

溅射速率均匀性＝溅射速率平均方差 / 溅射速率平均值 ×100%　（7.13）

设备的工艺参数的选择对于上述工艺指标具有决定性的影响。Ryu 等人[17] 利用神经网络模型分析了硅烷流量、氧气流量以及射频功率对沉积速率和均匀性的影响关系。利用人工智能的方法优化设备工艺调试过程，从而降低人力和时间成本在将来也是大势所趋。

7.3.2　膜层质量

沉积出的膜层质量的好坏直接影响器件的良率，表征膜层质量主要有以下几种评价指标：折射率、应力、湿法刻蚀速率和针孔空洞。

1. 折射率

折射率是一种对材料进行光学方面评价的指标，其定义是光在真空中的传播速率与光在该材料中的传播速率之比。从折射率的定义我们也可以看出，其实测定材料的折射率可以反映出该材料内部的孔隙率，孔隙率高其折射率就会偏低，而材料的厚度则不影响折射率。高密度等离子体化学气相沉积设备的工艺配方可以显著影响所生长的氧化硅薄膜的折射率，例如在某种工艺配方基线（baseline）条件下，氧化硅薄膜折射率与 NF_3/O_2 流量比之间的关系如图 7.7 所示。

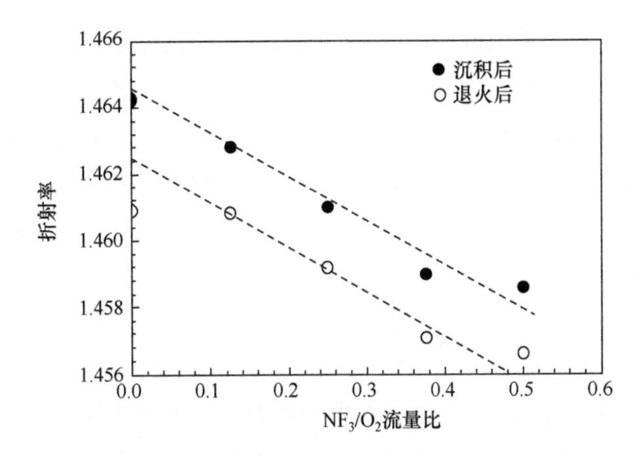

图 7.7 某特定基线配方下氧化硅薄膜折射率与 NF_3/O_2 流量比之间的关系 [18]

膜层质量对氧化硅折射率的影响一般由两个常用的公式进行判定，因此，折射率可以反映出膜层质量。两个判定规律中的第一个公式是 Lorentz-Lorenz 定律：

$$\rho = K(n^2-1)/(n^2+2) \tag{7.14}$$

其中，ρ 代表薄膜密度，n 代表折射率，K 是一个密度常数（取值 8.03 g/cm^3）。另一个公式是 Pliskin 和 Lehmen 论文中使用的 Gladstone Dale 模型：

$$\rho = -4.784 + 4.745n \tag{7.15}$$

因此，按上述两个公式进行换算后，高密度等离子体化学气相沉积所生长的氧化硅薄膜的膜层密度与 NF_3/O_2 流量比之间满足如图 7.8 所示的关系。

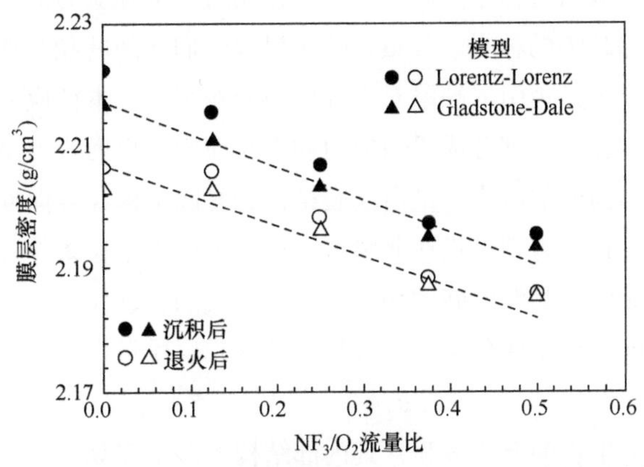

图 7.8 某特定基线配方下氧化硅薄膜膜层密度与 NF_3/O_2 流量比之间的关系 [18]

折射率一般用椭圆偏振仪测定，而椭圆偏振仪除了可以测定折射率，还能测定膜厚，可以作为膜厚仪的一种补充。氧化硅的折射率大约 1.46，而硅的折射率可以达到 3~4，是常见材料中很高的，这也赋予了硅材料在光学领域的应用。由于使用不同波长的光进行测试时测得的折射率是不一样的，因此，需要对测试的波长进行说明，例如常用 633 纳米的波长进行折射率测定。

2. *应力*

应力是指当物体由于受力、湿度或者温度发生变化等外部因素影响而发生形变时在物体内部各部分之间产生相互作用的内力，这种内力可以抵抗外部因素的作用，并试图将物体从形变状态恢复到形变前的状态。根据其恢复形变的方向不同，应力状态又可以细分为压应力（compressive）和张应力（tensile）。因此，当在衬底上生长薄膜材料时一般会产生应力，此时薄膜材料的应力通常由热应力和本征应力两个部分组成，如式（7.16）所示：

$$\sigma = \sigma_{th} + \sigma_{in} \tag{7.16}$$

其中，σ 代表应力，σ_{th} 代表热应力，σ_{in} 代表本征应力。热应力来自于薄膜与衬底之间热膨胀系数的不同，也就是热学性能不匹配所导致的结果，这与材料本身的特性有关，当衬底材料和薄膜材料确定后，热应力也就随之确定。而本征应力则来自于薄膜的内部结构，本征应力的产生本质上是由于粒子在表面吸附过程中所产生的相互作用力。本征应力的大小和性质取决于薄膜内部缺陷的种类、数量、分布以及它们之间的相互作用，因此，薄膜生长过程中是否引入缺陷对本征应力影响很大。本征应力按其发生的位置，又可以进一步细分成界面应力和生长应力：界面应力是指存在于薄膜和衬底交界面处的应力，是由薄膜结构和衬底结构在界面处的晶格失配引起的；而生长应力则是指在薄膜形成过程中由于生长条件等因素产生的缺陷、晶体无序、晶粒之间的相互作用等造成的相互作用力。因此，利用应力对高密度等离子体化学气相沉积设备的膜层质量进行表征也主要是针对生长应力。

在低温下生长的介质薄膜，其内部结构大多是非晶态的，它们与相应的晶体结构材料相比，在化学键键长和键角上都会发生不同程度的畸变，而薄膜自身具有恢复这种畸变的趋势，从而引起相互作用，最终导致应力的产生[19, 20]。目前文献对于高密度等离子体化学气相沉积生长的介质薄膜的应力研究相对比较少，J. Yota 等人[21]指出高密度等离子体化学气相沉积生长的介质薄膜的应力与等离子体增强化学气相沉积相似，而与低压化学气相沉积（low pressure chemical vapour deposition, LPCVD）相反，因此，可以用等离子体增强化学气相沉积的薄膜应力来推断高密度等离子体化学气相沉积生长的介质薄膜的应力情况。M. S. Haque 等人[22]指出等离子体增强化学气相沉积生长的介质薄膜会随着时间发生变化，该应力变化主要分三个阶段：表面吸附产生界面压应力、逆反应使畴区膨胀产生压应力、空洞吸水极化作用产生张应力，如图 7.9 所示。

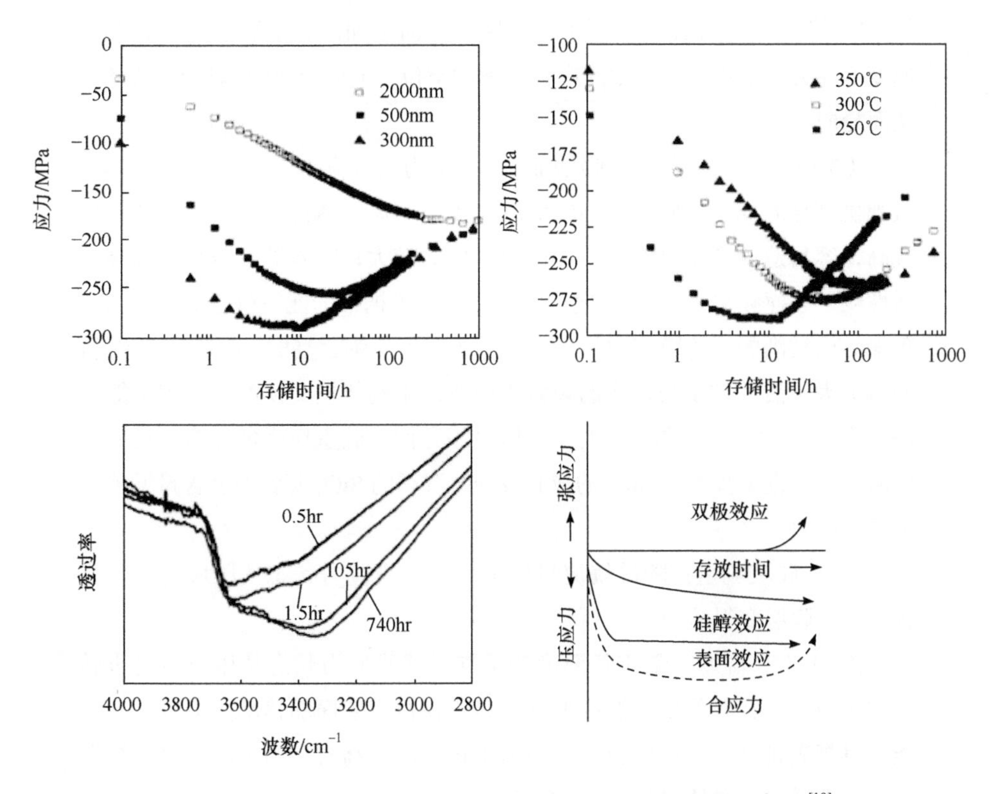

图 7.9　化学气相沉积生长的介质薄膜应力随时间变化示意图[18]

因此，基于上述研究可以得出，当生长的膜层致密（挤压）时对应压应力，反之，当生长的薄膜疏松（空洞）时对应张应力。进一步地，可以推断不同工艺参数的取值对于所生长的薄膜材料应力大小的影响如下。

（1）射频功率：随射频功率增加，所生长的薄膜材料的应力趋于向压应力增加的方向转变。微观机理推断如下：当功率增加时，反应活性粒子数目增加，使得薄膜沉积速率提高。如果沉积速率过快，会造成到达衬底或者底层薄膜表面的粒子还没有来得及进行规则排列就被后续到达的粒子所覆盖，堆叠的粒子之间发生相互挤压，使得薄膜呈现压应力状态。射频功率越大，离子轰击效应越严重，原子排列更紧密，而且薄膜内部缺陷也越多，压应力随之增大。

（2）射频频率：偏置电极控制离子轰击能量，源电极控制等离子体密度，当射频频率增加时，反应气体更容易发生离化，即等离子体密度增加，H^* 使膜层中 Si-H 的氢原子气化脱附，而参加沉积的原子由于其移动速度不够大而来不及填充中间产物留下的空位，最终形成的薄膜就会收缩，从而趋向于产生张应力。

（3）腔室压强：腔室压强增加，薄膜应力由压应力逐步转变成张应力。微观机理推断如下：腔室压强较低时，等离子体中活性粒子所携带的能量较高，容易造成离子轰击效应，薄膜压应力较大；随着腔室压强的提高，活性粒子碰撞频率 r_m 会适当地增大，活性粒子携带的能量就会减小，离子轰击效应被削弱，薄膜应力将会变小。当腔室压强过高时，碰撞频率 r_m 将变得更大，活性粒子与衬底的频繁碰撞所产生的能量交换的影响则不能忽略，薄膜应力将会出现再次增加。但另一方面，腔室压强增加时，反应产生的氢原子进一步参与 SiO_2 的成膜反应，沉积的 SiO_2 薄膜中氢含量增加，趋于压应力。

（4）硅烷流量：随硅烷流量的增大，薄膜应力状态从压应力转化为张应力，膜层变得疏松。

（5）生长温度：随生长温度的增加，薄膜应力状态从压应力逐步转化成张应力。在较低生长温度下时，离子在衬底表面的移动能力较弱，不能及时规则排列，形成压应力。而当生长温度过高时，由于副产物的挥发在薄膜内形成较多的空洞，形成张应力。但另一方面，温度增加、膜致密，表现为压应力。因此，还需要具体情况具体分析。

3. 湿法刻蚀速率

湿法刻蚀速率是一项重要的用于表征膜层质量的指标。我们知道在半导体工艺中利用氧化炉热氧工艺所形成的氧化层是最致密的，因此，湿法刻蚀速率用于表征膜层质量的方法之一即是比较高密度等离子体化学气相沉积氧化硅工艺与氧化炉热氧工艺之间的湿法刻蚀速率之比，该比值越接近于 1 也就说明高密度等离子体化学气相沉积氧化硅的膜层质量越好。一般而言，高密度等离子体化学气相沉积氧化硅的湿法刻蚀速率比不会大于 3。除了湿法刻蚀速率比，还可以利用湿法刻蚀速率均匀性来表征高密度等离子体化学气相沉积的膜层质量，一般要求该均匀性在 2% 以下。

4. 针孔空洞

折射率和应力可以反映微观的空洞或者孔隙，而针孔空洞则是宏观的，它可以被剖面的电子显微镜照片所观察到。但由于剖面只能看到晶圆某一个断面的情况，有可能会漏掉一些针孔空洞，因此，标准的针孔空洞表征方法是将晶圆进行化学机械抛光的整面减薄，然后再用颗粒测试仪表征表面的缺陷，因为针孔空洞在经过整面减薄后会在表面暴露出来形成缺陷。所有的介电质填充工艺都要求不能在工艺结束后出现针孔空洞。

7.3.3　颗粒与金属污染

第三类工艺评价指标是膜层之外能影响器件良率的因素，主要表现为颗粒和金属污染。

1. 颗粒

如第 1 章所述，颗粒是影响器件良率的重要因素。颗粒可以进一步细分成机械颗粒和工艺颗粒。机械颗粒是指未进行工艺，仅仅只是腔室的机械结构对晶圆产生的颗粒，而工艺颗粒是指做完工艺后在机械颗粒的基础上额外产生的颗粒。工艺颗粒可以通过调节工艺配方来调节，机械颗粒则需要保证腔室的各个硬件结构工作在正常状态。根据颗粒的大小和不同的工艺应用，会对颗粒指标提出不同的要求。在高密度等离子体化学气相沉积设备中做片间的清洗是降低颗粒的重要方法，一般由远程等离子体清洗系统来完成，且在执行清洗的时候最好在腔室中传入一片假片以遮挡住静电卡盘不被副产物污染。颗粒在等离子体中一般是带负电的，因此，在偏置电压的作用下，颗粒会悬浮在等离子体中[23]。当关闭偏置电压时，颗粒会掉落到晶圆上，在关闭偏置电压之前如何将颗粒吹扫出腔室是控制颗粒的一个重要因素。M’Saad 等人[24] 指出，在高密度等离子体化学气相沉积设备中强的溅射作用是引起缺陷（defect）的重要原因，而这些缺陷在表征时很容易被光学设备误判成颗粒。

2. 金属污染

在集成电路制造特别是前端线工艺中，金属离子需要被严格管控，因为晶体管的形成过程即是在本征硅中进行 P 型或者 N 型的掺杂，金属离子的引入会改变其掺杂浓度，从而破坏晶体管的结构。一般而言，对于像金或者铁等一些相对原子质量比较重的金属元素离子需要严格管控（一般应小于 10^{10} 个原子每平方厘米），而对于像铝等相对原子质量比较轻的金属元素离子可以稍微放松一些（一般应小于 10^{11} 个原子每平方厘米），这也是一般的等离子体设备的腔室材料采用铝的原因。并且，不同于颗粒只需要关注晶圆正面的颗粒，金属污染不仅要关注晶圆正面的金属污染，还要关注晶圆背面的金属污染，因为晶圆背面的金属污染也会在工艺过程中扩散到器件中去，但相对于正面的金属污染而言，晶圆背面的金属污染可以稍微放宽一些。

除了颗粒和金属污染，还需要考虑等离子体引起的器件损伤。针对等离子体引起的器件损伤这一问题，可以在器件的电路设计时引入一个保护二极管来减轻，但是在层间介电质填充工艺中，引入保护二极管这一方法不能解决等离子体容易损伤栅极氧化层的问题，这是由于等离子体释放的光辐射的能量高于栅极介电质的带隙，使得栅极介电质被击穿而变成导体。针对上述问题，Lee 等人[25] 指出，降低预热时间和射频功率以及调整预热步气体化学成分可以减轻等离子体引起的器件损伤。而对于金属间介电质填充工艺，由于金属的存在，更容易由于天线效应而产生等离子体引起的器件损伤。Kim 等人[26] 指出在主沉积（Main deposition）工艺之前的内衬层（Liner）沉积时通入顶端 SiH_4 可以减轻等离子体引起的器件损伤，另外，Kim 等人还指出，低的沉积工艺温度也有利于减轻等离子体引起的器件损伤。

参考文献

[1] 郭贤权 . 高密度等离子体填充浅沟道隔离产生空洞缺陷现象的解决方法研究 [D]. 上海 : 上海交通大学硕士学位论文 , 2016.

[2] Vellaikal M, Mungekar H P, Lee Y S, et al. Gapfill using deposition-etch sequence[P]. US Patent: US7329586B2, 2008.

[3] Radecker J, Weber H. Extending the HDP-CVD technology to the 90nm node and beyond with an in-situ etch assisted (ISEA) HDP-CVD process[C]. IEEE Advanced Semiconductor Manufacturing Conference and Workshop, 2003: 125-130. DOI: 10.1109/ASMC.2003.1194480.

[4] Wang A, Bloking J, Wang L, et al. Extending HDP for STI fill to 45nm with IPM [C]. IEEE International Symposium on Semiconductor Manufacturing, Santa Clara, CA. 2007. DOI: 10.1109/ISSM.2007.4446868.

[5] Roig J, Moens P, Bauwens F, et al. Accumulation region length impact on 0.18 μm CMOS fully-compatible lateral power MOSFETs with shallow trench isolation[C]. IEEE 21st International Symposium on Power Semiconductor Devices & IC' s, Barcelona, Spain, 2009: 88-91. DOI: 10.1109/ISPSD.2009.5158008.

[6] Fan C C, Chiu Y C, Liu C, et al. The impact of the shallow-trench isolation effect on Flicker noise of source follower MOSFETs in a CMOS image sensor[J]. Journal of Nanoscience and Nanotechnology, 2018, 18(6): 4217-4221.

[7] Noh H, Lee K, Lee D, et al. The design and characterization of CMOS image sensor with active pixel array of 2.0 um pitch and beyond[C]. IEEE Workshop on Charge-Coupled Devices and Advanced Image Sensors, Nagano, 2005: 197-200.

[8] Yota J, Brongo M R, Dyer T W, et al. Integration of ICP high-density plasma CVD with CMP and its effects on planarity for sub-0.5 μm CMOS technology[C]. SPIE. 1996, 2875: 265-274.

[9] Carroll M S, Brewer L, Verley J C, et al. Silicon nanocrystal growth in the long diffusion length regime using high density plasma chemical vapour deposited silicon rich oxides[J]. Nanotechnology, 2007, 18: 315707.

[10] Hsiao W C, Liu C P, Wang Y L. Thermal properties of hydrogenated amorphous silicon prepared by high-density plasma chemical vapor deposition [J]. Journal of Physics and Chemistry of Solids 2008, 69: 648-652.

[11] Mousinho A P, Mansano R D, Verdonck P. High-density plasma chemical vapor deposition of amorphous carbon films[J]. Diamond and Related Materials 2004, 13: 311-315.

[12] Roussy A, Delachet L, Belharet D, et al. Oxide HDP-CVD modeling for shallow trench isolation [J]. IEEE Transactions on Semiconductor Manufacturing, 2010, 23(3): 400-410.

[13] Mungekar H P, Lee Y S. High density plasma chemical vapor deposition gap-fill mechanisms[J]. Journal of Vacuum Science & Technology B, 2006, 24(2): 11-15.

[14] Nishimura H, Takagi S, Fujino M, et al. Gap-Fill process of shallow trench isolation for 0.13 μm technologies[J]. Japanese Journal of Applied Physics, 2002, 41: 2886-2893.

[15] Mungekar H, Geoffrion B, Kapoor B, et al. Heat and mass transport in HDP-CVD chamber[C]. Proceedings of HT2003, ASME Summer Heat Transfer Conference, Las Vegas, Nevada, USA, 2003: 1-5.

[16] Kapoor B, Karim M Z, Wang A, Hydrogen assisted HDP-CVD deposition process for aggressive gap-fill technology[P]. US Patent: US7595088B2, 2009.

[17] Ryu K H, Hwang J H, Seo D S, et al. Optimized process design of high density plasma-chemical vapour deposition of silicon oxide film[C]. 28th ICPIG, Prague, Czech Republic, 2007: 426-429.

[18] Kim J H, Chung C O, Sheen D, et al. Effect of fluorine incorporation on silicon dioxide prepared by high density plasma chemical vapor deposition with SiH_4 / O_2 / NF_3 chemistry [J]. Journal of Applied Physics, 2004, 96:1435-1442.

[19] Zhang X, Chen K S, Ghodssi R, et al. Residual stress and fracture in thick tetraethylorthosilicate (TEOS) and silane-based PECVD oxide films[J]. Sensors and Actuators A, 2001, 91: 373-380.

[20] Carlotti G, Doucet L, Dupeux M. Comparative study of the elastic properties of silicate glass films grown by plasma enhanced chemical vapor deposition[J]. Journal of Vacuum Science & Technology B, 1996, 14(6): 3460-3464.

[21] Yota J, Hander J, Saleh A A. A comparative study on inductively-coupled plasma high-density plasma, plasma-enhanced, and low pressure chemical vapor deposition silicon nitride films[J]. Journal of Vacuum Science & Technology A, 2000, 18(2): 372-376.

[22] Haque M S, Naseem H A, Brown W D. Residual stress behavior of thin plasma-enhanced

chemical vapor deposited silicon dioxide films as a function of storage time[J]. Journal of Applied Physics. 1997, 81(7): 3129-3133.

[23] Hwang H H, Kushner M J. Regimes of particle trapping in inductively coupled plasma processing reactors[J]. Applied Physics Letters, 1996, 68(26): 3716-3718.

[24] M' Saad H, Desai S, Witty D, et al. Plasma-Induced defect generation on silicon surfaces in HDP-CVD processing[C]. 2000 5th International Symposium on Plasma Process-Induced Damage, Santa Clara, CA, USA: 42-45.

[25] Lee J W, Kim H W, Kim H J, et al. Reduction of plasma-induced damage during HDP-CVD oxide deposition in the inter layer dielectric (ILD) process[J]. Microelectronic Engineering, 2011, 88: 2489-2491.

[26] Kim S Y, Lee W S, Seo Y J. Prevention of plasma-induced damage during HDP-CVD deposition[J]. Journal of Materials Processing Technology, 2004, 147: 211-216.

第8章

集成电路中的炉管工艺与装备

8.1 集成电路中的炉管工艺

立式炉管被普遍地应用于集成电路制造的多个环节。在立式炉的批量生产中，这些批处理炉的每一步生产成本低于单片加工方法。因此，立式炉的应用非常广泛，包括氧化、退火工艺、低压化学气相沉积 (LPCVD) 层处理，如沉积的氧化物、多晶硅和氮化硅等。此外，立式炉也可用于先进制程所必需的原子层沉积（ALD）工艺处理，立式炉基本结构如图 8.1 所示。

随着集成电路技术发展，用于集成电路量产的立式炉的挑战之一是提高生产效率，包括产量（每小时处理的晶圆数量）、洁净室占地面积和资本成本。立式炉可一次同时加工 50 到 200 片晶圆 [1]。晶圆在碳化硅、石英或者晶舟上间隔几毫米放置。在处理过程中，晶舟垂直地站在一个反应器中，该反应器由加热元件和一个反应腔室组成。反应腔室的材质通常是石英或碳化硅。加热元件可以在 100~1200℃之间精确控温。

第8章　集成电路中的炉管工艺与装备

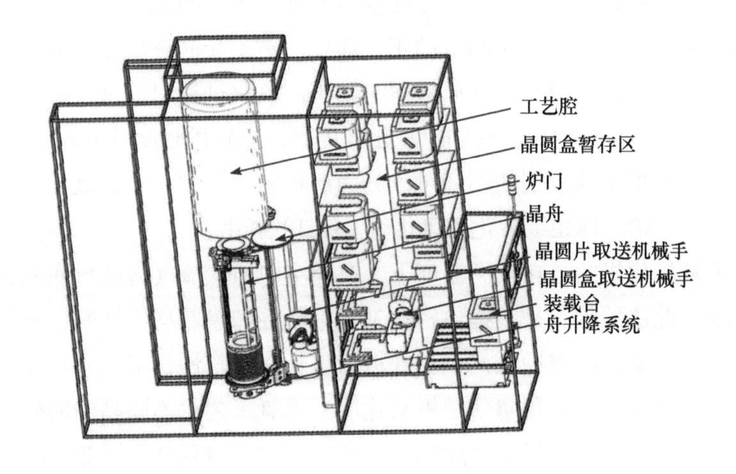

图 8.1　立式炉基本结构分布

8.1.1　炉管氧化和退火工艺

1. 热氧化工艺

二氧化硅由于其良好的绝缘性能和化学稳定性，与硅材料之间独特的界面性质和简单可靠的制备方法，成为集成电路领域应用最为广泛的材料之一，既可作为互补金属氧化物半导体（CMOS）电路中器件的绝缘栅介质成为器件的重要组成部分，也可作为集成电路的介质隔离材料；既可作为氮化硅与硅之间的应力缓冲层，也可作为离子注入时的阻挡层；既可作为多层互连金属层之间的介质材料，也可作为对电路和器件进行钝化用材料。

热氧化法是硅基集成电路中制备高质量二氧化硅最简单易行的方法，且栅氧和场氧化层都是用热氧化工艺生长，主要原因是热氧化的二氧化硅才具有最高质量的氧化层和最低的界面陷阱密度。热氧化法是通过将氧气或者水汽在一定的温度（700~1100℃）和气压（高压、常压或低压）下与硅基底反应形成二氧化硅的过程。立式炉为热氧化工艺最为广泛应用的载体，其卓越的高温稳定性和批式处理方式既保证了成膜质量又提高了生产效率。

集成电路领域制备的二氧化硅基本上都是非晶的无定形氧化硅，都是以 Si 为中心，Si、O 原子组成的正四面体。对于非晶态氧化硅原子，无序程度越大，其密度越小，介质折射率越小。氧化过程中，氧气或者水汽穿过二氧化硅层，到达硅衬底和二氧化硅界面，与硅衬底反应生成二氧化硅。热氧化工艺根据氧化剂的不同可以分为四种氧化类型：干氧氧化、湿氧氧化、二氯乙烯（DCE）氧化和氯化氢（HCl）氧化。

干氧氧化指的是在较高温度下，在腔室中通入氧气将硅衬底氧化为二氧化硅，此法的优点是结构致密，工艺重复性和膜厚均匀性好，掩蔽性能强且对光刻胶的附着性较好；其缺点为生长速率较慢，不适合较厚氧化层生长，而比较适合制备超薄栅极氧化层。干氧工艺对不同晶向的硅衬底的氧化速率是不同的，通常 <110> 和 <111> 晶向的硅衬底氧化速率比 <100> 晶向的要快一些。其化学反应式如下所示：

$$Si + O_2 \longrightarrow SiO_2 \tag{8.1}$$

湿氧氧化是将一定比例的氢气和氧气在特制的点火装置中燃烧反应生成水汽引入反应腔室，用水汽将硅氧化成为二氧化硅，由于水蒸气在氧化硅中的扩散比氧气更快，溶解度更高，其沉积速度比干氧要快得多，但反应生成的氢分子会封闭在固态二氧化硅内部使氧化膜密度减小缺陷增多。湿氧对硅衬底的晶向敏感性差，不同晶向的湿法氧化速率是基本一致的。其化学反应式如下所示：

$$Si + 2H_2O \longrightarrow SiO_2 + 2H_2 \tag{8.2}$$

二氯乙烯氧化是用氮气经过鼓泡器载携着二氯乙烯与氧气混合后进入反应腔室，在两种气体混合进入腔室的过程中二氯乙烯和氧气反应生成二氧化碳和氯化氢，氯化氢继续和其余的氧气反应生成水汽和氯气，因此混合气体进入腔室后与硅反应生成二氧化硅，由于混合气体中含有一定量的水汽会加快氧化速度，此外由于氯气与轻金属离子结合产生高温下易挥发的氯化物，氯化物随着残余气体排出腔室，从而达到净化腔室，提高氧化膜的膜质和降低界面处的电荷堆积，但多余的氯离子会引发电路器件的不稳定，因此需要保证二氯乙烯用量适当。其化学反应式如下所示：

$$C_2H_2Cl_2 + 2O_2 \longrightarrow 2CO_2 + 2HCl \tag{8.3}$$

氯化氢氧化与二氯乙烯氧化过程相似，氯化氢首先与氧气反应生成水汽和氯气，如式（8.4）所示，水汽可以提高氧化速度，氯气还可以净化腔室环境，提高氧化膜质量，而且氯化氢代替二氯乙烯也避免不必要的微量元素碳引入腔室，对膜质产生有害影响。但是氯化氢由于具有强烈的腐蚀性，对于供气系统和反应部件的防腐蚀钝化和设计要求较高。

$$4HCl + O_2 \longrightarrow 2H_2O + 2Cl_2 \tag{8.4}$$

2. 退火工艺

退火工艺也称热处理工艺，集成电路制造中所有在氮气、氢气或者氧气等特定气氛中进行的热处理工艺都可以称为退火。由于退火工艺一般都要求温度较高，控温精度较为严格，这正是立式炉优势所在；其次，退火工艺一般对于退火时间要求严格。因此，批式的立式炉热处理方式在保证工艺质量前提下可成倍提升工艺产能。

不同应用场景下，退火的作用也不同，主要可分为以下几类：

（1）激活杂质，使不在晶格点位上的掺杂离子移动到晶格点位上，以便具有电活性，生成自由载流子，起到掺杂的作用。

（2）消除损伤，离子注入后回火工艺是为了修复因加速的高能离子直接打入薄膜而造成的损毁区（注入衬底中的杂质离子运动中将硅原子撞离本来的晶格点位，致使薄膜晶体的特性发生变化）。而这种退火工艺可利用其时间、温度来调控全部或局部的活化注入离子的功能。

（3）氧化工艺中的退火主要是为了降低界面态电荷密度，从而降低氧化硅的晶格缺陷。

（4）金属互联制程中的退火主要是为了促进铜金属结晶，降低电阻，修复刻蚀界面，降低等离子体损伤。

（5）合金化退火是在氮氢混合气氛下进行，其主要目的为提高抗氧化能力、促进互连金属的冶金接触和器件的电学性能和可靠性。

8.1.2　炉管低压化学气相沉积工艺

低压化学气相沉积（low pressure chemical vapor deposition， LPCVD），把包含生成薄膜元素的气态反应物或液态反应源的蒸气，以适当的流速和流量引入反应腔室，在薄膜衬底表面发生化学反应并在其表面沉积薄膜的过程。低气压化学气相沉积主要分为以下几个步骤：

（1）反应气以适当的流速进入反应腔室内，气流以平流形式，流速保持不变。

（2）反应气从边界层通过扩散方式达到衬底表面，边界层是硅片表面与气流主区域之间流速扰动的气流薄层。

（3）反应气吸附在衬底表面上，成为吸附原子或分子。

（4）吸附原子或分子在薄膜衬底表面发生化学反应，从而沉积成薄膜。

（5）化学反应生成的气态副产物和未反应的反应气离开衬底表面，进入气流主区域而被排出系统。

集成电路制造中沉积各种薄膜最为广泛的方法之一就是低压化学气相沉积，该工艺可用于沉积多种薄膜，如氧化硅、多晶硅、氮化硅和高介电薄膜等。低压条件下可以降低不必要的气相反应，提高气体扩散速率，从而提高薄膜均匀性。LPCVD 工艺过程中，反应源吸附在衬底表面后，会保持一定的表面迁移能力，这使得 LPCVD 工艺生长的薄膜具有良好的台阶覆盖率。但是，低压条件下薄膜生长速率相对较慢。立式炉低压化学气相沉积设备基于批式的高产能处理方式和高温控温优势在低压化学气相沉积工艺中应用广泛。

1. 低压化学气相沉积多晶硅

多晶硅常用作金属氧化物半导体晶体管（MOSFET）器件的栅控制电极，通过与沟道感应电荷来控制电路的开关，多晶硅薄膜表面 SEM 形貌图像如图 8.2 所示。多晶硅栅电极功函数可以通过离子注入进行选择性的调节，因而为 CMOS 器件制备提供了方便。此外，多晶硅还可通过重掺杂作为器件的导体或者通过调整掺杂浓度作为一种电阻元件[2]。

多晶硅是通过硅烷（SiH_4）在低压和 600~650℃温度下热分解生成，其反应副产物氢气通过排气管路排出腔室。当反应温度低于 580℃时热分解可以发生，但生成的是无定形的非晶硅。由此，反应温度区间和温度敏感性决定了采用立式炉设备批量处理的优势突显。多晶硅多用于栅电极或其他导电元件，因此，电阻率成为一项特有的关键参数。而电阻率受到结晶的晶粒尺寸影响，晶粒尺寸又与反应温度强相关，所以立式炉多晶硅沉积需要精确的温度控制，且各个温区之间温度差不可过大。因此，需要多个进气孔对气体分布进行补偿，保证反应气体均匀分布。其化学反应式如下所示：

$$SiH_4 \longrightarrow Si + 2H_2 \quad (8.5)$$

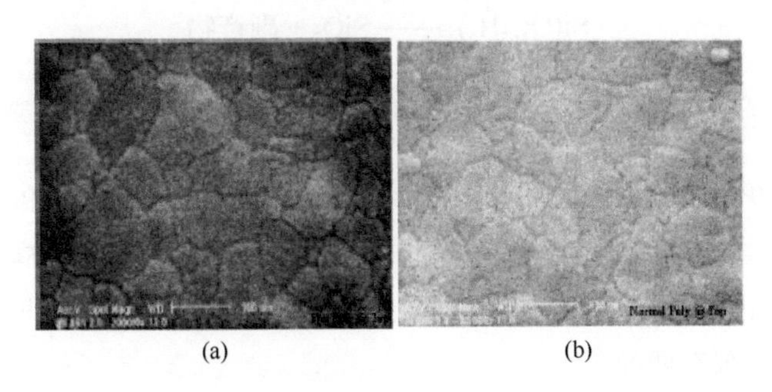

(a) (b)

图 8.2 多晶硅薄膜表面 SEM 形貌图像 [3]

2. 低压化学气相沉积氧化硅

由于热氧化法沉积的氧化硅薄膜具有优异的电学特性，且工艺简单、成本较低，因此集成电路领域一般都首先选择热氧化法沉积氧化硅薄膜。但热氧化法需要在硅基底上氧化生成，而集成电路制程中某些步骤中是没有硅暴露用以实现氧化的，因此，需采用化学气相沉积工艺来沉积二氧化硅以达成器件所要求的功能或者结构。低压化学气相沉积氧化硅立式炉设备以其批式处理的价格优势在二氧化硅设备中占有一席之地。

低压化学气相沉积立式炉工艺主要分为两类：

一种为二氯二氢硅（DCS，SiH_2Cl_2）与笑气（N_2O）在 700~900℃反应生成二氧化硅、氮气和氯化氢气体，业界通常称为高温氧化硅沉积（high temperature oxidation，HTO）工艺，这种方法制备的二氧化硅薄膜均匀性和电学性能较好，缺点是反应温度较高，受限于器件制程的热预算，一般用作逻辑器件的隔离层（spacer）和存储器的电子保持单元 ONO 结构。其化学反应式如下所示：

$$SiH_2Cl_2 + 2N_2O \longrightarrow SiO_2 + 2N_2 + 2HCl \quad (8.6)$$

另外一种则为中温氧化硅沉积工艺，硅酸四乙酯（四乙氧基硅烷、TEOS、$Si(OC_2H_5)_4$）在500~700℃的低压条件下热分解为二氧化硅和气态混合副产物，故此工艺也俗称“立式炉TEOS工艺”，由于具有较好的台阶覆盖性，立式炉TEOS工艺多用于隔离氧化层（spacer OX）和刻蚀的硬掩膜。其化学反应式如下所示：

$$Si(OC_2H_5)_4 \longrightarrow SiO_2 + \text{副产物} \tag{8.7}$$

3. 低压化学气相沉积氮化硅

低压化学气相沉积工艺是氮化硅主要的制备方法。氮化硅以其良好的水汽和金属离子扩散阻挡性质可用于器件的钝化层，由于氮化硅氧化速度较慢，可用作区域选择性氧化的遮蔽层等。而低压化学气相沉积氮化硅立式炉工艺主要有两种：

一种为二氯二氢硅（DCS）和氨气（NH_3）在650~800 ℃低压条件下反应生成氮化硅、氢气和气态的氯化铵，集成电路制造业称之为“立式炉DCS氮化硅沉积工艺”。此法制备的氮化硅薄膜均匀性好、产量高、薄膜质量好且刻蚀率低，在氢氟酸中的刻蚀率远低于氧化硅，因此与氧化硅结合可实现湿法清洗过程中良好的选择刻蚀性。立式炉DCS氮化硅沉积工艺主要应用于有源区刻蚀的硬掩膜生成，掩膜将不希望刻蚀的衬底区域遮蔽保护；其次，可应用于多晶硅栅极侧壁保护层生成，以遮挡离子注入过程中的掺杂离子进入栅极和衬底沟道；还应用于生成栅氧化层的保护层，遮蔽不希望氧化的区域。其化学反应式如下所示：

$$3SiH_2Cl_2 + 4NH_3 \longrightarrow Si_3N_4 + 6H_2 + 6HCl \tag{8.8}$$

另外一种立式炉低压化学气相沉积氮化硅方法为六氯乙硅烷（HCDS）与氨气（NH_3）在550~650℃低压条件下反应生成氮化硅和气态的氯化铵和氢气，一般称之为“立式炉HCD氮化硅沉积工艺”。这种方法制备的氮化硅除了DCS氮化硅的优点以外还具有反应温度更低的优势，在集成电路发展过程中能满足器件对热预算（thermal budget）越来越严格的要求，但六氯乙硅烷常温下为液态，需要一整套液态源汽化和液态补液的自动控制系统辅助完成工艺过程，且使用六氯乙硅烷的成本较高。立式炉HCD

氮化硅沉积工艺主要用于栅极侧壁的氮化硅隔离层（spacer SiN），相较于氧化硅隔离层，氮化硅隔离层对于源漏极重掺杂离子阻挡效果更好，更加有利于浅掺杂区域的浓度精确控制。其化学反应式如下所示：

$$3Si_2Cl_6 + 8NH_3 \longrightarrow 2Si_3N_4 + 3H_2 + 18HCl \tag{8.9}$$

8.1.3 炉管原子层沉积工艺

原子层沉积（atomic layer deposition，ALD），原称原子层外延（atomic layer epitaxy，ALE），是在反应腔室内交替通入不同的反应前驱体，两种气体通入间隔引入惰性气体将除了发生表面吸附以外的未反应气体和副产物吹扫去除，如此保证化学反应只在表面发生（图 8.3）。由于表面吸附反应的自限制效应，吸附一层原子层后不再发生吸附，因此原子层沉积反应的每个循环沉积的薄膜厚度很小，一般为 0.5~2 Å。严格意义上讲原子层沉积也是一种化学气相沉积，只是将连续的化学气相反应以间歇式的方式分割为两个独立的吸附反应过程和表面化学反应过程。

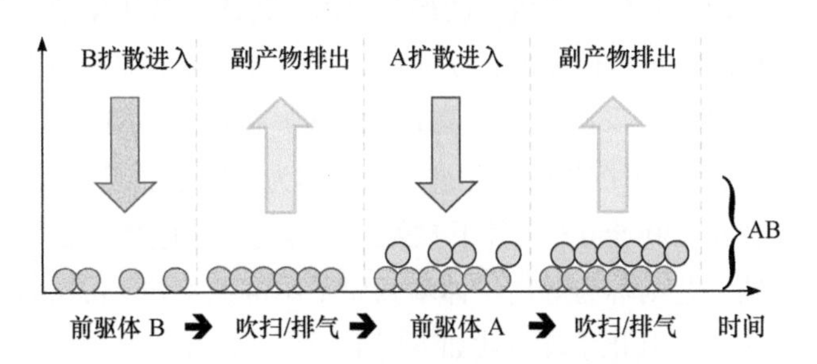

图 8.3　原子层沉积工艺过程示意图

20 世纪六七十年代，苏联科学家 Aleskovskii 和 Koltsov 发明了原子层沉积工艺，此后芬兰科学家 Suntalo 在研究电致发光薄膜平板显示器时完善了对原子层沉积技术的研究 [4]。虽然原子层沉积技术发明较早，但是由于表面吸附反应限制其薄膜生长速率较慢，难以达到工业生产所需的生产效率。到 20 世纪 90 年代后，随着集成电路产业不断迭代发展，器件的关键尺寸持续微缩，集成电路制造过程所需薄膜厚度相应减小，此时相较于成膜速率，成膜的均匀性和台阶覆盖率成为制约集成电路发展的更为重要的因素，且原子层沉积工艺所需反应温度更低，更有益于控制集成电路器件工艺制程中的热预算。而原子层沉积自限制的逐层生长的特点，使得成膜具有良好的均匀性和台阶覆盖率，且由于其将化学反应分割为两个独立过程，给工程技术更多的空间来对薄膜性质进行微调，因此，原子层沉积技术进入了快速发展时期。

进入21世纪，随着集成电路工业对原子层沉积设备的需求增大和成本压力，立式炉原子层沉积设备受到越来越多的关注，立式炉原子层沉积工艺以其批式的处理方式巧妙地补偿了原子层沉积技术的沉积速率低的缺点，虽然原子层沉积的成膜速率较低，但立式炉原子层沉积工艺批式地一次处理多片晶圆，大幅度提升了集成电路的生产效率，有力推进了集成电路工业生产的进程。

1. 立式炉原子层沉积氮化硅

氮化硅薄膜因其优良的氧化遮挡性能和离子阻挡能力以及与氧化硅较高的选择比一直被集成电路工艺应用所青睐。随着集成电路特征尺寸微缩带来的成膜均匀性和台阶覆盖率的严苛要求，传统的低压化学气相沉积氮化硅工艺已很难满足器件需求，立式炉原子层沉积设备应运而生。立式炉原子层沉积设备一般采用二氯二氢硅（DCS）和氨气（NH_3）为反应源，在550~650℃的条件下沉积的氮化硅工艺常称为热原子层沉积工艺（thermal ALD）；或者在450~550℃条件下二氯二氢硅与射频电离的氨气自由基反应生长氮化硅工艺则称为等离子体增强原子层沉积工艺（plasma enhanced ALD，PEALD）。其化学反应式如下所示：

$$3SiH_2Cl_2 + 4NH_3 \longrightarrow Si_3N_4 + 6H_2 + 6HCl \tag{8.10}$$

2. 立式炉原子层沉积氧化硅

氧化硅作为集成电路工艺最为常用的薄膜材料，基本由传统的热氧化或者低压化学气相沉积制备，但随着三维结构器件的出现，低压化学气相沉积已经无法满足三维结构的高深宽比成膜需求。此外，集成电路特征尺寸的微缩也对热预算要求更加严格，所以要求成膜的工艺温度更低，因此热氧化法的应用也受到限制。立式炉原子层沉积氧化硅工艺一般利用氢气与氧气在500~600℃低压条件下混合产生未完全反应的高能态的氧自由基将六氯乙硅烷氧化为二氧化硅。此法在无射频配置的设备中即可用氢气来激发产生自由基，以降低反应温度，在集成电路领域是一种非常新奇的工艺思路，但是氢气的引入对设备硬件的安全性要求更高，且六氯乙硅烷作为液态化学品需要一套可靠的液化气系统配置。其化学反应式如下所示：

$$Si_2Cl_6 + 3H_2 + 2O_2 \longrightarrow 2SiO_2 + 6HCl \tag{8.11}$$

8.2 炉管中的批式 ALD 设备

8.2.1 批式 ALD 设备概况

前面提到的原子层沉积 (ALD) 是通过交替的表面自限 (self-limiting) 反应来生长高质量且均匀性更好的薄膜。这种技术虽早在 20 世纪七十年代就已经诞生，但由于成膜速度相对缓慢，原料转化率低等原因，在当时还无法成为一种经济有效的生产方式。不过时至今日，随着近年来各领域相关科技的发展，其他薄膜生长技术纷纷逐渐达到性能极限，这为 ALD 开辟出了新的商业应用可能性。随着器件特征尺寸不断减小，结构设计变得越来越复杂，要求集成电路制造开发一种薄膜沉积工艺，在电路图形 (pattern) 的深宽比很大的情况下，也依然可以实现将薄膜厚度精确控制到纳米量级，且具有良好的台阶覆盖率和保形性。而这些严苛的应用场景恰恰都是完全发挥 ALD 技术竞争优势的绝佳领域。

自限反应表现出一种饱和生长的性质，即每个生长循环 (growth cycle) 不论引入前驱体气体的剂量多少，晶圆表面所能接收的剂量是有限的，直至达到饱和能力 (saturation ability)。这种特性赋予了 ALD 一些实际的优点，比如大面积生长的一致性，也包括在大批量晶圆上成膜的均匀性。再加上 ALD 把化学气相沉积反应分割成一个个循环，又在每个循环内分解成化学反应的单个步骤，如此就能有效地控制成膜进程和反应速度，实现在微小尺度上也能够对薄膜生长进行调整的能力。

这么看来 ALD 几乎是一种理想的薄膜沉积方法，限制它使用的主要是生长速率低以及原料成本所带来的对经济效益的负面影响。不过，在集成电路生产中衡量产能的指标是“每小时处理的晶圆数量”(wafer per hour，WPH)，也就是说即便生长速率不高，只要能在单次内处理足够多的晶圆量，那也是能实现极高的生产效率的。将立式炉这种可单次处理 100 枚以上晶圆的大批量处理设备与 ALD 技术结合起来，就可以与 ALD 形成优势互补，发挥出 ALD 在微小尺寸器件制程工艺中的巨大潜力。

20 世纪 90 年代后期随着半导体市场持续扩大，晶圆量产尺寸开始向 300 mm 转变。当时 ALD 主要用作开发工具，所以市场非常小，而且主要以单片处理设备为主，批式 ALD 的作用没有得到关注。然而，进入 2000 年之后开始改变，2006 年以后 ALD 的数量激增，其中也包括炉管这样的批式 ALD 设备。批式 ALD 的市场份额的增加主要归功于许多不同的应用，例如用于自对准双重成像技术（self-aligned double patterning, SADP）的 SiO_2 薄膜、DRAM 电容器核心绝缘层的高介电常数介质薄膜（如 HfO_2、ZrO_2）和用于电极的 TiN 接触层，以及 TiN 金属栅极。批式 ALD 技术在越来越多的工艺环节上被验证成功，不断满足逻辑和存储器件对薄膜工艺越来越严格的要求，同时也通过降低成本实现了经济效益。此外，利用低温等离子体辅助来降低工艺热预算以及原料气体成本，使 ALD 平台在市场上获得了更广泛的应用。而炉管的批式 ALD 因其在产能和空间使用率上的绝对优势，通过将更多像等离子体这样的交叉技术融合进来，近些年不断巩固了其在批式 ALD 的市场地位。遵循半导体市场的长期技术发展方向，炉管的批式 ALD 将进一步开发以保持和提高内部均匀性和成膜质量，进一步释放其产能的上升空间。

8.2.2 批式 ALD 设备硬件结构

立式炉管的批式 ALD 设备分为热原子层沉积（thermal ALD）和等离子体增强原子层沉积，即 PEALD，前者一般使用 O_3、H_2O、NH_3，后者一般使用 O_2、NH_3、N_2 等作为反应气体，与相应前驱体（如作为 Si 源的 DCS 或作为 Al 源的 TMA，等等）交替通入立式炉管进行吸附反应，生成氧化物或氮化物薄膜。立式炉管的批式 ALD 设备都是基于立式炉结构框架，即具备前开式晶圆传送盒（front opening unified pod，FOUP）的储存空间，再通过机械手将晶圆传入装载区域（loading area）装载到晶舟上，最后通过晶舟升降机构将晶圆带入反应腔室。

不同的是，ALD 每个工艺循环中前驱体引入和排出的快速切换需要最大限度地保证前驱体气体能够最大程度均匀地扩散到晶圆表面。为了提高气体流动的方向性，炉管一般会装配供不同前驱体通入所专用的多孔喷射器 (multi-hole injector）。因为喷射器吹出的反应气体是从晶圆近侧进入，晶圆近侧的扩散浓度一般远大于远侧，所以为了保证晶圆面内的均匀性则必须在工艺处理中开启晶舟的旋转。转速会设定在每分钟 1~3 周的程度，一般要根据前驱体通入和吹扫时间计算出一个合适的转速，使反应气体能够在每个工艺循环均匀地覆盖到晶圆表面。另外，转速的调节也与前驱体的类型有关，对于有些前驱体，微小的调节可以对成膜的面内均匀性起到显著的改善。

炉管的排气口一般会设置在底部，一方面是为了吹扫（purge）中的对流换气效率，另一方面也是为了方便设备的维护作业。而为了能够通过压差将前驱体气体更多地带向到晶圆表面，排气口的方位一般不会选在喷射器（injector）同侧的位置 [5]。但有时也会在喷射器的正对面配置一个特殊的排气通道连接到底部排气口，这是因为对于有些分子质量大或分解温度低的特殊前驱体，需要排气端的改善来保证扩散的均匀性或是减少在管体内部的滞留时间。

低温等离子体增强 ALD 式炉管一般是将反应气体的喷射器改装成等离子体发生腔室（plasma reactor room）。利用射频或微波使通入其中的反应气体放电，再通过侧壁的喷射孔将激发的化学活性气体（radical gas）吹向晶舟。为保证均匀性，这种腔室一般会设计成长条形，且从炉管底部平行于晶舟延伸至顶部。而且因为自由基和电离化气体寿命很短容易失活，腔室会装配在距离晶舟很近的位置。图 8.4 是北方华创立式炉 ALD 设备的基础上安装等离子体发生腔室之后炉管主体的概念设计图。

另外，前驱体通入时间和吹扫时间等作为 ALD 工艺循环的特征时长（characteristic process time）都是用来与单片处理设备做比较的重要参数。表 8.1 汇总了单片 ALD 设备和炉管 ALD 设备特征时长的对比，可以看出批式 ALD 在产能上占据绝对优势，从经济效益观点出发是量产的首选方式。

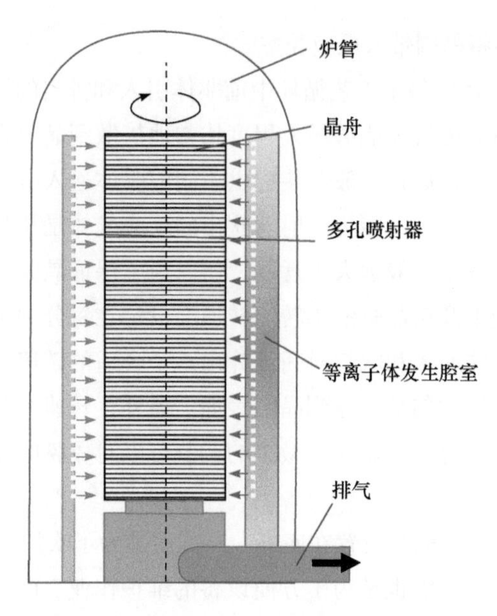

图 8.4 北方华创立式炉 ALD 设备概念图

表 8.1 单片 ALD 与炉管 ALD 在特征时长和产能上的对比

	单片 ALD 处理	炉管 ALD 处理
处理量 / 片	1	75
前驱体时间 / 秒	21.0	82.9
流动 + 扩散	0.7	62.6
吸附 + 反应	20.3	20.3
吹扫时间 / 秒	0.0	15.0
工艺循环		
前驱体 / 循环 (次)	2	2
吹扫 / 循环 (次)	2	2
循环数	80	80
晶圆动作耗时 / 秒		
晶舟装片	5	600
晶舟升温	20	1200
晶舟卸片	5	600
总耗时 /h	0.94	1.00
产能 /wph	1.06	15.00

注：上表是基于 TEMAH 与 O_3 反应生成 HfO_2 的工艺数据。工艺气压为 200mTorr。晶圆图像深宽比（aspect ratio）是 60。HfO_2 单分子层厚度为 0.18nm，本 ALD 工艺的单循环生长率为 0.7 个分子层，80 个循环达成膜厚 10nm[6]。

但是，尽管立式炉管在理论上具有反应气流场和温度场分布的均匀性，但在实际应用中气流分布均匀性很难得到控制（比如喷射器顶部的流速往往小于底部，而这又影响到温度分布，等等），这对炉管的结构设计提出了很大挑战，成为今后炉管 ALD 发展的重要课题。

8.2.3 批式 ALD 设备所能对应的集成电路薄膜

常见的批式 ALD 材料有 SiO_2、Al_2O_3、ZrO_2 和 Si_3N_4 薄膜。氧化物一般可以用 H_2O 或 O_3 作为氧化剂，氮化物一般可以用 NH_3。表 8.2 中给出了批式 ALD 的一些反应条件。

表 8.2 ALD 材质与反应温度、面内均一性的数据对比

薄膜	温度 /℃	片间不均率上限
SiO_2	150 ~ 600	1.5%
Al_2O_3	100~ 400	1.5%
ZrO_2	150~ 300	2.0%
Si_3N_4	300~ 650	1.5%

当器件进一步缩小尺寸进入延续摩尔定律（More Moore）的时代，新材料的使用和厚度控制到原子级精度对薄膜沉积技术提出新的要求，但这些却都有利于炉管的批式 ALD 技术的发展。比如 DRAM 中的 MIM 电容介质材料，随着这层薄膜做得越来越薄导致无法再继续使用早期传统的多晶硅而转为高介电常数（High-κ）材料。从 2005 年开始，三星在 90 nm 节点 DRAM 开始在电容介质上引用 High-κ 材料，起初是使用单层 HfO_2 薄膜，后续又在 58nm 节点中演变成 $Zr_xO_y/Al_xO_y/Zr_xO_y$(ZAZ) 这样的三层结构，再加上两端 TiN 电极就形成了金属－绝缘体－金属 (MIM) 电容器结构。类似的 AlO/ZrO/TiN 组合结构也出现在同期海力士和镁光的 DRAM 产品中。炉管批式 ALD 可以用来生长 High-κ 和 TiN 薄膜，而且也能应对越来越复杂的三维电容结构，所以在以 DRAM 为代表的存储器件制造中扮演着越来越重要的作用。目前生产中的 High-κ 材料大多是二元化合物，近年来为了进一步增加介电常数也出现了对多元化合物 (如 $Hf_xZr_{1-x}O_2$ 等) 的 ALD 研究，相信将来炉管 ALD 设备将会有更广泛的应用。表 8.3 罗列了一些目

前批式 ALD 所能制作的薄膜以及它们的应用领域。

表 8.3 批式 ALD 所能制作的代表薄膜以及它们的应用

薄膜	应用例
SiO_2	双重成像、间隔层、表面钝化层
Al_2O_3	刻蚀硬掩膜、栅极氧化层、钝化层
HfO_2	电容介质层、光学特性层
ZrO_2	电容介质层、光学特性层
TiO_2	光学特性层
AlN	钝化层、栅极绝缘层
Si_3N_4	刻蚀停止层、刻蚀硬掩膜、牺牲层
TiN	金属接触层、电极层

1. 立式炉的标准 ALD 模式运用例

标准 ALD 模式是采用两种前驱体气体交替通入腔室，两者间插入吹扫的经典 ALD 模式。以 Al_2O_3 这种广泛用作刻蚀硬掩膜和刻蚀停止层的多功能材料为例，立式炉 ALD 制备 Al_2O_3 薄膜一般使用标准 ALD 模式，即单个 ALD 工艺循环的前半段安排一次 O_3 处理和一次 N_2 吹扫，后半段再安排一次 TMA(三甲基铝) 吸附反应和一次 N_2 吹扫。温度一般会设定在 300~350℃。TMA 广泛使用在 ALD 一方面是因为它较高的饱和蒸汽能够短时间提供大流量高浓度的 Al 原料，另一方面是因为它能与 O_3 等反应气体快速反应。在立式炉中 TMA 能在几秒之内到达所有晶圆表面，这使 Al_2O_3 的产能极其可观。其化学反应式如下所示：

$$2Al(CH_3)_3 + O_3 \longrightarrow Al_2O_3 + 3C_2H_6 \tag{8.12}$$

同样是运用典型 ALD 模式，对于一些饱和蒸汽压和分解温度都较低的前驱体，比如制备 ZrO_2 的 TEMAZ，蒸汽压限制了供气速度，分解温度低制约了反应腔室温度不能太高，这样就使得产能表现变得相对不足。具体来看，就是炉管内供气耗时加长以及反应速度慢，TEMAZ 的吸附量随通入量的变化看起来不像 TMA 那样是一条快速饱和的曲线而是保持一个渐变的过程，光是通入时间往往就需要 20~30 秒，其直接导致的结果就是很难兼顾产能和覆盖率问题。

2. 立式炉的半 ALD 模式运用例

在实际应用中还存在另一种介于 CVD 和 ALD 之间的半 ALD 模式使用在炉管应用之中，在批式产能的基础上也兼具了 CVD 的高生长率以及 ALD 的高质量和高保形性。比如用在 TiN 制备的炉管 ALD，一般会采用单个循环前半段 NH_3 处理和一次 N_2 吹扫，后半段一次 $TiCl_4$ 吸附和一次 N_2 吹扫的处理安排。虽然这样制备出的 TiN 极为优质，具有极低的电阻率从而达到作为电极材料的良好特性，但因为产能极低所以失去了应用价值。一种解决办法是将后半段的 $TiCl_4$ 吸附也加入 NH_3 变为 $TiCl_4 + NH_3$ 气相反应沉积的 CVD 模式。CVD 会使薄膜中 Cl 的残留量增加影响膜质，但保留在循环前半段里面的 NH_3 的单步处理能够一定程度去掉 Cl 的多余残留。而且 ALD 中的 N_2 吹扫步骤也能将副产物的 HCl 尽快排出来保证膜质。总的看来，虽然一部分是 CVD 反应但主体还是 ALD 的方式，其结果是膜质没有太大的损失但产能却提高了好几倍。

3. 立式炉 ALD 的其他运用例

还有一些创新的变形 ALD 也用在立式炉 ALD 工艺中，比如，为了降低成膜温度，先用别的低温工艺手段沉积一层极薄的硅层，再用低温等离子体生成 N 或 O 的自由基（radical）来对这一层进行氮化或氧化使其变成氮化硅或氧化硅。然后，以此为工艺循环一直持续下去就可以形成氮化硅或氧化硅的堆栈（stack）薄膜。这种方式是循环化的原子层级别的沉积，所以也可归类于 ALD 工艺，运用在炉管中可以实现几种薄膜的快速切换成膜，比如用在 ONO 多层结构的制备中可以降低热预算和成本。

8.2.4 批式 ALD 设备的工艺说明

既然获得高产能是批式 ALD 的最大优势也是最大目标，工艺配方一般会特别关心单个工艺循环的时间成本，即前驱体通入步骤和吹扫步骤的最小饱和时间是多少。相比单片 ALD，炉管批式 ALD 中每一片晶圆所分配到的原料气体流量会相对较小，这就需要衡量如何才能达到表面化学位的充分反应以及对副产物充分的吹扫。不同工艺对象薄膜会选择不同的前驱体和 ALD 模式，这些差异都影响到工艺温度、前驱体流量、ALD 特征时长等参数的设定，这就需要工艺验证来得出最佳的炉管 ALD 工艺配方。

在工艺试验之前，常常会采用模拟仿真来快速预判这些参数的范围。比如流体场的仿真会基于喷射器类型，这可以提前对前驱体通入和吹扫的特征时长有一个大致把握。关于前驱体通入，关键仿真参数是前驱体覆盖所有产品晶圆片所需要的时间、扩散进沟槽所需的时间，还有吸附反应的饱和时间。关于吹扫，关键参数可以是充满整个炉管的时间和对流时间。仿真结果发现在标准压力为 500mTorr 时，对于使用表面平坦的晶圆的情况，前驱体覆盖全体晶圆的特征时长为 3 秒。当转换为使用带有沟槽图形的晶圆后，其特征时长会增加到 7 秒。这时可以考虑通过提高前驱体的流量对其进行改善。

同样在标准压力下，在对单孔排气配置的炉体进行仿真之后可以发现，对于特定前驱体气体填充的炉管，底部单孔在 1 秒之内就可以让吹扫气体到达炉管内的每个位置。但对于配置有特殊排气通道的炉体进行同样的仿真发现，这个排气时间会延长好几倍。所以这些仿真结果可以指导我们在使用特定前驱体气体时，使用接近炉管底部设置单孔来提高排气效率。当然，这一特征时长也可以通过使用更大的吹扫流量来实现缩短，但其改善空间可能将受限于泵的能力。如果流量过大，可能反而引起压力的增加，导致需要比预期更多的吹扫时间。

综上所述，模拟仿真有助于判断工艺特征时间，确定限制因素从而指导工艺优化方案，所以是重要的参考依据。在实际应用中需要不断进行工艺验证来对工艺配方进行完善。由于大量因素会影响到片间均匀性，如何提高产能是工艺评价的首要课题。

8.3 炉管中的热处理设备

炉管工艺中用于热处理的设备主要是氧化工艺设备与退火工艺设备。两款设备都需具备精密温度场控制、压力控制系统、气体均匀分布流场、材料表面处理以及智能化集成系统等立式炉设备的一般特点。以下分别介绍两者的工艺特点与设备差异。

8.3.1　氧化工艺设备

氧化工艺，从 20 世纪 50 年代末集成电路诞生开始，就作为不可或缺的基础工艺，持续运用在无数代硅芯片制程中。采用氧化工艺制备的二氧化硅与沉积方式制备的二氧化硅相比，具有致密性高、杂质含量少、界面态良好等优势，不过氧化本身需要消耗体硅材料，同时反应温度相对较高，所以对于关键尺寸控制和工程热预算管理有一定要求。目前常用于半导体中栅氧化层、隔离层、注入屏蔽层、应力缓冲层等的制作。

栅氧化层：MOS 结构中栅绝缘层是控制阈值电压与电流导通 / 截止的重要器件，对薄膜品质、电容性能、击穿电压等有很高要求。因为二氧化硅薄膜具有优良的电绝缘性，同时它与硅衬底接触的表面态密度又很低，因而采用热氧化制备的栅氧化层漏电率较低，并且有较高的击穿电场强度（击穿电场强度约为 13MV/cm），在 45nm 以上的集成电路中最常用作为栅绝缘层。

隔离层：由于磷、硼、砷等掺杂元素在氧化硅中的扩散速度比在硅中慢，二氧化硅作为介质隔离，制作成场氧化层，可以避免击穿电压降低和改善漏电流。一般而言，比 PN 结隔离的效果好。

注入屏蔽层：也被称为牺牲氧化层，指在离子注入前，用氧化炉生长一层非晶氧化硅层，使得注入离子进入时方向随机，抑制离子在硅晶圆片中的沟道效应和晶圆损伤（离子束在单晶衬底上沿晶格方向注入时，可能不受原子核的碰撞，致使离子注入深度远大于在无定型靶中的目标深度）。在注入完成后，再用氢氟酸溶液去除。

应力缓冲层：因为氮化硅与硅的晶格常数不匹配，两者之间存在较大的应力，若氮化硅与硅直接接触，易导致硅衬底碎裂或是颗粒污染，因此多采用氮化硅 / 氧化硅 / 硅结构，以此来释放随后生长的硅和氮化硅之间的应力。

热氧化的设备主要有平卧式和直立式两种，6 英寸以下的晶圆一般用平卧式氧化炉，8 英寸以上的晶圆大都采用直立式氧化炉进行处理。直立式氧化炉优势在于空间相对占比小，膜内均匀性和颗粒控制也好于平卧式氧化炉。以下重点介绍直立式氧化炉[7]。图 8.5 为北方华创直立式氧化炉设备示意图。

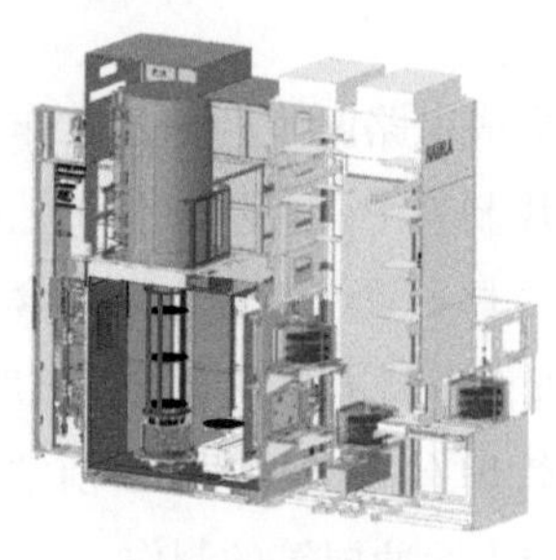
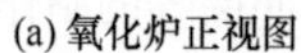
(a) 氧化炉正视图

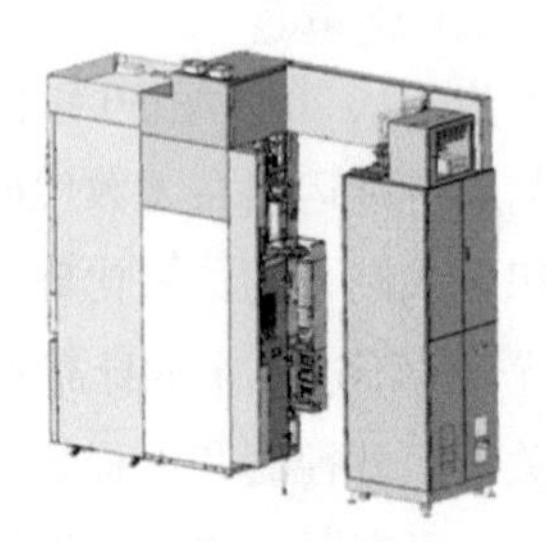
(b) 氧化炉后视图

图 8.5　北方华创直立式氧化炉设备示意图

直立式氧化炉管一般是由炉体与控温系统、前部传递装置和后部机械装置、进气系统与排气设备、反应腔与晶舟系统、洁净区以及软件显示系统等组成。

炉体与控温系统主要是实现多片（一般大于 100 片）晶圆在炉体内升降温精度控制与反应温度稳定均一。炉体一般采用五段式电炉丝加热，热电偶监测，通常温度控制精度在 ±0.5℃，恒温区间覆盖 125 片晶圆以上。工艺温度分布与控温曲线影响氧化均匀性，因此，升温与氧化区间由温控系统与 PID 系统根据热电偶实时监控值，协调各段加热器的输出功率达成最优温度曲线，而降温阶段则通过快速冷却系统（风扇 / 厂务吸风系统）来辅助调整降温速率。

前部传递装置由 FOUP 载入台、前端机械手、FOUP 存储单元组成，负责 FOUP 搬送和临时存放，以及与后部洁净区间环境隔离，减少颗粒污染。后部机械主要控制晶圆从 FOUP 传递到晶舟和晶舟的升降旋转动作。

进气系统负责各路反应气体源的开闭阀控制与流量控制，主要包含气动阀、质量流量计、点火枪等部件。由进气的气体源和方式差异，可分为干式氧化方式、湿式氧化方式、原位水汽氧化方式等。

干式氧化方式：在高温环境下，通入氧气与硅晶圆反应生成二氧化硅。优点为膜厚均匀性好、膜质致密、对杂质掩蔽能力强，但缺点是氧化速率较慢。在干式氧化通入氧气的同时，有时还会通入含氯气体，这样能减少氧化硅中的碱金属离子污染，提高氧化速率和器件的电学性能。

湿式氧化方式：高纯氢气和氧气通入石英腔室前，先在点火腔内进行燃烧生成水蒸气，然后水蒸气与氧气的混合物进入石英腔室与硅衬底反应生成氧化硅。氧化速率较干式氧化更快，但膜质不及干式氧化膜致密。为了安全起见，氧气必须提前通入而且过量，以防氢气爆炸。点火腔外观与内部结构如图 8.6 所示。

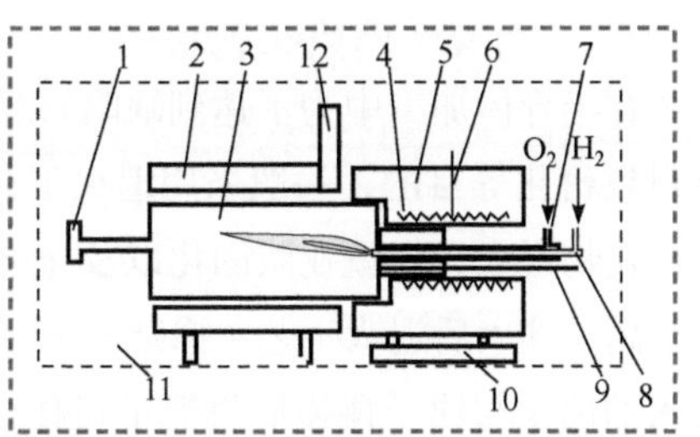

1-石英法兰；　2-水冷机构；3-石英腔室；　4-炉丝；
5-保温块；　　6-spike热偶；7-氧气进气管；
8-氢气进气管；9-profile热偶；10-定位机构；
11-装置箱体；　12-UV检测探头

图 8.6　点火腔外观与内部结构图

原位水汽氧化方式：氢气和氧气经各自管路直接通入石英腔室中，在炉管内原位反应生成活性很高的自由基（分子在光热条件下，共价键发生不均匀断裂而形成的带有不成对电子的原子或基团），与硅反应生成氧化硅，由于自由基活性高，氧化过程不受基底晶向影响，可以得到表面台阶覆盖率极好的氧化膜质。

排气设备主要是由抽气系统和排气压力控制系统组成。排气压力控制系统根据氧化工艺对反应腔室内压力的控制要求，又可分为相对气压控制、绝对气压控制和低压控制。相对气压控制由于受外界大气波动影响，只适用于膜厚精度较低的常压氧化工艺。随着集成电路的发展对于成膜精度尺寸要求不断提高，绝对气压控制和低压控制是目前氧化普遍使用的控制手段，其中绝对气压控制适用于近常压反应，而低压控制采用 VEC 真空阀自动控压结合真空泵抽气系统能使反应腔室压力迅速下降到指定的低压值，同时保持压力稳定，常用于高精度膜厚的低压氧化制程。

反应腔与晶舟系统包含批式反应腔、进气导管、直立式晶舟和保温片，一般都使用石英材质，减少杂质的引入。但工艺温度超过 1100 ℃的氧化工艺，设备需要考虑高温对晶圆和晶舟的热形变而改用碳化硅或者硅材质的长齿舟，石英反应腔外也需要加装碳化硅套管阻隔高温带来的外界杂质污染。需要注意的是碳化硅或者硅晶舟使用前，必须进行焙烤处理，以杜绝来自晶舟的杂质对于晶圆的污染。

8.3.2 合金化/退火工艺设备

在半导体加工中为了达到缺陷修复、离子活化、晶相转换、应力消除、材料致密化等目的，一般采用退火工艺，常见的如离子注入后退火、金属与硅化物退火、聚酰亚胺固化以及介电层水蒸气退火等。

离子注入后退火工艺：掺杂离子注入工艺结束后必不可少的处理手段。注入的离子与原子碰撞后将能量转移给晶格，使基底原子偏离晶格点位而造成注入损伤（晶格无序），进而影响少数载流子寿命和载流子迁移率，而杂质大多数存在于晶格间隙位置，也起不到施主或受主作用。通过高温热处理，消除晶格损伤，从而恢复了晶体中少子寿命和载流子迁移率，并使注入离子移动到正常晶格点位，实现一定比例的电激活（图 8.7）。

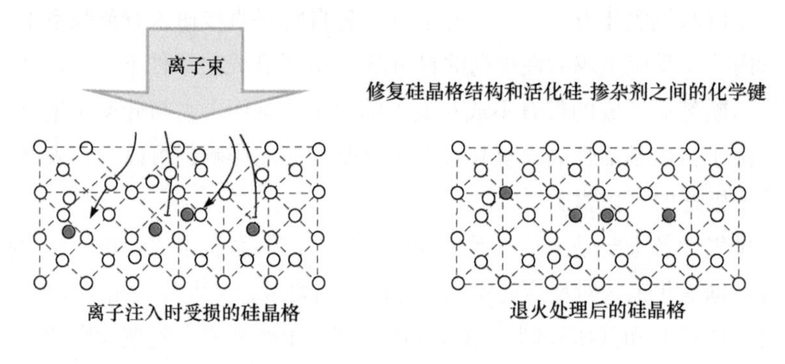

图 8.7　注入离子退火前后在硅晶格中的分布示意图

热处理也会对掺杂后的多晶硅晶粒生长产生影响。氮气气氛高温退火时，掺杂多晶硅会出现再结晶（即晶粒生长）现象。温度越高，晶粒生长得越大。对于掺磷、硼和砷的多晶硅，由于热处理过程中形成的原子团不同，晶界分凝不同以及分凝引起的晶界能变化的不同，导致掺杂类型对多晶硅晶粒生长的影响也不同。掺硼基本不影响多晶硅的晶粒生长，掺砷浓度高于 1×10^{19} cm^{-3} 时，浓度对晶粒生长略有增强作用；但在极重掺杂下，由于形成了抑制晶粒生长的原子团，晶粒尺寸反有减小现象。掺磷改变了晶粒扩散激活能和晶粒生长激活能，在恒定退火温度下晶粒尺寸随掺磷浓度的增加而增大；在重掺杂下，随退火温度的升高晶粒尺寸也迅速增大，可达微米级。

金属膜退火以铜为例，经过氮气退火处理以后，铜晶粒生长，电阻下降，并获得一定热稳定性和黏附力。对于金属导线制作，往往采用稀释的氢气/氮气混合气体进行退火，因为氢气的分子小且具有极佳的扩散性，在高温环境下氢气可扩散至层叠的结构中甚至到达基底的内部，从而移除因使用等离子体进行沉积介电层或刻蚀金属层所累积在基底表面的杂质和电荷，而且可以利用氢气修补材料内的悬挂键而使其形成稳定的键结。退火工艺也是金属硅化物制备中不可或缺的重要工程，其中退火温度和退火时间很大程度上影响到硅化物的电阻，其次金属与硅反应生成硅化物期间，由于体积缩小很大，导致硅化物膜产生很大的应力和机械强度，因此合适的退火温度会对应力调整有很大帮助。

聚酰亚胺固化工艺：聚酰亚胺（polyimide，PI）是一种含有酰亚胺环（—CO—N—CO—）的高分子材料，其主要由双胺类及双酐类反应聚合成聚酰亚胺酸（PAA）高分子，经涂布成薄膜经过高温亚胺化脱水形成，具有化学稳定性好、耐辐射、与基板结合好、电绝缘性优异等特点，可用于微电子封装、多层互连结构的层间绝缘、应力缓冲保护涂层、介电薄膜、芯片表面钝化等。

固化工艺具体步骤如下：

（1）将涂覆液态PI/BCB树脂的半导体芯片放入固化炉中，并通入氮气保护。

（2）加热固化炉，使PI涂覆的芯片达到第一温度，稳定一段时间后，使PI中的溶剂均匀分布。

（3）再将固化炉温度升高到第二温度，稳定一段时间，使PI中的溶剂充分挥发。

（4）再将固化炉温度升高至第三温度，稳定一段时间，在半导体芯片表面生成低介电常数的树脂薄膜。

（5）将固化炉的温度降至预定温度，关闭惰性气体，取出样品，完成固化工艺。

介电层水蒸气退火制程：防漏电的自旋电介质 SOD (Spin-on Dielectrics) 是一种常用于薄膜制备工艺的涂覆材料，可在晶体管之间起到绝缘作用。其前驱体主要成分为 Si-N-H 的多聚物，一般先将其均匀旋涂在晶圆表面后通过水蒸气退火的方式，逐渐取代其中的氮、氢成分，最终转换为绝缘性良好的二氧化硅。退火装置的水蒸气可采用氢气与氧气经过催化燃烧生成，然后通入反应腔室，在逐步升温中渗透到 Si-N-H 膜内反应。

集成电路中使用的退火炉装置与直立式氧化炉管类似，也是由炉体与控温系统、前部传递装置和后部机械装置、进气系统与排气设备、反应腔与晶舟、洁净区以及软件显示系统组成。出于安全性和可靠性考虑，必须在管路接头和排气端设置气体检测器与尾气预处理装置。

氧气含量检测器，能精确地测量热处理设备的反应腔室和洁净区内部氧气含量，直至反应内部氧气含量低于一定阈值后，再进行退火热处理，以保证制备硅晶圆的质量[8]。

如果退火中需要使用爆炸极限范围很宽的氢气，还必须在适当位置安装相关浓度检测器，检测机台环境与尾气中氢气浓度，以确保工艺和人员安全。

温度是决定很多退火工艺质量的关键，所以炉体与控温系统需要做优化设计，以实现升降温速率高、温度恢复快、超温幅度控制符合产品要求，控温精度高与可重复性。

排气设备主要是由抽气系统和排气压力控制系统组成。排气压力控制系统根据退火工艺对反应腔室内压力的控制要求，一般分为常压控制系统和低压控制系统。其中，介电层水蒸气退火工艺需要在低压环境下进行，选用自动控压方式，确保反应释放的气体排出，有利于提升膜质。抽气系统根据腔室压力的使用范围，常压选用厂务抽气方式，低压多采用效率更高的真空泵抽气方式。

退火设备的排气设备内一般配置有专门的尾气处理系统，包括氮气稀释方式 / 尾气加热燃烧方式 / 洗涤塔方式：

1）常压退火炉低浓度尾气处理——氮气稀释方式

从腔室出来的低浓度氢气，与大量的稀释氮气混合后，一起排入厂务酸排管路内，如图 8.8 所示。

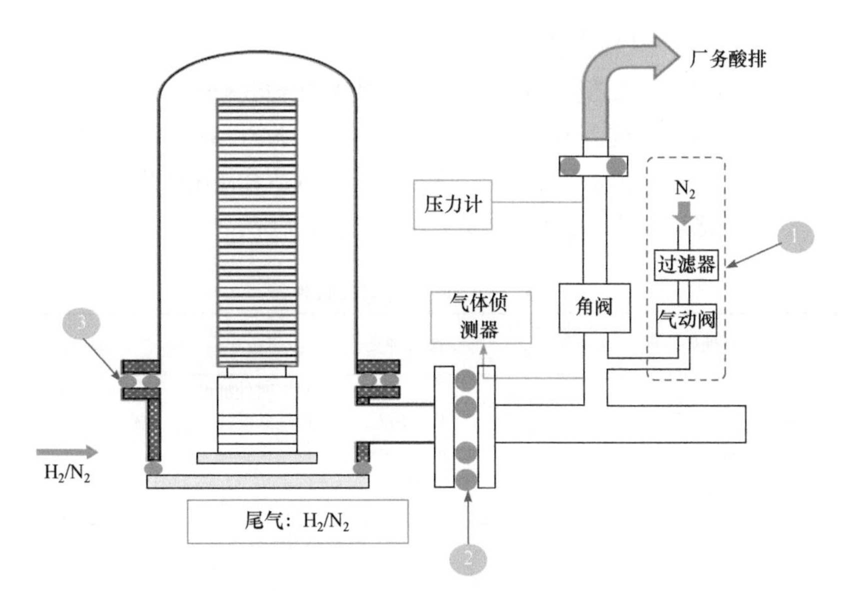

图 8.8　带氮气稀释的退火炉结构图

1. 稀释氮气；2. 排气管法兰：双密封圈；3. 岐管基座：双密封圈

2）常压退火炉高浓度尾气处理——加热燃烧

工艺尾气通过角阀进入加热器中，未反应的氢气与吸入的空气在高温下反应生成水蒸气排放至厂务端废气处理装置，如图 8.9 所示。

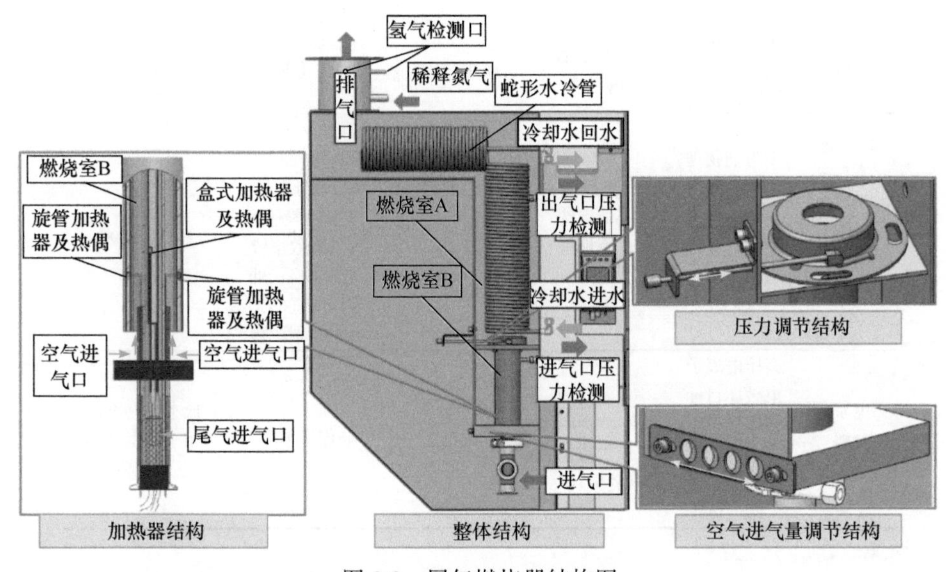

图 8.9　尾气燃烧器结构图

3）低压尾气处理装置——洗涤塔

腔室内排出的工艺尾气被真空泵直接抽入洗涤塔(scrubber),经过加热、吸附、洗涤、化学反应等方式,处理成无害物质后排至厂务端废气处理装置,易溶于水的尾气经由水槽排出。含氢气类的尾气适合使用电热水洗式和燃烧水洗式洗涤塔。洗涤塔类型与参数性能如表 8.4 所示。

表 8.4　洗涤塔类型与参数性能

洗涤塔	处理原理	处理废气类型	废气种类	优点	缺点
电热水洗式	热氧化处理废弃物，电加热废气至800~1100℃	燃烧产物可溶于水的可燃、自燃气体	H_2、SiF_4、DCS、NH_3、HCl	可同时处理可燃性和酸性气体，处理效率高于 95%；运转成本低	无法处理 PFCs，粉末易堵住腔室及水洗部分管路，因此维修频繁
燃烧水洗式	通入 O_2（空气）高温燃烧处理可燃气体，其最高温度可达1600℃	多数可燃气体（包括全氟化物）	PFCs、H_2、SiF_4、DCS、NH_3、HCl	升降温速度快，对有害气体破坏率高；可同时处理燃烧性气体(SiH_4、H_2)、腐蚀性气体(HCl、SiF_4)及 PFCs 气体，其处理效率皆高于 95%	使用甲烷 (CH_4)当燃料，高耗能；易产生 NOx、CO、C_2H_4 等副产物
填充水洗式	采用水逆流式淋洗废气吸收污染物	易溶于水的气体	HCl、HBr	运转成本低	只可处理易溶于水的气体，效率低
干式吸附式	吸附剂物理和化学吸附去除废气污染物；催化氧化 CO 为 CO_2	不能燃烧、不能湿洗的毒性气体	CO、HCl、HF、SiCl、SiF_4、ClF_3、PFCs	操作安全性高；可同时处理 PFCs 气体及酸性气体，其处理效率皆高于 99%；处理后的气体无有害性副产物	运转成本高
电浆分解式	高压电离子束破坏目标气体分子间的化学键，从而分解目标气体	主要处理一些性质比较稳定的废气	PFCs	处理效率高	成本高，不适用于粉尘过多的工艺

传统的炉管退火制程由于升降温速率较慢，一般为5~50℃/min，而且热预算大，对于深亚微米的部分工艺不太适合，因此快速热退火工艺有了越来越多的使用场景。

快速热退火：用辐射热源直接加热样品表面，迅速将样品温度升至700~1200℃左右，在秒级时间内完成退火。与常规退火相比，有下列优点：退火温度较高，有利于提高注入杂质的迁移率与激活率，尤其适合于杂质激活温度要求达到1000℃或是大剂量离子注入的样品，因为大剂量注入造成的损伤严重，需要在较高温度下退火，瞬态退火可以降低注入杂质的再分布而形成陡峭的杂质分布或突变结。

目前半导体领域常见的快速热退火方式有激光热退火、电子束热退火、灯管辐射热源（如卤灯、石墨加热、电弧灯）快速热退火。它们的共同特点是在瞬间使单片晶圆的某个区域加热到所需温度，并在较短时间内（10^{-3}~10^{-2}秒）完成退火。图8.10为灯管辐射热源式快速退火腔室结构图。

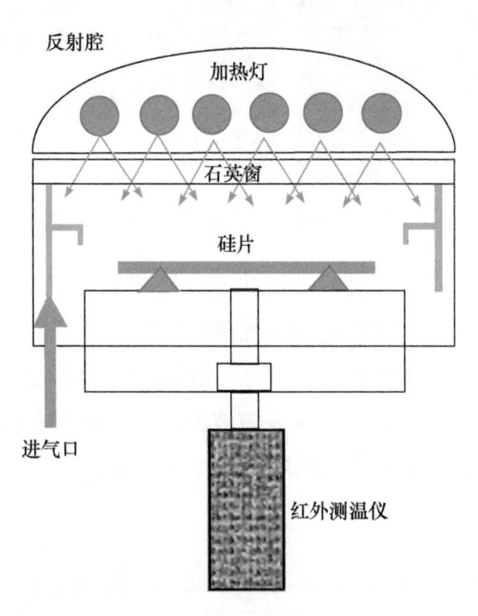

图8.10　灯管辐射热源式快速退火腔室结构图

以灯管辐射热源快速热退火设备为例，一般是由反射腔、加热灯丝、石英窗、进气系统、晶圆承载系统以及红外测温仪组成，如图8.11所示。不同于高温炉管首先对晶圆片边缘加热，在快速热退火系统中，热源直接面对晶圆片表面，同时晶圆承载系统有旋转功能，使得处理大直径晶片时也能保证工艺均匀性和升、降温速率达到要求。测温仪也是快速热退火的关键环节，热电堆是最常见的电热测温计，其工作原理是塞贝克效应，即加热后的金属结会产生电势差，且与温差成正比。另外一种是光学高温计，通过测量某波长范围内的辐射能量，再利用斯特藩－玻尔兹曼（Stefan-Boltzman）关系式（黑体的总放热能力与它本身的绝对温度的四次方成正比）将能量值转为辐射源的温度。

图 8.11　传统快速热处理腔室内实物图

微波等离子体退火：针对传统快速热处理工艺 (RTP) 在工艺过程中引起杂质再扩散，导致难以制造浅结器件的问题，而开发出了微波退火，有效降低了热预算，且能够解决杂质再扩散的问题。相比传统 RTP 退火，微波退火机理具有特殊性，其不仅有微波的热效应还有非热效应，使得微波退火能够在较低的温度下实现晶格修复和杂质激活。

8.4　炉管在集成电路等离子体设备中的应用

8.4.1　炉管原子层沉积设备的等离子体应用介绍

随着集成电路制造技术的迅速发展，芯片工艺制程的关键尺寸也在不断地缩小，互补金属氧化物半导体（CMOS）的栅极结构也从≥ 28nm 制程的平面型发展到 14nm 的鳍型立体结构（FinFET）甚至到 3nm 的环栅型立体结构（GAA）。相同大小芯片在微观结构的改变使其集成度也以指数级增加。集成度的每次提升引领了以芯片为核心的电子产品的不断升级，直接改变了人们的日常生活。芯片技术的发展也对集成电路制造装备提出了越来越高的要求，集成电路产业化不仅需要高端技术的投入，也需要考虑制造成本的控制。在支撑芯片先进制程的薄膜沉积设备中，有些为单片处理设备，工艺的组合体现在可以把不同成膜单腔在一台设备平台上有机结合。 这类设备通常造价昂贵，产线设备成本投入很高。在成膜原理相同的基础上，炉管晶圆批处理设备，在相同的工艺标准下，能够同时处理几十甚至上百片晶圆，成膜效率大大提高，也对芯片制造成本的降低起到了明显的作用。

在集成电路先进制程的技术驱动下，炉管设备正在从传统的氧化、退火、LPCVD 等工艺设备逐渐延伸到 ALD 先进工艺设备。图 8.12 展示了相同工艺原理的单片 ALD 设备是如何演变成为炉管 ALD 设备，愈发严格的工艺要求也促使炉管设备的硬件设计不断创新，更多的新技术也逐渐应用其中。炉管 ALD 设备与单片 ALD 设备的一大区别在于，炉管 ALD 属于热壁腔室，有工艺恒温区，极大地保证了每片晶圆处于相同的温度条件下进行薄膜沉积，从而有效控制成膜的批次工艺的稳定性和一致性。随着先进工艺制程对于成膜热预算有更高的要求，越来越多的成膜工艺需

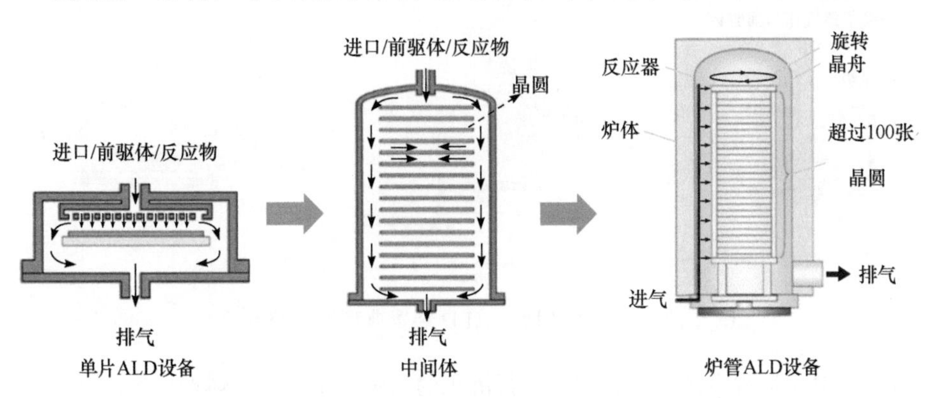

图 8.12　ALD 设备的演化

要在较低的温度下进行。因此，炉管 ALD 逐渐引入了等离子体增强技术，通过射频激发等离子体活化气体参与反应，从而实现了工艺温度的降低。

等离子体增强原子层沉积过程与热原子层沉积过程的不同之处在于，在反应前驱体暴露步骤中，等离子体激发了被用来冲击晶圆表面的反应气源。这些物质可以包括带电等离子体物质，如电子和离子，也可包括离化的中性自由基。这些物质可以内部激发或以其他方式反应产生。等离子体是在等离子体源中产生的，等离子体源使用射频解离引入的气体，通常是 O_2、H_2、N_2、NH_3 或其混合物。存在多种等离子体源以及不同的等离子体增强原子层沉积装置。例如，等离子体由直接放置在衬底的电极所激发产生（所谓的“直接等离子体”）；或者等离子体源可以置于离衬底一定距离的位置。远程等离子体 ALD 和自由基增强的 ALD 属于后一种情况，其区别在于晶圆表面上方的带电等离子体存在与否。

不同形式的等离子体反应腔室结构被用于 ALD 集成电路制造设备上。而 PEALD 的反应腔室设计则优先考虑如何有效地使高通量的等离子体到达晶圆表面，再者，等离子体反应腔室设计也旨在限制或控制能量离子和电子的通量，以降低对晶圆和腔室的潜在损伤。典型的等离子体反应腔室主要有三种，分别为直接等离子体型、远程等离子体型和自由基增强型，如图 8.13 所示。

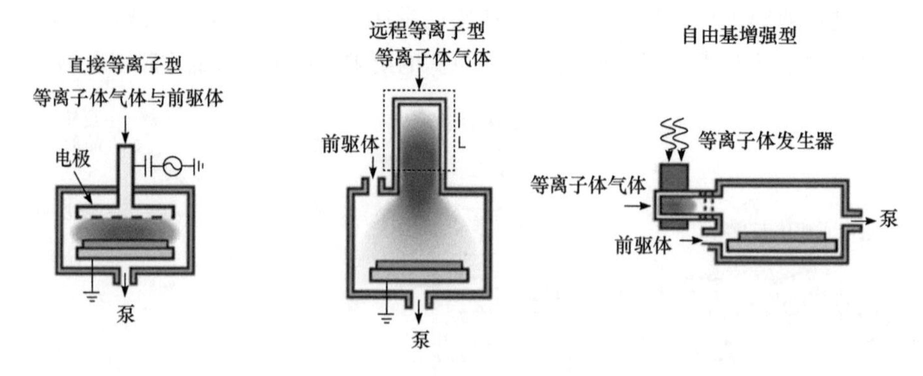

图 8.13　等离子体增强 ALD 装置典型工艺腔室结构

对于远程等离子体，用来进行沉积的晶圆位于等离子体产生区之外。而在直接等离子体型装置中，进行沉积的晶圆位于主等离子体区内，参与等离子体的产生。这样看来，等离子体的产生可以是远程的，即使等离子体源位于沉积晶圆上方。通过控制工艺参数，可以减少或增加粒子到晶圆的通量，从而控制薄膜沉积的效果。自由基增强型腔室结构通常指的是，等离子体中的自由基有足够的寿命到达晶圆表面区域参与薄膜沉积。炉管等离子体增强 ALD 设备的腔室类似于自由基增强型结构，如图 8.14 所示。

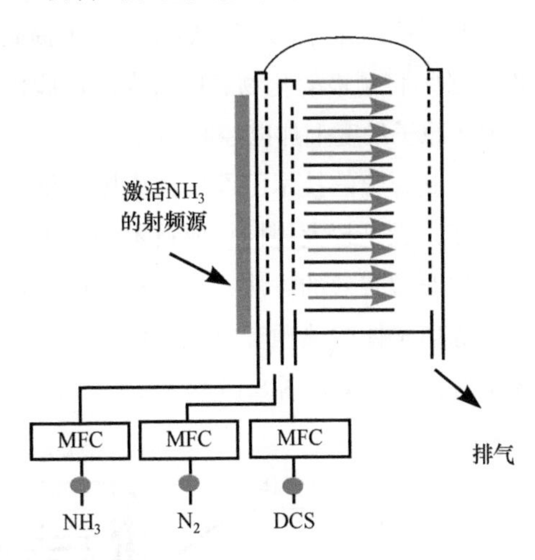

图 8.14 立式炉管等离子体增强原子层沉积氮化硅腔室示意图

原子层沉积工艺是通过反应前驱体在晶圆表面发生化学吸附反应来实现的。通过等离子体激发反应前驱体，可以获得更多的能量来驱动表面反应，这样就可以有效地降低 ALD 工艺温度（有几种在室温或接近室温时的 ALD 工艺）、还可以将更多的反应前驱体应用于 ALD 工艺，提高 ALD 的成膜速率（growth-per-cycle）等。另外，等离子体在反应腔室中的引入，可以对在晶圆衬底上已经沉积的薄膜进行工艺处理，比如致密化处理以及一些杂质的去除等。这样一来，就可以起到材料性能改善的作用。当然，等离子体增强原子层沉积工艺也存在缺点，比如：离子和真空紫外线辐射与衬底相互作用造成的等离子体损伤，以及衬底表面自由基重组导致的高深宽比结构共形性的降低。然而，根据工艺和材料的不同，保形沉积也可以在集成电路结构的沟槽和通孔中进行，深宽比理论上可达 15~60。

8.4.2 炉管原子层沉积氮化硅设备的等离子体应用

沉积氮化硅薄膜在集成电路制造中有多种用途。它在集成电路中用作最终钝化保护层，在硅选择性氧化中用作屏蔽层，在非易失性存储器件中用作堆叠的氧化 - 氮氧化层中的介电材料，在浅沟槽隔离中用作化学机械研磨（chemistry mechanical polishing，CMP）停止层，作为电荷撷取闪存(charge trap flash，CTF) 中的电荷存放层。然而，为了提高超大规模集成电路（ULSI）的密度，必须将栅极氧化物和电容介质薄膜做得更薄。因此，这些薄膜的性质必须在原子尺度上加以控制。

等离子体沉积氮化硅薄膜的技术已经广泛应用于集成电路制造的各个环节，支持低沉积温度，满足超大规模集成技术的要求。等离子体技术是活化前驱体气体的一种非常有效的方法，产生高密度的自由基，使氮活化物的比例增加。炉管等离子体的热预算也比较低。等离子体增强原子层沉积氮化硅的工艺气路与腔室结构如图 8.15 所示。

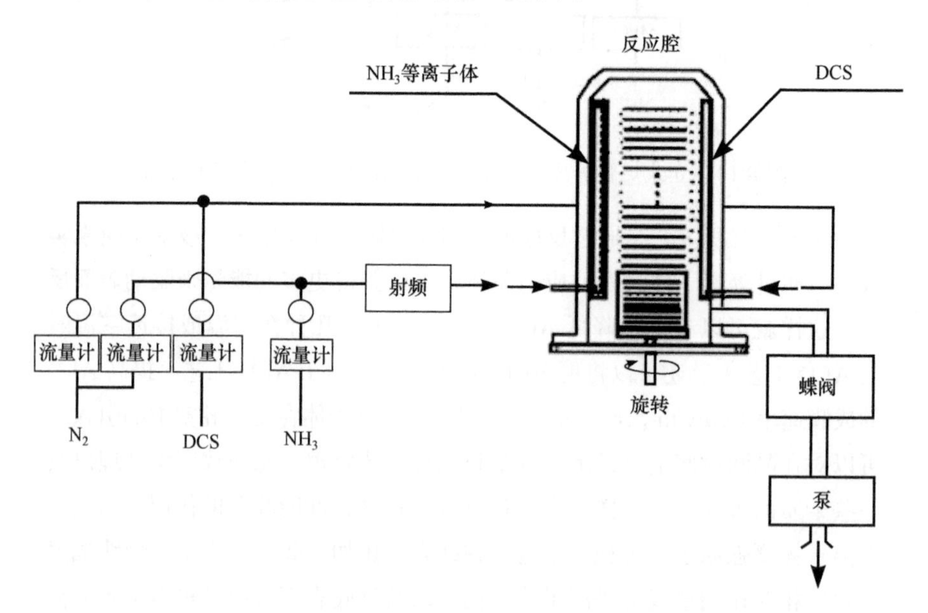

图 8.15 立式炉管等离子体增强原子层沉积氮化硅装置图

在 300mm 硅晶圆上沉积氮化硅薄膜（Si_3N_4），沉积温度范围在 400 ~700℃，压力＜ 1Torr，反应前驱体二氯二氢硅 (DCS, SiH_2Cl_2)、氨气

(NH_3) 和氮气分步骤注入石英管中。通过校准的质量流量控制器进行气体流量调节，NH_3 的等离子体则由射频装置激发。反应腔室总压力由校准的压力表监测，并由安装在反应腔室和真空泵之间的气动蝶阀控制。

原子层沉积利用连续的、自限制的表面反应实现了原子层控制和保形沉积。PEALD 工艺包括四种过程，分别是化学吸附、反应前驱体吹扫、表面等离子体处理和反应副产物吹扫，如图 8.16 所示。在每个反应周期(cycle)中，ALD 膜与原始衬底保持非常均匀和保形，由于反应被化学吸附驱动到完成，所以 ALD 膜可以非常均匀地沉积到原始衬底上且与其保持形状的一致性。这种成膜特性对先进制程中氮化硅薄膜的制备至关重要，从而使氮化硅薄膜在 ALD 体系中得以发展。在硅源热脉冲沉积之后，再用 NH_3 等离子体脉冲处理硅晶圆表面，从而制备了氮化硅薄膜。

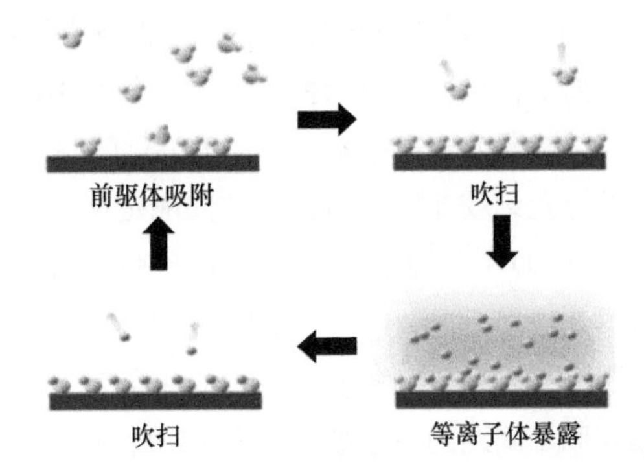

图 8.16 等离子体增强原子层沉积（PEALD）单周期步骤原理图

由于等离子体氨很容易通过射频激活分解为活性自由基，因而开发了等离子体增强工艺，减少工艺热预算。NH_3 等离子体的活性自由基包括：NH^*_2、NH^*、N^*_2 和 H^*，它们被射频能量激活，NH^*_2 和 NH^* 是等离子体增强过程中连续的中间体。这一过程很容易在沉积周期的早期产生端基氢表面，因为自由基中包含氢原子的能量大于热氢原子，使得在 Si 表面的氮化硅生长孵育时间降至零。

为了解决等离子体增强 ALD 的 NH_3 自由基，必须考虑专用射频功率、暴露于 NH_3 气体的时间和 NH_3 流量。不同的射频功率会影响氮化硅沉积速率的物理性质，如刻蚀速率、膜应力、折射率和 H 浓度。随着射频功率的增加，薄膜刻蚀速率会略有降低，膜应力表现出拉伸特性，折射率（RI）则保持基本恒定。

在通常工艺温度下，提高 PEALD 过程中 NH_3 的流速，不会强烈影响 NH_3 自由基（NH_2^* 和 NH^*）的活性。在沉积温度小于 550℃时，氮化硅沉积动力学活化能（E_a）为 0.1eV。采用等离子体增强原子层沉积制备氮化硅薄膜，并通过控制成膜温度、等离子体射频功率、NH_3 气体流动时间和 NH_3 流量等参数来控制薄膜的特性。

8.4.3　炉管原子层沉积氧化硅设备的等离子体应用

等离子体增强 ALD 工艺的应用越来越广泛，炉管设备制造商也在产品中加入了等离子体增强 ALD 反应腔，用来合成低热预算的薄膜。例如，用 O_2 沉积来防止 H_2O 渗透的屏障封装聚合物或有机器件的低温氧化物。另一个体现等离子体增强 ALD 性能的应用是晶圆图案成像技术，该技术最近已被引入到最先进的半导体工艺技术节点的制造中。等离子体工艺的成膜温度可以与光刻胶兼容，所以在“间隔定义的双重成像（double pattern, DP）”中，PEALD 工艺用于在有图案的光刻胶的晶圆上沉积氧化膜，通常是 SiO_2，如图 8.17 所示。ALD 工艺提供了良好的保形性，可以完全均匀地覆盖光阻图案。在 SiO_2 的各向异性刻蚀和光刻胶去除后，一个有图案的 SiO_2 硬掩膜在原始间距的一半被创造出来。此外，图案的线宽由 SiO_2 薄膜厚度决定。因此，间隔定义的双重成像显著地扩展了现有光刻能力。

图 8.17　自对准双重成像技术原理图

随着集成电路关键尺寸不断缩减，氟化氩（ArF）浸没光刻图案法已达到工艺分辨率的极限，不能满足先进工艺的需求。DP 工艺则被用作替代技术，该技术可用于制作 14nm 节点的刻蚀掩膜图案，也可能用于 7nm

节点。虽然，目前已经引入了几种图案成型技术，如曝光－刻蚀和自对准双重成像技术，但曝光－刻蚀技术对套图精度的要求较高，容易造成图案偏差。与此同时，自对准 DP 作为一种容易形成重复模式的有效手段而受到广泛关注，目前主要应用于逻辑和存储器件。

在进行自对准 DP 时，具有良好图案覆盖性能的原子层沉积膜，常被用作间隔掩膜，但当在图案上使用光刻胶时，由于光刻胶的耐热性不高，沉积过程必须在 130℃以下完成。通过使用光阻作为图案，可以简化自对准 DP 工艺。

如图 8.18 所示，描述了一种用于自对准 DP 的间隔掩膜的新型 ALD SiO_2 薄膜，其被用于光刻胶图案的 CD 缩小，该工艺成功地在炉管原子层沉积二氧化硅（ALD SiO_2）设备上实现。此 ALD SiO_2 工艺使用氨基硅源和射频激发 O_2 等离子体氧源，接近室温的工艺温度也免除了沉积系统中主加热器的需求。超低温沉积薄膜工艺减少了炉体加热带来的高能耗以及冷却水、电力和强制通风等的使用量，不仅降低了设备运营维护成本，也有益于节能减排、保护环境。

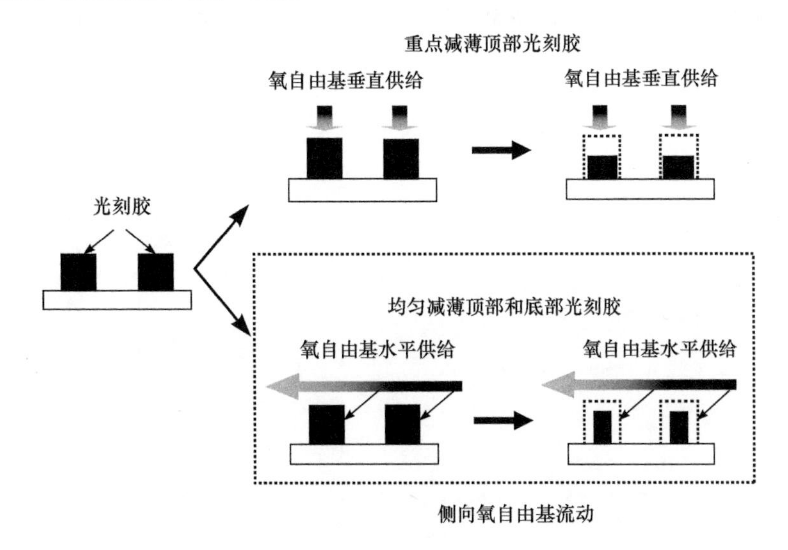

图 8.18　图案缩小工艺中的氧原子自由基反应流向

参考文献

[1] Hasper A, Oosterlaken E, Huussen F, et al. Advanced manufacturing equipment: a vertical batch furnace for 300-mm wafer processing [J]. IEEE Micro, 1999, 19(5): 34-43.

[2] 施敏 , 李明逵 , 王明湘 , 等 . 半导体器件物理与工艺 [M]. 苏州 : 苏州大学出版社 , 2014.

[3] Kim N H, Choi M H, Lim J H, et al. Uniformity and sheet resistance of flat polysilicon by experimental approach[J]. Journal of the Korean Physical Society, 2004, 45(9): 630-632.

[4] Puurunen R L. A short history of atomic layer deposition: Tuomo Suntola’s atomic layer epitaxy[J]. Chemical Vapor Deposition, 2014, 20(10-11-12): 332-344.

[5] Alexander G. Production Worthy ALD in Batch Reactors[J]. Materials Science Forum, 2008, 573: 181-194.

[6] Granneman E, Fischer P, Pierreux D, et al. Batch ALD: Characteristics, comparison with single wafer ALD, and examples[J]. Surface and Coatings Technology, 2007, 201: 8899.

[7] 董金卫，赵星梅 . 立式氧化炉设备 [P]. CN301310639S. 2009.

[8] 赵燕平，董金卫，钟华 . 半导体晶片热处理设备及方法 [P]. CN102881615A, 2013.